变革性光科学与技术丛书

"十三五"国家重点
图书出版规划项目

Optical Fiber Communication Technologies Based on Digital Signal Processing（Ⅱ）

基于数字信号处理的光纤通信技术
（第二卷）

Multi-Carrier Propagation and New Neural Network Technology

多载波信号传输和神经网络等新算法

余建军　迟楠　著

清华大学出版社
北京

内 容 简 介

本书主要介绍了高速光纤通信技术中的数字信号处理技术的原理及其在系统中的应用。主要内容包括在高速光纤长距离传输系统中的基于相干光探测和在城域网、局域网或数据中光互连中的短距离传输中的强度调制和直接检测系统中的数字信号处理技术。本书是对近十年来高速光纤传输中的数字信号处理新技术的总结,对光纤通信系统中数字信号处理的原理及应用都有系统而详细的介绍。

本书适合从事通信领域包括光纤通信、无线通信等研究的工程技术人员,以及高等院校通信工程等相关专业的教师和研究生阅读。

版权所有,侵权必究。举报: 010-62782989, beiqinquan@tup.tsinghua.edu.cn。

图书在版编目(CIP)数据

基于数字信号处理的光纤通信技术. 第二卷,多载波信号传输和神经网络等新算法/余建军,迟楠著. —北京: 清华大学出版社,2020.12
(变革性光科学与技术丛书)
ISBN 978-7-302-56907-7

Ⅰ. ①基… Ⅱ. ①余… ②迟… Ⅲ. ①光纤通信-数字信号-信号处理 Ⅳ. ①TN929.11

中国版本图书馆 CIP 数据核字(2020)第 226875 号

责任编辑: 鲁永芳
封面设计: 意匠文化·丁奔亮
责任校对: 赵丽敏
责任印制: 沈 露

出版发行: 清华大学出版社
    网 址: http://www.tup.com.cn, http://www.wqbook.com
    地 址: 北京清华大学学研大厦 A 座 邮 编: 100084
    社 总 机: 010-62770175 邮 购: 010-62786544
    投稿与读者服务: 010-62776969, c-service@tup.tsinghua.edu.cn
    质量反馈: 010-62772015, zhiliang@tup.tsinghua.edu.cn
印 装 者: 北京雅昌艺术印刷有限公司
经 销: 全国新华书店
开 本: 170mm×240mm 印 张: 14.5 字 数: 274 千字
版 次: 2020 年 12 月第 1 版 印 次: 2020 年 12 月第 1 次印刷
定 价: 139.00 元

产品编号: 089659-01

丛书编委会

主　编

罗先刚　　中国工程院院士,中国科学院光电技术研究所

编　委

周炳琨　　中国科学院院士,清华大学

许祖彦　　中国工程院院士,中国科学院理化技术研究所

杨国桢　　中国科学院院士,中国科学院物理研究所

吕跃广　　中国工程院院士,中国北方电子设备研究所

顾　敏　　澳大利亚科学院院士、澳大利亚技术科学与工程院院士、
　　　　　中国工程院外籍院士,皇家墨尔本理工大学

洪明辉　　新加坡工程院院士,新加坡国立大学

谭小地　　教授,北京理工大学、福建师范大学

段宣明　　研究员,中国科学院重庆绿色智能技术研究院

蒲明博　　研究员,中国科学院光电技术研究所

丛 书 序

　　光是生命能量的重要来源,也是现代信息社会的基础。早在几千年前人类便已开始了对光的研究,然而,真正的光学技术直到 400 年前才诞生,斯涅耳、牛顿、费马、惠更斯、菲涅耳、麦克斯韦、爱因斯坦等学者相继从不同角度研究了光的本性。从基础理论的角度看,光学经历了几何光学、波动光学、电磁光学、量子光学等阶段,每一阶段的变革都极大地促进了科学和技术的发展。例如,波动光学的出现使得调制光的手段不再限于折射和反射,利用光栅、菲涅耳波带片等简单的衍射型微结构即可实现分光、聚焦等功能;电磁光学的出现,促进了微波和光波技术的融合,催生了微波光子学等新的学科;量子光学则为新型光源和探测器的出现奠定了基础。

　　伴随着理论突破,20 世纪见证了诸多变革性光学技术的诞生和发展,它们在一定程度上使得过去 100 年成为人类历史长河中发展最为迅速、变革最为剧烈的一个阶段。典型的变革性光学技术包括:激光技术、光纤通信技术、CCD 成像技术、LED 照明技术、全息显示技术等。激光作为美国 20 世纪的四大发明之一(另外三项为原子能、计算机和半导体),是光学技术上的重大里程碑。由于其极高的亮度、相干性和单色性,激光在光通信、先进制造、生物医疗、精密测量、激光武器乃至激光核聚变等技术中均发挥了至关重要的作用。

　　光通信技术是近年来另一项快速发展的光学技术,与微波无线通信一起极大地改变了世界的格局,使"地球村"成为现实。光学通信的变革起源于 20 世纪 60 年代,高琨提出用光代替电流,用玻璃纤维代替金属导线实现信号传输的设想。1970 年,美国康宁公司研制出损耗为 20dB/km 的光纤,使光纤中的远距离光传输成为可能,高琨也因此获得了 2009 年的诺贝尔物理学奖。

　　除了激光和光纤之外,光学技术还改变了沿用数百年的照明、成像等技术。以最常见的照明技术为例,自 1879 年爱迪生发明白炽灯以来,钨丝的热辐射一直是最常见的照明光源。然而,受制于其极低的能量转化效率,替代性的照明技术一直是人们不断追求的目标。从水银灯的发明到荧光灯的广泛使用,再到获得 2014 年诺贝尔物理学奖的蓝光 LED,新型节能光源已经使得地球上的夜晚不再黑暗。另外,CCD 的出现为便携式相机的推广打通了最后一个障碍,使得信息社会更加丰富多彩。

20世纪末以来，光学技术虽然仍在快速发展，但其速度已经大幅减慢，以至于很多学者认为光学技术已经发展到瓶颈期。以大口径望远镜为例，虽然早在1993年美国就建造出10m口径的"凯克望远镜"，但迄今为止望远镜的口径仍然没有得到大幅增加。美国的30m望远镜仍在规划之中，而欧洲的OWL百米望远镜则由于经费不足而取消。在光学光刻方面，受到衍射极限的限制，光刻分辨率取决于波长和数值孔径，导致传统i线(波长：365nm)光刻机单次曝光分辨率在200nm以上，而每台高精度的193光刻机成本达到数亿元人民币，且单次曝光分辨率也仅为38nm。

在上述所有光学技术中，光波调制的物理基础都在于光与物质(包括增益介质、透镜、反射镜、光刻胶等)的相互作用。随着光学技术从宏观走向微观，近年来的研究表明：在小于波长的尺度上(即亚波长尺度)，规则排列的微结构可作为人造"原子"和"分子"，分别对入射光波的电场和磁场产生响应。在这些微观结构中，光与物质的相互作用变得比传统理论中预言的更强，从而突破了诸多理论上的瓶颈难题，包括折反射定律、衍射极限、吸收厚度-带宽极限等，在大口径望远镜、超分辨成像、太阳能、隐身和反隐身等技术中具有重要应用前景。譬如：基于梯度渐变的表面微结构，人们研制了多种平面的光学透镜，能够将几乎全部入射光波聚集到焦点，且焦斑的尺寸可突破经典的瑞利衍射极限，这一技术为新型大口径、多功能成像透镜的研制奠定了基础。

此外，具有潜在变革性的光学技术还包括：量子保密通信、太赫兹技术、涡旋光束、纳米激光器、单光子和单像元成像技术、超快成像、多维度光学存储、柔性光学、三维彩色显示技术等。它们从时间、空间、量子态等不同维度对光波进行操控，形成了覆盖光源、传输模式、探测器的全链条创新技术格局。

值此技术变革的肇始期，清华大学出版社组织出版"变革性光科学与技术丛书"，是本领域的一大幸事。本丛书的作者均为长期活跃在科研第一线，对相关科学和技术的历史、现状和发展趋势具有深刻理解的国内外知名学者。相信通过本丛书的出版，将会更为系统地梳理本领域的技术发展脉络，促进相关技术的更快速发展，为高校教师、学生以及科学爱好者提供沟通和交流平台。

是为序。

罗先刚

2018年7月

序

  光纤有上百太(T)比特每秒的传输带宽和小于 0.2dB/km 的传输损耗,可以实现超宽带信号的长距离传输。但随着传输距离的增加,信噪比的下降限制了信号的传输距离。随着基于相干光通信处理的数字信号处理技术引入到高速光纤传输系统中,光纤通信技术发生了革命性的变化。相干光通信可以极大地提高信号的接收机灵敏度,从而延长传输距离和增加传输容量。采用数字信号处理的先进算法还能够有效地减小或克服光纤通信系统中的各种线性或非线性效应,极大地提高系统性能。而且最近的研究也表明,这些数字信号处理算法在短距离传输系统包括数据中心光互连中也是非常有用的一项技术。

  笔者在高速光传输领域进行了 20 余年的研究,在大容量、高速率光纤传输方面创造了许多项世界纪录,包括最先实现频谱效率达到 4bit/(s·Hz)的相干光传输,最先实现 100G 的 8 相移键控(PSK)信号的传输,最先实现从 400Gbit/s 到 1Tbit/s 再到 10Tbit/s 的相干光信号的传输和探测;在高波特传输方面最先实现了最高波特率的 160Gbaud 正交相移键控(QPSK)和 128Gbaud 16 正交幅度调制(QAM)信号的产生和相干探测;在高波特率传输方面,最先实现 256QAM 信号产生传输速率每信道 400Gbit/s。

  笔者先后在北京邮电大学、丹麦技术大学、美国朗讯(Lucent)贝尔实验室、美国佐治亚理工学院、美国 NEC 研究所、中兴通讯美国光波研究所和复旦大学从事高速光传输技术方面的研究,发表了 500 余篇学术论文,获得 60 余项美国专利授权。先后担任 *Journal of Optical Networking*(OSA)、*Journal of Lightwave Technology*(IEEE/OSA)、*Journal of Optical Communications and Networking*(OSA/IEEE)和 *IEEE Photonics Journal* 的编委,美国光学学会会士(OSA Fellow)和电气工程师学会会士(IEEE Fellow)。

  本书另一位作者迟楠是复旦大学教授,复旦大学信息科学和工程学院院长。先后在丹麦技术大学和英国布里斯托大学留学从事高速光通信研究。发表论文 300 余篇,先后在美国光纤通讯展览会及研讨会(OFC)等国际会议作邀请报告 40

余次。

  《基于数字信号处理的光纤通信技术》分为两卷：第一卷主要讨论单载波调制技术，第二卷主要介绍基于正交平分复用的多载波调制、四维调制和机器学习人工智能等新技术。

  本书以笔者和迟楠教授发表的论文及申请的专利为主要内容，包括笔者部分博士期间发表的论文、专利和实验结果。在本书撰写过程中得到作者指导的博士研究生张俊文、李欣颖、董泽、李凡、曹子峥、王源泉、许育铭、陈龙，以及肖江南、王凯辉、孔淼、燕方、勾鹏琪、王灿、石蒙和赵明明等学生在章节撰写和文字校对方面的支持和帮助，特此感谢。

余建军

2020 年 8 月

目 录

第 13 章　光 OFDM 系统原理 ……………………………………………… 1

  13.1　引言 ………………………………………………………………… 1
  13.2　直接检测光 OFDM 系统基本结构 ………………………………… 3
  13.3　相干检测光 OFDM 系统结构与基本原理 ………………………… 5
  13.4　小结 ………………………………………………………………… 25
  参考文献 …………………………………………………………………… 25

第 14 章　直接检测光 OFDM 的基本数字信号处理技术 …………… 29

  14.1　引言 ………………………………………………………………… 29
  14.2　基于半符号周期技术消除 DDO-OFDM 系统中子
         载波互拍效应的研究 ……………………………………………… 32
        14.2.1　系统原理 …………………………………………………… 32
        14.2.2　实验装置及结果 …………………………………………… 36
        14.2.3　小结 ………………………………………………………… 40
  14.3　直接检测的高阶 QAM-OFDM 信号的传输研究 ………………… 41
        14.3.1　实验装置 …………………………………………………… 41
        14.3.2　实验结果和分析 …………………………………………… 43
        14.3.3　小结 ………………………………………………………… 49
  14.4　基于 DFT-S 的大容量 DDO-OFDM 信号短距离传输研究 ……… 49
        14.4.1　基于 DFT-S 的大容量 DDO-OFDM 系统中训练
                序列的优化 ………………………………………………… 49
        14.4.2　大容量 DDO-OFDM 系统中预增强和 DFT-S
                技术的比较 ………………………………………………… 58
        14.4.3　小结 ………………………………………………………… 66

参考文献 ·· 66

第 15 章　强度调制直接检测高速光纤接入系统 ·· 69

15.1　引言 ·· 69
15.2　高频谱效率调制技术 ·· 70
　　15.2.1　奈奎斯特调制技术 ··· 72
　　15.2.2　超奈奎斯特调制技术 ··· 78
15.3　非线性补偿技术 ··· 82
　　15.3.1　基于沃尔泰拉级数的非线性补偿技术 ··· 82
　　15.3.2　基于类平衡编码和探测的非线性补偿技术 ·· 84
15.4　单边带调制系统 ··· 90
15.5　高速波分复用系统 ··· 97
15.6　小结 ··· 100
参考文献 ·· 101

第 16 章　基于 IQ 调制直接检测的高速光纤接入系统 ································· 103

16.1　引言 ·· 103
16.2　基于 IQ 调制器的独立边带调制直接检测系统 ·· 104
16.3　基于训练序列的镜像消除算法 ·· 106
　　16.3.1　基于训练序列的镜像消除算法原理 ··· 106
　　16.3.2　实验系统 ·· 108
　　16.3.3　实验结果 ·· 110
16.4　基于自适应盲均衡的镜像消除算法 ··· 114
　　16.4.1　基于自适应盲均衡的镜像消除算法原理 ··· 114
　　16.4.2　实验系统和结果 ·· 116
16.5　小结 ··· 118
参考文献 ·· 119

第 17 章　前向纠错码 ·· 120

17.1　引言 ·· 120
17.2　分组码 ·· 121

17.2.1 线性分组码 121
17.2.2 循环码 123
17.2.3 BCH 编码 125
17.2.4 RS 码 128
17.2.5 奇偶校验码 129
17.3 Turbo 码 131
17.3.1 Turbo 码的编码 131
17.3.2 Turbo 码的迭代译码 132
17.3.3 MAP 译码 133
17.3.4 Turbo 均衡技术 135
17.3.5 OFDM 信号 Turbo 迭代均衡 135
17.3.6 基于 MIMO-CMA 均衡算法 137
17.4 LDPC 码 142
17.4.1 LDPC 码的基本概念 142
17.4.2 60GHz LDPC-TCM OFDM 光毫米波信号传输系统原理 144
17.4.3 实验结果及分析 146
17.5 级联编码 148
17.6 总结 149
参考文献 150

第 18 章 高频谱效率光四维调制基本原理与关键技术 153

18.1 引言 153
18.2 二维、三维恒模调制的星座点分布与性能分析 154
18.3 四维多阶调制的原理与实现 157
18.3.1 四维多阶调制基本原理 157
18.3.2 四维多阶调制的实现 158
18.4 多维多阶调制星座图的设计依据 166
18.4.1 "簇形"问题 166
18.4.2 "球形"问题 167
18.5 典型多维多阶星座图性能分析 168
18.5.1 $N=2$ 169
18.5.2 $N=4$ 171
18.6 总结与展望 175
参考文献 175

第 19 章　光通信系统中的机器学习算法 …… 177

 19.1　引言 …… 177
 19.2　支持向量机 …… 180
  19.2.1　间隔与支持向量 …… 180
  19.2.2　对偶问题 …… 181
  19.2.3　核函数 …… 181
  19.2.4　基于 SVM 的调制格式识别 …… 182
 19.3　BP 神经网络 …… 183
  19.3.1　BP 神经元 …… 184
  19.3.2　BP 网络 …… 184
  19.3.3　基于 BP 神经网络的 OSNR 估计器 …… 185
 19.4　聚类算法 …… 186
  19.4.1　K-means 聚类算法原理 …… 186
  19.4.2　算法流程 …… 187
  19.4.3　算法展示与分析 …… 187
 19.5　聚类算法在抗非线性中的应用 …… 189
  19.5.1　应用原理 …… 189
  19.5.2　结果分析 …… 191
 参考文献 …… 192

第 20 章　KK 算法原理与应用 …… 195

 20.1　引言 …… 195
 20.2　KK 接收机原理 …… 197
 20.3　仿真设置和结果 …… 198
  20.3.1　仿真设置 …… 198
  20.3.2　仿真结果与讨论 …… 200
 20.4　实验装置和结果 …… 203
  20.4.1　实验装置 …… 203
  20.4.2　实验结果与讨论 …… 204
 20.5　结论 …… 211
 参考文献 …… 212

索引 …… 215

光OFDM系统原理

13.1 引言

  光通信系统的调制方式可以分为直接调制和外调制,如图13-1所示[1-2]。直接调制是通过半导体激光器的注入电流来实现对光强度的调制,这种结构具有简单、经济、容易实现等特点,但由于直接调制半导体激光器带宽有限、消光比低且线宽较大,常用于短距离的直接检测光正交频分复用(DDO-OFDM)光纤通信系统中。在传输距离超过100km的DDO-OFDM和大容量中长距离相干检测光正交频分复用(CO-OFDM)光纤通信系统中,一般采用外调制方式。外调制方式是利用独立于激光源之外的外调制器来实现电光转换的,这种方式具有带宽大、消光比高、激光器的线宽可以根据应用场景改变而调整等优点。目前光纤通信系统中常用的外调制器主要包括基于电光效应的马赫-曾德尔调制器(Mach-Zehnder modulator,MZM)和基于电吸收效应的电吸收调制器(electroabsorption modulator,EAM)。本章我们主要讨论基于外调制的DDO-OFDM系统的MZM调制技术。

  MZM是利用材料的电光效应实现电信号对光信号的调制,分为上、下两个电

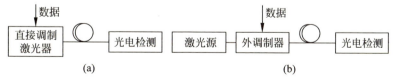

图 13-1 两种不同调制方式的 DDO-OFDM 系统
(a) 直接调制;(b) 外调制

极,其结构如图 13-2 所示。光调制通过调节加载在两个电极上的光电材料的外加电压来改变材料的折射率,从而达到控制输出信号光强度的目的。

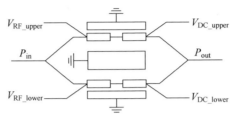

图 13-2 MZM 结构图

MZM 的输入与输出光信号中电场的关系表达式为

$$E_{\text{out}}(t) = \frac{1}{2} E_{\text{in}}(t) \left\{ e^{j\pi \frac{V_1(t)}{V_\pi}} + \gamma e^{j\pi \frac{V_2(t)}{V_\pi}} \right\} \tag{13-1}$$

其中,$E_{\text{in}}(t)$ 为输入光信号,$E_{\text{out}}(t)$ 为输出光信号,$V_1(t) = V_{\text{RF\_upper}}(t) + V_{\text{DC\_upper}}$ 为上臂输入调制信号与上臂直流偏置的和,$V_2(t) = V_{\text{RF\_lower}}(t) + V_{\text{DC\_lower}}$ 为下臂输入调制信号与下臂直流偏置的和,$\gamma = \frac{\sqrt{\delta}-1}{\sqrt{\delta}+1}$ 为上、下分支的对称因子,δ 为调制器的消光比,V_π 为调制器的半波电压。理想情况下,δ 大于 20dB,γ 则近似等于 1。

将加载在两臂上的输入信号代入式(13-1),可以得到

$$\begin{aligned} E_{\text{out}}(t) &= \frac{1}{2} E_{\text{in}}(t) \left\{ \cos\left(\pi \frac{V_1(t)}{V_\pi}\right) + j\sin\left(\pi \frac{V_1(t)}{V_\pi}\right) + \cos\left(\pi \frac{V_2(t)}{V_\pi}\right) + j\sin\left(\pi \frac{V_2(t)}{V_\pi}\right) \right\} \\ &= E_{\text{in}}(t) \cos\left\{\pi \frac{V_1(t) - V_2(t)}{2V_\pi}\right\} \exp\left\{j\pi \frac{V_1(t) + V_2(t)}{2V_\pi}\right\} \end{aligned} \tag{13-2}$$

其中,$\cos\left\{\pi \frac{V_1(t)-V_2(t)}{2V_\pi}\right\}$ 为幅度调制分量,$\exp\left\{j\pi \frac{V_1(t)+V_2(t)}{2V_\pi}\right\}$ 为相位调制分量。当 MZM 工作在互补推挽模式下,即 $V_1(t) + V_2(t) = 0$ 时,调制器的啁啾为 0。令 $V(t) = V_1(t) - V_2(t)$,采用直接检测方式时,传输函数为输出功率与输入功率的比值,可以表示为

$$\frac{P_{\text{out}}}{P_{\text{in}}} = \frac{|E_{\text{out}}(t)|^2}{|E_{\text{in}}(t)|^2} = \cos^2\left\{\pi \frac{V_1(t) - V_2(t)}{2V_\pi}\right\} = \cos^2\left\{\pi \frac{V(t)}{2V_\pi}\right\} \tag{13-3}$$

采用相干检测方式时,传输函数为输出电场与输入电场的比值,可以表示为

$$\frac{E_{\text{out}}(t)}{E_{\text{in}}(t)} = \cos\left\{\pi \frac{V_1(t) - V_2(t)}{2V_\pi}\right\} = \cos\left\{\pi \frac{V(t)}{2V_\pi}\right\} \tag{13-4}$$

式(13-3)和式(13-4)表示的直接检测和相干检测的传输函数曲线如图 13-3 所示,MZM 传输曲线为非线性的。为了使 MZM 高效高性能地工作,应该使调制信

号尽量落在 MZM 线性度高的区域内,这可以通过调节调制信号的峰值和 MZM 的配置电压来控制。当信号的幅度位于 MZM 传输函数非线性高的区域时,信号将严重失真,从而降低系统的误码性能。对于 DDO-OFDM 系统,最佳的偏置点应该选择为正交点(quadrature point)。对于 CO-OFDM 系统,最佳的偏置点应该选择为零点(null point)。

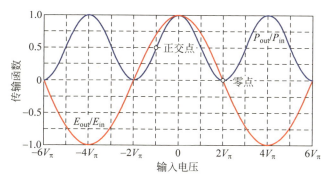

图 13-3　MZM 采用不同检测方式时的传输函数曲线

根据接收端检测方式的不同,可以将正交频分复用(OFDM)光通信系统划分为两类:DDO-OFDM 和 CO-OFDM。

(1) DDO-OFDM 系统与 CO-OFDM 系统相比,由于在接收端不需要提供光混频器(hybrid)、平衡接收机(balance detector)等高成本的器件,成本将会得到很好的控制。但由于子载波互拍噪声和光纤传输中的色散会导致频率选择性衰落,DDO-OFDM 系统的光纤传输距离非常有限,因此主要应用于短距离的有线接入网和点对点的数据中心之间的传输。

(2) CO-OFDM 系统的优势主要在于:能够同时实现强度与相位的调制,从而能够实现超高速率的信号传输;可以通过调整本地振荡(LO)信号的功率来调节接收信号的信噪比,因此系统可以实现超长距离的传输,并且能够保证接收机的高接收灵敏度。CO-OFDM 系统主要应用于超高速率超长距离的主干传输网和中距离(<1000km)的城域传输中。

13.2　直接检测光 OFDM 系统基本结构

在 DDO-OFDM 系统中,主要包括五个部分:OFDM 发送端、OFDM 信号电光调制、光 OFDM 信号的光纤传输、OFDM 信号光电转换和 OFDM 接收端。DDO-OFDM 系统的原理如图 13-4 所示。

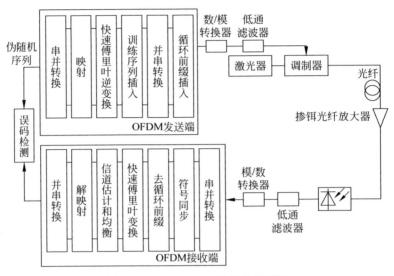

图 13-4　DDO-OFDM 系统的原理图

OFDM 发送端主要包括以下流程：①伪随机二进制序列（pseudo random binary sequence，PRBS）信号串并转换；②快速傅里叶逆变换（IFFT）实现信号从频域到时域的转换；③在信号的开始处插入训练序列（training sequence，TS），训练序列主要用于符号同步和信道估计；④将所得到的信号并串转换；⑤在 OFDM 信号时域上插入循环前缀（cyclic prefix，CP）用于抵抗符号间干扰（intersymbol interference，ISI）和信道间干扰（inter-channel interference，ICI）。

将产生的 OFDM 信号用数/模转换器（DAC）转换为模拟信号，并通过低通滤波器（low pass filter，LPF）采用放大器将信号放大注入外调制器中实现光电转换。光电转换的另外一种方案是通过直接调制方式实现的。将产生的光 OFDM 信号经过光纤传输后，在进入光电二极管（photodiode，PD）实现光电转换之前，采用掺铒光纤放大器（EDFA）将光信号进行放大。

光电转换后的电 OFDM 信号首先经过一个 LPF 滤除信号带外的噪声，级联在 LPF 后面的模/数转换器（ADC）将 OFDM 信号转换为数字 OFDM 信号。OFDM 接收端数字信号需要进行如下处理实现解调：①串并转换将 ADC 之后的数字信号转换为并行的信号；②符号同步用于确定 OFDM 信号开始的长度；③去除 OFDM 信号的循环前缀；④快速傅里叶变换（FFT）将信号从时域变为频域；⑤提取用于信道估计的训练序列并完成信道估计和信道均衡；⑥根据发送端的映射规律进行信号的解映射；⑦将信号并串转换，并对比原始比特计算误码率（BER）。

13.3 相干检测光 OFDM 系统结构与基本原理

20 世纪初期,相干光通信因高灵敏度和大信道容量而受到很多研究者的追捧[1-14],但随着 80 年代波分复用(WDM)系统和 EDFA 被广泛应用,直接检测因其结构简单和实现成本低而渐渐取代了相干检测[15],因此相干光通信逐渐淡出了研究者的视线。但是随着现代通信对系统信号传输速率要求的大大提高,以及对数字信号处理的应用和高阶光调制技术研究更加成熟,相干光通信再次成为高速率高性能的现代光通信的研究热点[16-43]。相干光通信不但大大提高了系统的频谱效率,在色散和非线性补偿以及控制方面因为数字信号处理的应用也有了更好的效果,将偏振复用引入相干检测的系统中可以进一步提高系统的传输容量。

随着通信业务量和复杂度的增加,以太网的带宽需求将达到 100GHz 以上。在现在结构简化的直接检测传输系统中,由于现有的光电检测器件的最大带宽为 100GHz,而且直接检测系统中只有强度可以用来调制信息,这将成为通信速率提高的瓶颈。为了进一步提高光纤通信的系统容量,研究者重新将目光转向了相干光通信。在相干光通信中,光信号的幅度和相位都可以调制,高阶的幅度/相位调制格式的使用可以大大提高系统的频谱效率,从而保证高速率光纤通信系统的实现。

相干光通信能够保证输入信号速率的根本原因在于相干光通信将矢量调制引入调制格式中,这样就可以大大增加系统的频谱效率。正交相移键控(quadrature phase shift keying,QPSK)是相干光通信中最常见的矢量调制格式。在 QPSK 调制格式中,一个符号携带了两个比特的信号,这样在同样的带宽上就可以将信息速率提高一倍。同样地,当 mQAM 格式被应用到光通信中,相对于直接检测系统中的通断键控(on-off keying,OOK)调制格式,其频谱效率提高了 m 倍。同样地,在 CO-OFDM 系统中,子载波上携带的信号的调制格式的阶数增加也会带来频谱效率的改善。

在相干检测的光纤通信系统中,被矢量信号调制后的光信号可以表示为

$$E_s(t) = A_s(t)\exp(j\omega_s t) \tag{13-5}$$

其中,$A_s(t)$ 为复信号幅度,ω_s 为调制光信号角频率。类似地,接收端的 LO 信号定义为

$$E_{LO}(t) = A_{LO}(t)\exp(j\omega_{LO}t) \tag{13-6}$$

类比于式(13-5),式(13-6)中的 $A_{LO}(t)$ 和 ω_{LO} 分别为本地振荡信号的复振幅和角频率。调制后的信号和 LO 信号的功率和振幅是相互关联的,分别可表示为 $P_s = |A_s|^2/2$ 和 $P_{LO} = |A_{LO}|^2/2$。

在相干光通信系统中通常使用平衡检测的方式,这种方式可以抑制直流成分,

同时保证输出的光电流为最大值。图 13-5 为平衡检测方式的结构图。

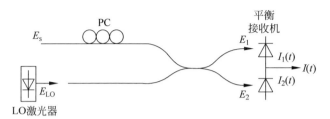

图 13-5　平衡检测方式结构图

在这种检测方式中保证接收信号 E_s 和 LO 信号 E_{LO} 为同样的偏振态,这样,在检测时进入平衡接收机的两个光信号可以表示为

$$E_1(t) = \frac{1}{\sqrt{2}}(E_s + E_{LO}) \tag{13-7}$$

$$E_2(t) = \frac{1}{\sqrt{2}}(E_s - E_{LO}) \tag{13-8}$$

经过光电检测后,从两个 PD 输出的电流 $I_1(t)$ 和 $I_2(t)$ 分别为

$$I_1(t) = R\left\{\text{Re}\left[\frac{A_s(t)\exp(j\omega_s t) + A_{LO}(t)\exp(j\omega_{LO} t)}{\sqrt{2}}\right]\right\}^{ms}$$

$$= \frac{R}{2}\{P_s + P_{LO} + 2\sqrt{P_s P_{LO}}\cos[\omega_{IF} t + \theta_{sig}(t) - \theta_{LO}(t)]\} \tag{13-9}$$

$$I_2(t) = R\left\{\text{Re}\left[\frac{A_s(t)\exp(j\omega_s t) - A_{LO}(t)\exp(j\omega_{LO} t)}{\sqrt{2}}\right]\right\}^{ms}$$

$$= \frac{R}{2}\{P_s + P_{LO} - 2\sqrt{P_s P_{LO}}\cos[\omega_{IF} t + \theta_{sig}(t) - \theta_{LO}(t)]\} \tag{13-10}$$

在式(13-9)和式(13-10)中,ms 代表光电检测中光电二极管实现的光强度到电流转换的平方检测。$\omega_{IF} = \omega_s - \omega_{LO}$,为接收信号和 LO 信号的频率差。$\theta_{sig}(t)$ 和 $\theta_{LO}(t)$ 分别为接收信号和 LO 信号的相位。R 为光电二极管的响应度,可表示为

$$R = \frac{e\eta}{\hbar \omega_s} \tag{13-11}$$

其中,e 为电子电量,η 为光电二极管的量子效率,$\hbar$ 为普朗克常量。根据式(13-9)和式(13-10)中得到的平衡检测的二极管的两个电流 $I_1(t)$ 和 $I_2(t)$,可得到最终的平衡检测的电流输出为

$$I(t) = I_1(t) - I_2(t) = 2R\sqrt{P_s(t)P_{LO}}\cos[\omega_{IF} t + \theta_{sig}(t) - \theta_{LO}(t)] \tag{13-12}$$

其中,LO 信号的功率 P_{LO} 是一个常量。根据 ω_{IF} 的值将相干检测分为零差相干检测和外差相干检测两类。所谓零差相干检测就是 LO 信号的频率和接收信号的

频率完全相同,即 $\omega_{IF}=0$,这样经过平衡检测后信号就成为基带信号;而对于外差相干检测,LO 信号的频率和接收信号的频率不同,存在频率差 ω_{IF},平衡检测后信号处在中频,平衡检测后需要再进行电域的下变频才能得到基带信号。

零差相干检测和外差相干检测各具优势,对于零差相干检测系统来说,外差相干检测系统增加了电域的下变频,因而系统的实现复杂度会增加。在实际的应用中,一般的核心传输网采用的是实现简单的零差相干检测;而在光无线的混合网络中,外差检测得到很好的利用,外差相干检测可以用来产生和传输携带调制信号的微波、毫米波甚至 W 波段的信号。对于带宽要求而言,图 13-6 分析了二者具体的带宽要求。零差相干检测系统要求的带宽即发送端传输的基带信号带宽(BW),而从图 13-6(a)中可以看到,外差相干检测系统要求的带宽为 $\omega_{IF}+$BW,为了保证信号的边带不发生混叠且尽量地节约带宽,在外差相干检测系统中的中频信号频率必须设置为 $\omega_{IF}\geqslant$BW,这样外差相干检测系统的带宽至少为 2BW。

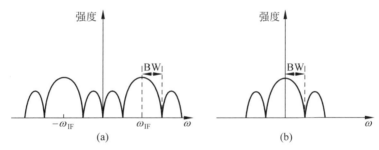

图 13-6 两种相干检测方式的信号频谱及带宽要求
(a) 外差相干检测;(b) 零差相干检测

在系统的复杂度上,由于相干检测系统选择的调制格式不仅限于简单的幅度调制,为了增加频谱利用率通常同时采用调幅和调相的方式。假设系统中采用的是正交幅度调制,执行零差和外差相干检测方式时所需要的平衡检测器的个数不一样。对于单个偏振态的 QAM 格式,外差检测方式需要一个平衡检测器,而对于零差相干检测则需要两个平衡检测器。此外,在外差相干检测系统中需要加入前置滤波器滤除信号的虚边带,而对于零差相干检测则不需要。两者的详细系统要求和设置对比在表 13-1 中给出。

本节主要讨论如何将简单的采用平衡接收机的相干检测系统扩展到使用相位和偏振分集接收的复杂的相干检测系统。首先分别讨论相位分集接收和偏振分集接收的原理和实现,然后将相位分集接收和偏振分集接收用到同一个相干检测系统中,实现基于相位和偏振分集接收的相干检测系统。

表 13-1　零差相干检测和外差相干检测系统要求与设置对比

零差相干检测	• 对于一个偏振态的正交幅度调制需要两个平衡检测器 • 系统带宽为 BW • 不需要预置放大器滤除信号的虚边带
外差相干检测	• 对于一个偏振态的正交幅度调制需要一个平衡检测器 • 系统的带宽为 $\omega_{IF}+BW$，最小为 2BW • 需要预置放大器滤除信号的虚边带

为简单起见，本节只分析基于相位和偏振分集接收的零差相干检测系统，至于外差相干检测系统则可以通过类比来分析。为了实现零差相干检测，必须保证 $\omega_{IF}=\omega_s-\omega_{LO}=0$。在零差相干检测系统中如果能够同时提供 LO 信号及其产生了 90°相移的分量，经过两个平衡检测器之后就可以得到信号的同相分量和正交分量，基本结构如图 13-7 所示。

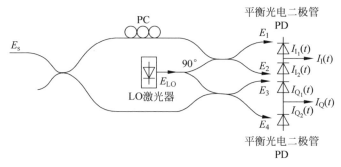

图 13-7　相位分集接收的零差相干检测系统结构图

从两对平衡接收机光电转换得到的同相（in phase）分量 $I_I(t)$ 和正交（quadrature）分量 $I_Q(t)$ 可以表示为

$$I_I(t)=I_{I_1}(t)-I_{I_2}(t)=R\sqrt{P_s P_{LO}}\cos[\theta_{sig}(t)-\theta_{LO}(t)] \quad (13\text{-}13)$$

$$I_Q(t)=I_{Q_1}(t)-I_{Q_2}(t)=R\sqrt{P_s P_{LO}}\sin[\theta_{sig}(t)-\theta_{LO}(t)] \quad (13\text{-}14)$$

式(13-13)中的同相分量和式(13-14)中的正交分量共同决定最终输出的信号：

$$I_C(t)=I_I(t)+jI_Q(t)=R\sqrt{P_s P_{LO}}\exp\{j[\theta_{sig}(t)-\theta_{LO}(t)]\} \quad (13\text{-}15)$$

输出信号的相位分量由信号本身的相位和相位噪声（phase noise）共同组成，即 $\theta_{sig}=\theta_s+\theta_{sn}$，定义解调后的相位噪声 θ_n 为 $\theta_n=\theta_{sn}-\theta_{LO}$，将这两个关系式代入式(13-15)，得到最终的输出信号为

$$I_C(t)=R\sqrt{P_s P_{LO}}\exp\{j[\theta_s(t)+\theta_n(t)]\} \quad (13\text{-}16)$$

由于光电二极管的响应度 R 和 LO 信号的功率 P_{LO} 都是固定不变的常量,式(13-16)中表示的最终接收到的信号和传输信号之间的唯一差别就在于引入了一个相位未知量 $\theta_n(t)$,这就是通常大家所指的相位噪声。多种方法被提出用来估计并消除这个相位噪声,最常见的是基于接收机的数字信号处理技术。

为了增加系统的频谱效率,除了可以提高系统中传输信号的调制阶数外,还可以采用偏振复用实现扩容,采用偏振分集接收的系统相对于单偏振方向的传输系统,其频谱效率将提高一倍。接下来将讨论如何在前面讨论的零差相干检测系统中实现偏振分集接收。在考虑偏振分集接收中同时也考虑了相位的分集接收,一般的偏振分集接收系统的原理如图 13-8 所示。

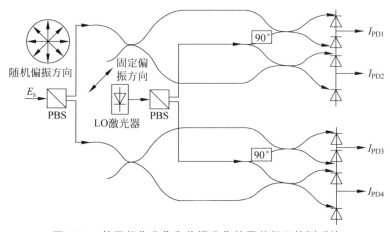

图 13-8 基于相位分集和偏振分集的零差相干检测系统

在图 13-8 中,PBS 为偏振分束器,将信号分为两个正交偏振态的信号。光电二极管前面的器件为 90°的光混频器,主要是为了实现单偏振态的相位分集接收。在接收端,传输来的信号 E_s 被偏振分束器分为 x 和 y 两个偏振态的信号,同样,LO 信号经过偏振分束器也被分为两个完全正交的偏振态的信号。信号 E_s 经过偏振分束器后得到的信号为

$$\begin{bmatrix} E_{s x} \\ E_{s y} \end{bmatrix} = \begin{bmatrix} \sqrt{\alpha} A_s \mathrm{e}^{\mathrm{j}\delta} \\ \sqrt{1-\alpha} A_s \end{bmatrix} \exp(\mathrm{j}\omega_s t) \tag{13-17}$$

其中,α 为分配到两个偏振态的功率的比例,δ 为两个偏振态信号的相位差。这两个变量与传输光纤的双折射有关,并随时间改变。而 LO 信号经过 PBS 后同样得到两个偏振态的信号为

$$\begin{bmatrix} E_{LOx} \\ E_{LOy} \end{bmatrix} = \frac{1}{\sqrt{2}} \begin{bmatrix} A_{LO} \\ A_{LO} \end{bmatrix} \exp(\mathrm{j}\omega_{LO} t) \tag{13-18}$$

从式(13-18)可知,信号被按功率等分成两个不同的偏振态信号,并且两者的相位差为零。四对平衡检测光电二极管的待检测电信号分别为

$$E_{1,2} = \frac{1}{2}\left(E_{sx} \pm \frac{1}{\sqrt{2}}E_{LO}\right) \quad (13\text{-}19)$$

$$E_{3,4} = \frac{1}{2}\left(E_{sx} \pm \frac{j}{\sqrt{2}}E_{LO}\right) \quad (13\text{-}20)$$

$$E_{5,6} = \frac{1}{2}\left(E_{sy} \pm \frac{1}{\sqrt{2}}E_{LO}\right) \quad (13\text{-}21)$$

$$E_{7,8} = \frac{1}{2}\left(E_{sy} \pm \frac{j}{\sqrt{2}}E_{LO}\right) \quad (13\text{-}22)$$

这些信号通过平衡检测后得到不同偏振态的同相和正交分量。图 13-8 中的四对平衡接收机 PD1～PD4,光电转换之后的电流分别为

$$I_{PD1} = R\sqrt{\frac{\alpha P_s P_{LO}}{2}}\cos\{\theta_s(t) - \theta_{LO}(t) + \delta\} \quad (13\text{-}23)$$

$$I_{PD2} = R\sqrt{\frac{\alpha P_s P_{LO}}{2}}\sin\{\theta_s(t) - \theta_{LO}(t) + \delta\} \quad (13\text{-}24)$$

$$I_{PD3} = R\sqrt{\frac{(1-\alpha)P_s P_{LO}}{2}}\cos\{\theta_s(t) - \theta_{LO}(t)\} \quad (13\text{-}25)$$

$$I_{PD4} = R\sqrt{\frac{(1-\alpha)P_s P_{LO}}{2}}\sin\{\theta_s(t) - \theta_{LO}(t)\} \quad (13\text{-}26)$$

两个偏振态的信号则可以分别表示为

$$I_{xc}(t) = I_{PD1}(t) + jI_{PD2}(t) \quad (13\text{-}27)$$

$$I_{yc}(t) = I_{PD3}(t) + jI_{PD4}(t) \quad (13\text{-}28)$$

式(13-27)和式(13-28)为两个偏振态的信号,经过后续的处理可以分离出两个偏振态正交的信号。

在相干光通信中为了改善系统性能,信号检测处理中加入了复杂的数字信号处理(digital signal processing,DSP)技术,很多关键的过程都是通过 DSP 技术实现的,主要包括:

(1) 时钟提取和数字信号的整形;

(2) 信号偏振态的提取与分离;

(3) 信道均衡,对信道中线性效应(如光纤的色散效应)补偿、非线性补偿、偏振模色散补偿等;

(4) 载波相位的估计;

(5) 检测时符号的辨别。

在相干检测的实现过程中，根据传输信号的调制格式不同有两个备选方案：单载波相干检测系统和 OFDM 相干检测系统。OFDM 与单载波相比，最大的优势在于导频（pilot tones）和训练序列的插入使其在接收端的数字信号处理更加简单，并且计算复杂度低。此外，其数字信号处理算法和系统实现的硬件无需作任何改进和调整。当系统所选择的调制格式发生变化时，这种对系统升级的透明性将大大提高系统实现的灵活性。

在相干检测的单载波系统中，随着系统中传输信号速率的增加，很难找到最佳的采样时刻，这将导致单载波系统的性能大大降低。而对于相干探测的 OFDM 信号，则对采样时刻的准确性没有很高的要求，只要保证所取的时间窗包括了整个 OFDM 符号单元即可。但是在相干检测的 OFDM 系统中对频偏和相位噪声则非常敏感，所以在 CO-OFDM 系统中必须实现准确的频偏及相位估计与补偿。

CO-OFDM 实现过程中有一些关键的 DSP 技术，主要包括：①符号同步（symbol sychnorization），找到 OFDM 信号开始的准确位置。②频率同步（frequency sychnorization），即频偏估计（frequency offset estimation，FOE）。OFDM 信号对频偏非常敏感，由于激光器的线宽不为零，并且中心波长也会在一定范围内波动，因此相干检测中的发送端和接收端的激光器不可能保证频率完全一致，在光电转换之后必须采用 DSP 估计出接收信号的频偏并补偿。③相位噪声估计，相位噪声会导致 OFDM 信号的星座点的旋转和发散，从而导致误码性能的降低，这种相位噪声的引入主要是由于激光器产生的并不是单一频率的光信号，因此如何准确地估计出相位噪声也是实现 CO-OFDM 系统的关键。④信道估计，在 CO-OFDM 系统中信道估计需要在发送端插入已知的训练序列，这是为了在接收端估计出光纤传输后的信道响应，并根据信道响应对 OFDM 信号进行均衡。⑤偏振复用的实现，偏振复用可以用来实现对传输系统的扩容。偏振复用系统实现的难点在于如何实现偏振解复用（ploarization demultiplexing），本节采用的是接收端基于琼斯矩阵（Jones matrix）的信道估计和均衡算法来实现 CO-OFDM 系统中的偏振解复用。

在 CO-OFDM 系统中，OFDM 信号经过电光调制的上变频、光 OFDM 信号的光纤传输、平衡检测器后光电转换下变频为电 OFDM 信号。CO-OFDM 系统的原理如图 13-9 所示，按照功能可以分为五个模块：OFDM 发送端、OFDM 电光调制模块、光纤传输、OFDM 光电检测模块和 OFDM 接收端。OFDM 在发送端产生的过程主要包括：①PRBS 信号首先完成串并转换；②按照不同的调制格式将串并转换后的信号映射；③将导频在频域插入，主要用于相位噪声估计；④快速傅里叶逆变换实现信号从频域到时域的转换；⑤在信号的开始处插入训练序列，主要用于符号同步、频率同步和信道估计；⑥将所得到的信号并串转换。将产生的OFDM信号用数/模转换器转换为模拟信号，并通过低通滤波器采用放大器将信号的同相分量和正交分量放大并注入IQ调制器中，实现同相分量和正交分量对光信号的正交调制。IQ调制器由三个双臂的MZM组成，其中两个调制器实现信号的调制，第三个调制器控制光调制的同相分量和正交分量的相位差为$\pi/2$。分别调节两个调制器的直流偏置，保证实现信号调制的调制器工作在最小功率点，而第三个控制相位差的调制器工作在正交点，保证两路信号存在$\pi/2$的相位差。这样经过IQ调制器后就得到了光OFDM信号。

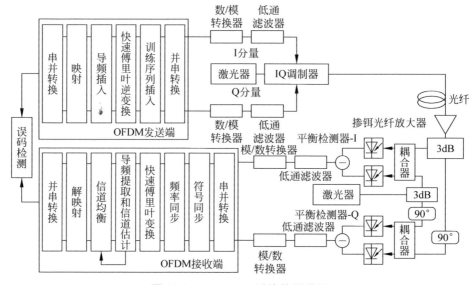

图13-9　CO-OFDM系统的原理图

将产生的光OFDM信号经过光纤传输后，根据选择的下变频的方式（零差接收或外差接收）来确定本地激光源的波长。在主干传输网中一般选取零差接收的下变频方式，因此在图13-9中给出的是基于零差接收的系统原理图。外差接收的下变频方式与其非常类似，只是在接收端不需要用到两个平衡接收机，但需要在DSP阶段进行数字下变频。在零差接收的下变频方式中，本地激光器的波长设置为与发送端激光器波长相同。经过平衡接收机的光电转换之后得到OFDM信号的同相分量和正交分量，二者彼此正交。

光电转换后OFDM信号的同相分量和正交分量经过模/数转换器转换为数字信号，并采用DSP的方法完成OFDM信号的解调。数字信号需要进行如下DSP流程实现解调：①串并转换为并行的信号；②符号同步用于确定OFDM信号开始的长度；③估计接收OFDM信号的频偏并补偿；④快速傅里叶变换将信号从时域变为频域；⑤提取用于信道估计的训练序列并完成信道估计和信道均衡；⑥提取导频，并实现相位噪声的估计与补偿；⑦将信号并串转换并对比原始比特计算误码率。

在相干光 OFDM 接收中，同步是 DSP 技术中非常重要的一部分。同步在 CO-OFDM 系统的接收机中主要划分为三部分：时域同步，即符号同步，功能是找到 OFDM 信号开始的地方；频域同步，即频偏估计，OFDM 信号对频偏非常敏感，如何准确地估计出频偏也是正确解调 OFDM 信号的关键；子载波恢复，主要包括信道估计和相位噪声的估计与消除，信道估计主要是采用训练序列实现的，而相位噪声则主要是基于导频提取估计的方式。

在 CO-OFDM 的接收 DSP 中，符号同步是非常重要的。如果不能正确找到信号起始点，接下来的 DSP 算法将无法完成。如果符号同步不准确，将会导致符号间干扰和子载波间干扰。在 OFDM 符号同步中，最出名的算法是由施米尔德（Schmild）和考克斯（Cox）在 1997 年提出的。在这个方法中，时域中包含两个同样信息流的一个训练序列被插入到传输信息的前面，这个训练序列主要用于符号同步。用于符号同步的训练序列的信号格式示意图见图 13-10。

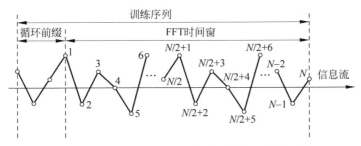

图 13-10　用于符号同步的训练序列的信号格式示意图

在 OFDM 的信号调制中，定义 FFT 的长度为 N，则训练序列在时域满足

$$T_k = T_{k+N/2}, \quad k \in [1, N/2] \tag{13-29}$$

其中，k 为规定的 FFT 长度 N 中的第 k 个点，其取值范围为 1 到 $N/2$，而 T_k 则代表第 k 个点对应的时域值。假设这个训练序列经过一个时不变的信道（光纤信道非常稳定，信道特性变化非常缓慢，在一定时间长度内可以近似地看成时不变的信道），其冲击响应为 $h(t)$，接收到的信号为

$$r_m = r(mt_s/N) = T(mt_s/N) \otimes h(mt_s/N) \cdot e^{(j\omega_{\text{off}} mt_s/N + \Delta\varphi)} + n_m \tag{13-30}$$

其中，ω_{off} 代表 CO-OFDM 系统中发送端的激光器和接收端 LO 信号之间的中心频率差，$\Delta\varphi$ 代表由于激光器线宽而引入的相位噪声（假设相位噪声在整个符号范围内是不变的）。对比可以发现，本身完全相同的两部分经过传输和接收后只是引入了一个相移，意味着前后两部分只是存在一个相移。则同步可以采用这两部分

相关的方法,滑动计算长度为 $N/2$ 的前后两个部分,定义这个相关性计算为

$$R_d = \sum_{m=1}^{N/2} r^*_{m+d} r_{m+d+N/2} \tag{13-31}$$

定义前后两部分的功率积为

$$S_d = \sqrt{\left(\sum_{m=1}^{N/2} |r^2_{m+d}|\right)\left(\sum_{m=1}^{N/2} |r^2_{m+d+N/2}|\right)} \tag{13-32}$$

将计算得到的相关函数功率归一化,得到

$$M_d = \left|\frac{R_d}{S_d}\right|^2 \tag{13-33}$$

比较得到的 M_d 值,找到最大的 M_d 值对应的 d,这就是最优的符号同步点,即 OFDM 信号接收开始的最佳时刻。

频偏估计也是离线算法中非常重要的部分,频偏的引入会导致 OFDM 子载波的正交性被破坏,这样会导致严重的 ICI。这样在接收时必须补偿这个频偏,频偏的估计算法有多种,主要分为两类:采用训练序列的频偏估计和采用导频的频偏估计。

采用训练序列的频偏估计是施米尔德和考克斯所采用的算法。在上面已经估计出最优的符号同步点 d_{opt},而在该点前后两部分的自相关函数为

$$\begin{aligned}
R_{d_{\text{opt}}} &= \sum_{m=1}^{N/2} r^*_{m+d_{\text{opt}}} r_{m+d_{\text{opt}}+N/2} \\
&= \sum_{m=1}^{N/2} \begin{Bmatrix} (T((m+d_{\text{opt}})t_s/N) \otimes h((m+d_{\text{opt}})t_s/N) \cdot \\ e^{(j\omega_{\text{off}}(m+d_{\text{opt}})t_s/N+\Delta\varphi)} + n_{(m+d_{\text{opt}})})^* \cdot \\ (T((m+d_{\text{opt}}+N/2)t_s/N) \otimes h((m+d_{\text{opt}}+N/2)t_s/N) \cdot \\ e^{(j\omega_{\text{off}}(m+d_{\text{opt}}+N/2)t_s/N+\Delta\varphi)} + n_{(m+d_{\text{opt}}+N/2)}) \end{Bmatrix} \\
&= \sum_{m=1}^{N/2} |\hat{r}_{m+d_{\text{opt}}}|^2 \cdot \exp(j \cdot \pi f_{\text{off}}/\Delta f) + \Theta(d_{\text{opt}}) \tag{13-34}
\end{aligned}$$

其中,$\Theta(d_{\text{opt}})$ 代表该点处残留的噪声,$\Delta f = \dfrac{1}{t_s}$,为每个子载波之间的频率间隔。对自相关函数作取相位操作,得到

$$\text{phase} = \text{angle}(R_{d_{\text{opt}}}) = \pi f_{\text{off}}/\Delta f \tag{13-35}$$

则可以得到频偏为

$$f_{\text{off}} = \text{phase} \cdot \Delta f/\pi \tag{13-36}$$

由于残留噪声的存在,当系统的信噪比很低的时候可能会出现估计不准的现象,因此可以在 OFDM 信号前面多插入几个训练序列,然后估计后平均。当频偏

估计完成后则需要将这个频偏补偿，补偿的方法为
$$r_c(t) = r(t) \cdot \exp(-j \cdot 2\pi f_{\text{off}} t) \quad (13-37)$$

另一种同样可行的方法是通过插入导频来实现频偏估计。其原理是：在频域的某特定的频点插入一个导频，经过传输并解调完之后将信号变换到频域并找到该频点，和最初设定的频点对比就可以找出频偏。由于这个导频需要被容易地找到，因此其功率一定要比所有的子载波大，这样在接收端就可以很容易找到这个频点。可以将这个频点选择在零频处，在OFDM调制的过程中零频需要被预留给直流偏置。而当直流偏置加上后，一般都要比信息传输的子载波的功率高，这样就可以在接收端很容易被提取出来（即使存在频偏原始功率最高的点仍然是最高的点）。图13-11是在零频处插入用于频偏估计导频的示意图。

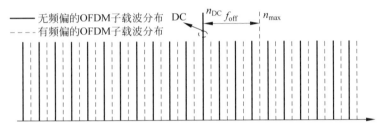

图 13-11 频偏估计导频插入的示意图

图13-11中，实线表示发送端OFDM信号子载波的频域分布，在中心频率处被预留给直流偏置，并且直流偏置通过在电光调制时插入。为了有效地估计出频偏，这个直流分量应当设置为比其他子载波的功率都高。经过传输和解光电转换之后，频偏被引入，有频偏的OFDM信号子载波的频域分布在图13-11中用虚线表示。同样，在有频偏信号的频谱中可以找到频点的最大值，该最大值所处的子载波的位置和原始直流偏置子载波的位置的差值为

$$\Delta n = n_{\max} - n_{\text{DC}} \quad (13-38)$$

此时对应的频偏为

$$f_{\text{off}} = \begin{cases} \Delta n \Delta f, & 0 \leqslant \Delta n \leqslant N/2 - 1 \\ (\Delta n - N)\Delta f, & N/2 \leqslant \Delta n \leqslant N - 1 \end{cases} \quad (13-39)$$

由于在该过程中所有的操作都是基于子载波间隔的整数倍的，因此其只能准确地估计出子载波间隔的整数倍的频偏，而对子载波间隔的非整数倍的频偏则可以通过循环前缀来获得。具体的过程可参照前面采用训练序列计算频偏的算法。当整数频偏和非整数频偏均获得之后就可以采用式(13-37)补偿其频偏。

在OFDM信号的光纤信道传输中，星座点的旋转和发散会导致星座点在光电转换之后杂乱无章。主要有三个因素导致了星座点的混乱：①整个频谱内的光纤

信道的色散效应；②FFT 窗口的定时误差；③相位噪声。前面两个都是慢变的过程，可以通过在传输信息内等间隔地插入训练序列来估计并补偿。相位噪声主要是由于发送和接收激光器均存在一定的线宽而引入的，由于激光器的工作状态本身变换就很快（可以达到纳秒级别），因此相位估计必须针对每个 OFDM 符号，而不是整个信息帧。因此，不可能通过在传输的信息流中等间隔地插入训练序列实现相位噪声的估计。在信道估计中主要需要讨论采用插入的训练序列，实现对光纤的色散效应和 FFT 窗口的定时误差的估计与补偿，图 13-12 为训练序列和导频插入的示意图。图中黑色表示的是训练序列，在某个时间点内占据了整个频域，其目的是为了估计出整个频域内所有频点的信道响应。在信噪比很低或者对系统的信道估计准确度要求很高时，可以用在时间上插入多个训练序列然后平均的方式消除随机噪声对基于训练序列的信道估计的影响。对于 OFDM 的传输系统，经过信道传输后的信号可以表示为

$$r_m(n) = x_m(n) * h_m(n) \cdot e^{j\varphi_m(n)} + \xi_m(n) \tag{13-40}$$

其中，$x_m(n)$、$h_m(n)$ 和 $\varphi_m(n)$ 分别表示传输信号、信道响应和相位噪声，$\xi_m(n)$ 是信道中随机噪声的方差。去除循环前缀和作完 FFT 变换到频域后，信道传输可以表示为

$$R_m(k) = X_m(k) H_m(k) I_m(0) + \sum_{\substack{l=-N/2 \\ l \neq k}}^{N/2-1} X_m(l) H_m(l) I_m(l-k) + \zeta_m(k) \tag{13-41}$$

其中，$X_m(k)$、$H_m(k)$ 和 $\zeta_m(k)$ 分别代表传输信号、信道响应和随机噪声在频域内的表示。$I_m(i)$ 与相位噪声 $\varphi_m(n)$ 的关系可以表示为

$$I_m(i) = \frac{1}{N} \sum_{n=-N/2}^{N/2-1} e^{j2\pi ni/N} e^{j\varphi_m(n)}, \quad i = -\frac{N}{2}, \cdots, \frac{N}{2}-1 \tag{13-42}$$

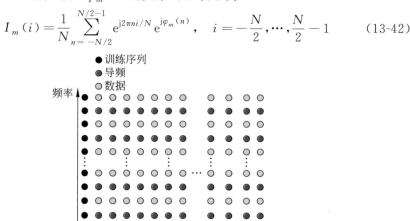

图 13-12　训练序列和导频插入的示意图

为了正确地恢复信号，必须准确地获得 $h_m(n)$ 和 $\varphi_m(n)$，其中 $h_m(n)$ 的准确获得是通过信道估计实现的，而 $\varphi_m(n)$ 则要通过相位估计实现。

信道估计主要是基于训练序列估计的方式。在基于训练序列信道估计的方式中，最大似然准则的信道估计是一种复杂度低并且性能不错的方式。在信道估计中，忽略相位噪声的影响，则系统的传输函数的频域表达可以简化为

$$R(k) = X(k)H(k) + \zeta_m(k) \tag{13-43}$$

由于假设光纤信道为时不变的信道，为了简化，将表示 OFDM 信号时域中的第 i 个符号的下标省略。式中的 $\zeta_m(k)$ 为光纤信道传输中的随机噪声，对于一个确定信道的信道传输函数但在信道估计之前未知的 $H(k)$，接收到的信号 R 与其联合概率密度分布表示为

$$p(R(1), R(2), \cdots, R(N) \mid H(1), H(2), \cdots, H(N))$$
$$\propto \exp\pi\left(\sum_{k=1}^{N} \frac{(R(k) - H(k)X(k))^*(R(k) - H(k)X(k))}{2\delta^2}\right) \tag{13-44}$$

其中，δ 为分布在每个子载波上随机噪声的标准差，并假设分布在每个子载波上的随机噪声完全相同。最大似然准则是找出一个 $H(k)$，使联合概率密度分布函数最大。其等价的判决条件为找到 $H(k)$ 使得下面的函数取最小值：

$$\Lambda(H(1), H(2), \cdots, H(N)) = \sum_{k=1}^{N} (R(k) - H(k)X(k))^*(R(k) - H(k)X(k))$$
$$\tag{13-45}$$

其中，$H(k)$ 为复数变量，其共轭 $H^*(k)$ 可以看成另外一个单独的变量，为了找到合适的 $H(k)$ 使等价似然函数取最小值，将等价最小似然函数对 $H^*(k)$ 求导：

$$\frac{\partial \Lambda(H(1), H(2), \cdots, H(N))}{\partial H^*(k)} = X^*(k)(R(k) - H(k)X(k)) \tag{13-46}$$

为了取得等价似然函数的最小值，必须满足导数的取值为零。根据这个准则，求出信道函数的最大似然估计值为

$$\widetilde{H}(k) = \frac{R(k)}{X(k)} = H(k) + \frac{n(k)}{X(k)} = H(k) + \widetilde{n}(k) \tag{13-47}$$

式中，在 OFDM 信道估计时，估计出的信道特性中除了包括实际的信道特征外，还包含部分的随机噪声。

除最大似然估计准则外，还有计算复杂度更高的最小均方误差（DD-LMS）准则。这个准则能够更准确地估计信道，但本章不予讨论。接下来讨论如何消除信道估计中的随机噪声，随机噪声的引入导致信道估计中的估计错误，常见的方法是在时域插入多个训练序列，然后通过估计之后的时域平均的方式尽量降低这个随机噪声对信道估计的影响。但是这种额外的开销无疑会降低系统的频谱效率，为

了避免降低频谱效率并尽可能地消除随机噪声的影响,一种基于频域内的滑动平均的方法被提出。在频域内的滑动平均的方法中,某个频点的最终估计值是由其自身及周围频点的估计值共同确定的,最终的信道估计值可以表示为

$$\hat{H}(k') = \frac{1}{\min(k_{max}, k'+m) - \max(k_{min}, k'-m)} \sum_{k=k'-m}^{k'+m} \widetilde{H}(k) \quad (13\text{-}48)$$

其中,k 和 k' 分别代表滑动平均之前和之后的频点。注意,在滑动平均开始和结束的地方由于滑动平均的样本将会被降低(样本数为 $m+1$),而在中间频点的滑动平均的样本数均为 $2m+1$。

由于 OFDM 信号对相位噪声非常敏感,相位噪声会破坏 OFDM 的子载波之间的正交性。CO-OFDM 系统的相位噪声根据其特性分为两类:公共相位噪声(common phase noise,CPN)和导致 ICI 的相位噪声。公共相位噪声是整个频域内各个子载波上都存在并且相同的相位噪声分量,这种相位噪声表现出来的特性是导致信号的星座图旋转。另外一种导致子载波间干扰的相位噪声,其在信号调制的子载波上的分布是没有规律的,而且这种噪声要比公共相位噪声小,主要导致星座点的发散。

相位噪声的消除可以采用频域和时域的方法。最常见的采用频域的方法是基于数据点 M 次平方,这种方法常用于相干检测的单载波系统中。其优势是不需要额外的带宽开销,但是容易出现相位模糊,必须采用差分编码的方式来消除相位模糊,这样实现复杂度较高。另外一种方法是在每个 OFDM 符号中预留一定数目的子载波用于传输导频,在接收端信号经过 FFT 之后比较对应子载波上的信号和原始信号,找出其在相位上的变化并平均就得到了频域估计方法中的相位噪声。具体可以表示为

$$\phi_i = \frac{1}{N_p} \sum_{k=1}^{N_p} (\arg(Y_{ik}) - \arg(X_{ik})) \quad (13\text{-}49)$$

其中,X_{ik} 代表在发送端预留的子载波中插入的导频的信号,Y_{ik} 代表在接收端对应的子载波上接收到的信号。而实际的光纤传输系统中,由于偏振模色散和偏振损耗会引入相位噪声,并且这种相位噪声的分布是随机的,因此噪声分布采用前面的平均估计的方法将导致估计不准确。为了提高相位噪声估计的精确度,基于最大似然估计准则的相位噪声方法被提出。在该方法中,对于给定的第 i 个 OFDM 符号,假设具有高斯分布噪声在每个子载波上的噪声分布的标准差为 δ_k,则似然函数可以表示为

$$\Lambda_i = \sum_{k=1}^{N_p} \frac{1}{\delta_k^2} |Y_{ki} - H_k X_{ki} \cdot e^{j\phi_i}|^2 \quad (13\text{-}50)$$

式(13-50)满足似然函数取最小值的相位噪声估计值为

$$\phi_i = \arg\Big(\sum_{k=1}^{N_p} \frac{1}{\delta_k^2} Y_{ki} H_k^* X_{ki}^*\Big) \quad (13\text{-}51)$$

这两种基于频域的相位估计方案中对于相位噪声只能估计出公共的相位噪声,而对于导致 ICI 的相位噪声则无法估计。当 OFDM 信号的调制阶数增加时(16~2048QAM),对相位噪声非常敏感,导致 ICI 的相位噪声会使系统的性能严重降低。为了克服导致子载波间干扰的相位噪声对 OFDM 信号接收时判决的影响,基于时域的相位噪声估计方案被提出。采用时域相位估计方案中,目前报道的接收都是采用基于外差的相干检测方式。在 OFDM 的调制中将第一个子载波预留出来,完成信号的调制后在时域插入 DC 分量,并在采用电的 IQ 混频器上变频到中频,插入到第一个子载波的 DC 分量在电域混频上变频之后就变为了射频导频(radio frequency pilot,RF-pilot)。经过光纤链路传输后,通过时域滤波的方式提取 RF-pilot 并补偿相位噪声。RF-pilot 的提取方式有两种,如图 13-13 所示。

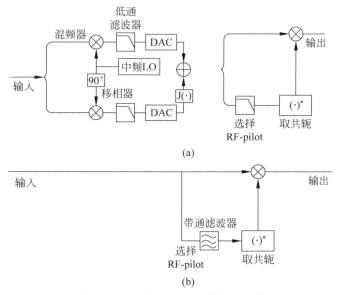

图 13-13　不同 RF-pilot 的提取方式

图 13-13(a)是采用先下变频后低通滤波提取 RF-pilot 并补偿相位噪声的方式,这种方式的最大好处是节约了 DAC 的带宽,这样可以大大降低成本。图 13-13(b)则是直接带通滤波提取中频的 RF-pilot,并用其同时实现下变频和相位噪声补偿,这种方式虽然能够同时实现下变频,但是其与 DAC 的带宽和 RF-pilot 所处的频率相关,对 DAC 的带宽要求远大于第一种方案对 DAC 带宽的要求。在基于 RF-pilot 补偿相位噪声的相干光 OFDM 光纤传输系统中,在接收端通过滤波的方式提取 RF-pilot。假设滤波器的带宽的 M 点的冲击响应为 h_m,则滤波后得到的信号为

$$\tilde{x}_{k,i} = \frac{1}{M}\sum_{k=1}^{M-1} x_{k+m,i} h_m \tag{13-52}$$

其中，$\tilde{x}_{k,i}$ 代表时域的 OFDM 信号，滤波得到的信号的相位即相位噪声：

$$\varphi_{k,i} = \arg(\tilde{x}_{k,i}/|\tilde{x}_{k,i}|) \tag{13-53}$$

式(13-53)中的相位噪声为采用时域估计的相位噪声，为了与频域估计出的相位噪声区分，这里以 $\varphi_{k,i}$ 表示。将其与频域估计的相位噪声 φ_i 比较可以发现，时域估计出的相位噪声对不同的时间点，相位噪声是连续波动变化的，而在频域中估计的相位噪声对于某一个 OFDM 符号周期内估计的相位噪声是不变的。这也是时域估计相位噪声能够补偿导致子载波间干扰的相位噪声而频域却不能的原因。

在单模光纤传输系统中，两个偏振态都可以用来传输信号。将两个偏振态的光信号分别用来传输信息的方式称为偏振复用。偏振复用技术的引入使得光纤通信系统的容量提高了一倍，但是偏振复用的信号在光纤中传输时，两个偏振态会在光纤中随机地旋转，这种随机的偏振旋转称为偏振模色散（polarization mode dispersion，PMD）。此外偏振相关损耗（polarization dependent loss，PDL）也会导致信号的失真，因此在偏振复用的实现过程中必须克服偏振模色散和偏振相关损耗对 OFDM 信号的影响。

在偏振复用的 OFDM 光纤传输系统中，可以将偏振复用的信号看作一个 2×2 的多输入多输出（multiple input multiple output，MIMO）系统，发送端的 OFDM 信号可以表示为

$$\boldsymbol{t} = \begin{bmatrix} t_x \\ t_y \end{bmatrix} \tag{13-54}$$

其中，t_x 和 t_y 分别表示在 x 和 y 偏振方向上传输的 OFDM 信号，该信号经过光纤链路传输后变为

$$\boldsymbol{s} = \boldsymbol{h} * \boldsymbol{t} + \boldsymbol{n} \tag{13-55}$$

其中，$\boldsymbol{n}$ 为随机噪声，$*$ 代表信道卷积，$\boldsymbol{s}$ 和 $\boldsymbol{h}$ 分别代表接收到的信号和光纤信道的冲击响应，分别表示为

$$\boldsymbol{s} = \begin{bmatrix} s_x \\ s_y \end{bmatrix} \tag{13-56}$$

$$\boldsymbol{h} = \begin{bmatrix} h_{xx} & h_{xy} \\ h_{yx} & h_{yy} \end{bmatrix} \tag{13-57}$$

对式(13-55)求傅里叶变换，将时域的传输表达式转换到频域，则可以变为

$$\boldsymbol{S} = \boldsymbol{H} \cdot \boldsymbol{T} + \boldsymbol{\xi} \tag{13-58}$$

其中，$\boldsymbol{S} = \begin{bmatrix} S_x \\ S_y \end{bmatrix}$，$\boldsymbol{H} = \begin{bmatrix} H_{xx} & H_{xy} \\ H_{yx} & H_{yy} \end{bmatrix}$，$\boldsymbol{T} = \begin{bmatrix} T_x \\ T_y \end{bmatrix}$，$\boldsymbol{S}$、$\boldsymbol{H}$、$\boldsymbol{T}$ 和 $\boldsymbol{\xi}$ 分别为接收信号、光

纤信道响应、传输信号和随机噪声的傅里叶变换形式，时域的卷积经过傅里叶变换后变为频域的乘积。因此，如果能够正确地估计出光纤中偏振复用系统的信道特性 $\boldsymbol{H}$，就可以实现两个偏振态的解复用和分离。这个能够反映偏振信道特性的矩阵 $\boldsymbol{H}$ 被称为琼斯矩阵。

当琼斯矩阵 $\boldsymbol{H}$ 计算出来之后，可以估计出传输的信息为

$$\widetilde{\boldsymbol{T}} = \boldsymbol{H}^{-1}\boldsymbol{S} - \boldsymbol{H}^{-1}\boldsymbol{\xi} \tag{13-59}$$

估计出的信息 $\widetilde{\boldsymbol{T}}$ 和发送的 $\boldsymbol{T}$ 相比，即使琼斯矩阵 $\boldsymbol{H}$ 能够被完全无误地估计出来，但是随机噪声 $\boldsymbol{\xi}$ 仍然将影响到 OFDM 信号的接收恢复。为了克服随机噪声的影响，可以采用最大似然估计来尽可能消除随机噪声的影响。此外，还可以采用前面信道估计中讨论的时域平均和频域滑动平均的方式来降低随机噪声的影响。

在偏振复用的 CO-OFDM 系统中实现偏振解复用的关键步骤是获得琼斯矩阵 $\boldsymbol{H}$。对于常规 OFDM 传输系统，一种常用的方法是在时域周期性地插入训练序列，然后通过在频域比较接收到的信号和训练序列估计出信道特性并均衡。由于偏振复用系统可以简单地看成一个 2×2 的 MIMO 系统，在 MIMO 系统中必须保证多个输入信号中的训练序列是正交的，这样在接收端才可以正确地找到训练序列。按照这一准则，针对偏振复用的 2×2 MIMO 系统可以提出多种正交训练序列的结构，而最简单的是通过时分复用的方式实现训练序列的正交。基于时分复用的训练序列在图 13-14 中给出。

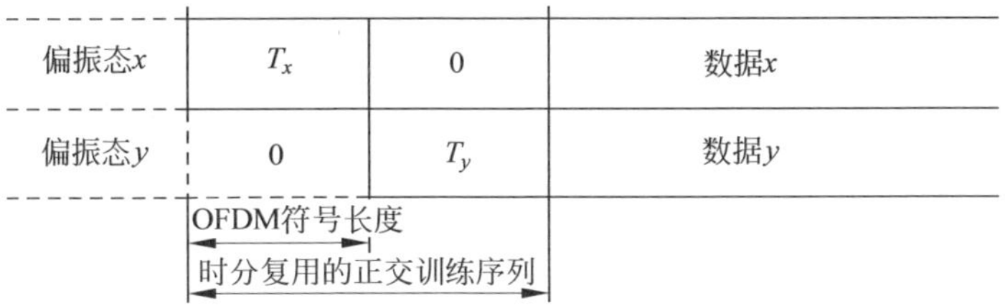

| 偏振态 x | T_x | 0 | 数据 x |
| 偏振态 y | 0 | T_y | 数据 y |

OFDM 符号长度
时分复用的正交训练序列

图 13-14　用于 MIMO 信道估计的基于时分复用的训练序列

时分复用的两个正交序列可以表示为

$$\boldsymbol{T}_1 = \begin{bmatrix} T_x \\ 0 \end{bmatrix}, \quad \boldsymbol{T}_2 = \begin{bmatrix} 0 \\ T_y \end{bmatrix} \tag{13-60}$$

其中，T_x 和 T_y 分别为时域中在偏振态 x 和偏振态 y 中插入的训练序列，训练序列需要保证有好的抵抗系统噪声的性能，并且对训练序列的 DSP 过程和对信号的 DSP 过程具有高度的一致性。假设光纤信道对时域上连续的两对训练序列的影响是一样的，并且忽略随机噪声的影响，则得到接收的信号分别为

$$\begin{cases} \boldsymbol{S}_1 = \begin{bmatrix} S_{1x} \\ S_{1y} \end{bmatrix} = \boldsymbol{HT}_1 = \begin{bmatrix} H_{xx} & H_{xy} \\ H_{yx} & H_{yy} \end{bmatrix} \begin{bmatrix} T_x \\ 0 \end{bmatrix} = \begin{bmatrix} H_{xx}T_x \\ H_{yx}T_x \end{bmatrix} \\ \boldsymbol{S}_2 = \begin{bmatrix} S_{2x} \\ S_{2y} \end{bmatrix} = \boldsymbol{HT}_2 = \begin{bmatrix} H_{xx} & H_{xy} \\ H_{yx} & H_{yy} \end{bmatrix} \begin{bmatrix} 0 \\ T_y \end{bmatrix} = \begin{bmatrix} H_{xy}T_y \\ H_{yy}T_y \end{bmatrix} \end{cases} \quad (13\text{-}61)$$

解方程得到琼斯矩阵

$$\boldsymbol{H} = \begin{bmatrix} H_{xx} & H_{xy} \\ H_{yx} & H_{yy} \end{bmatrix} = \begin{bmatrix} S_{1x}/T_x & S_{2x}/T_y \\ S_{1y}/T_x & S_{2y}/T_y \end{bmatrix} \quad (13\text{-}62)$$

根据得到的琼斯矩阵就可以分离两个偏振态的信号，对偏振态分离后的信号进行相位噪声估计和判决就得到接收到的数字信号。

偏振复用的 CO-OFDM 系统原理如图 13-15 所示。任意波形发生器(AWG)产生的 OFDM 信号的同相分量和正交分量共同注入 IQ 调制器实现 OFDM 信号的电光转换。调节 IQ 调制器的直流偏置产生正交调制的光 OFDM 信号。光 OFDM 信号经过一个模拟偏振复用的单元实现偏振复用，在偏振复用的模拟单元由耦合器、光延时线、光衰减器和偏振耦合器实现，经过耦合器分离的两路光 OFDM 信号，一路通过光延时器延时正好一个 OFDM 符号长度，另外一路通过一个光衰减器调节两路之间的功率并通过偏振耦合器将两路信号耦合起来。经过偏振复用模拟单元后在 x 和 y 两个偏振方向上的 OFDM 信号如图 13-15 的插图所示，通过这种方式实现偏振复用，同时保证了训练序列的正交性。将偏振复用的 OFDM 信号经过 EDFA 放大并经过一定长度的光纤传输后，采用相干检测的方式实现信号的光电转换，将平衡检测器得到的四个信号分别通过低通检测器和模/数转换器之后进入接收端的 DSP。接收端的 DSP 主要包括符号同步、频率同步、离散傅里叶变换(DFT)、偏振解复用及均衡和相位噪声消除，以及误码计算。

采用 CO-OFDM 系统实现单波长高速率信号传输与采用单载波方式实现方案相比其主要优势在于：在每个 OFDM 符号中插入一定时间长度的循环前缀，可以在接收端避免采用 DSP 算法补偿光纤传输中的色散；OFDM 的频域均衡的方式 DSP 算法对信号的调制格式透明，在单载波中信号调制格式改变后，信道均衡的方式都要发生相应的改变。当系统需要增加调制格式的阶数来实现系统扩容时，OFDM 这种在信道均衡时对信号调制格式透明的优势就变得非常明显。最近十几年，相干 OFDM 长距离传输取得了许多创纪录的研究成果[26-41]。2007 年，澳大利亚墨尔本大学(The University of Melbourne)的谢赫(William Shieh)等首次仿真了 OFDM 信号在相干检测系统中的传输，在无色散补偿的情况下 10Gbit/s 的 OFDM 信号成功实现了 3000km 单模光纤传输，证实 OFDM 信号可以在无色散补偿的情况下实现长距离传输。在 2007 年的欧洲光通讯展览会(ECOC)上，谢赫等报道，成功实现了 8Gbit/s 的 OFDM 信号在无色散补偿情况下 1000km 单模

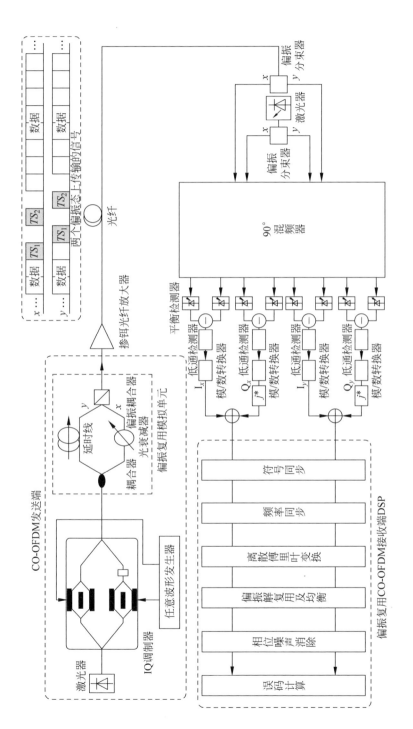

图 13-15 偏振复用的 CO-OFDM 系统原理图

光纤传输[33]。从此,CO-OFDM成为光纤通信的研究热点,在每年的美国光纤通讯展览会及研讨会(OFC)和ECOC中都有大量关于CO-OFDM的报道。2007年,日本凯迪迪爱通信技术有限公司(KDDI)的詹森(Jansen)等在OFC会议上报道,他们成功实现了20Gbit/s的OFDM信号在CO-OFDM系统中传输,并将无色散单模光纤传输的距离提高到4160km[27-28]。同一年的ECOC中,他们报道,首次成功利用偏振复用技术实现了对CO-OFDM系统的扩容,该偏振复用的CO-OFDM系统中实现了16个光波长的WDM系统,并且单个光波长上携带了52.5Gbit/s的OFDM信号[28]。在2008年的OFC上,詹森等报道,首次成功实现了单信道速率超过100Gbit/s的WDM-CO-OFDM系统并成功完成1000km单模光纤传输[28]。从此,越来越多的研究者提议将CO-OFDM作为100Gbit/s甚至400Gbit/s的以太网光接口的备选方案。为了实现在单个WDM信道中传输400Gbit/s的信号,美国贝尔(Bell)实验室提出多光载波产生:基于在单个WDM信道中产生多个光载波并分别在不同光载波上加载OFDM信号[36]。由于OFDM信号频谱的滚降系数特别低,因此不同的光OFDM边带之间不需要保留保护间隔,可以保证高的频谱效率。通过这种技术可以实现在80GHz的WDM的信道间隔中传输448Gbit/s的OFDM信号。在该方案中为了使去除前向纠错(forward error correction,FEC)编码后的速率仍然能超过400Gbit/s,必须减少循环前缀和导频等额外开销的比例。在该方案中电的色散补偿被应用到消除光纤传输中的色散效应。

CO-OFDM系统除了被应用在主干传输网中传输超高速率的信号外,也被应用到光纤无线的混合网络结构实现的超大容量的无线接入网。光纤无线的混合网中无线链路的毫米波是通过光差频的方式产生的,而基于直接检测的OFDM-RoF系统中毫米波是通过光学倍频的方式产生的。由于采用光学差频方式产生毫米波方案中两个光波不存在相关性,因此在接收端的DSP算法更加复杂(包括额外的频偏估计和相位噪声估计)。但是由于这种方案采用了相干检测,系统的接收灵敏度被改善。W波段(75～110GHz)因其在空气中传输损耗低和可以提供巨大的可用带宽,最近几年被广泛研究。2012年,邓(Deng)等对光纤无线的混合网络结构中两个不相关的光波采用差频产生了W波段(75～110GHz)的载波信号,并且一个光载波上携带了三个8.3Gbit/s的OFDM信号边带[42]。为了满足下一代光纤无线混合网络中无线链路传输的容量和光纤链路的传输容量的一致性,这种采用CO-OFDM的光纤无线混合网络将是一种非常可行的备选方案。作者课题组在2013年实现了W波段40Gbit/s信号5m的无线距离传输[43]。

13.4 小结

OFDM 检测方式可以分为直接检测和相干检测。考虑到成本,直接检测适合短距离传输系统,相干检测则适合长距离传输系统。本章简要地介绍了它们的系统架构和基本算法原理,以及最近的研究进展。

参考文献

[1] OKOSHI T. Coherent optical fiber communications[M]. Amsterdam: Kluwer Academic Publishers, 1985.

[2] SAITO S, YAMAMOTO Y, KIMURA T. Coherent optical fiber transmission systems[J]. Topics in Lightwave Transmission Systems, 1991, 17(6): 203-266.

[3] OKOSHI T, KIKUCHI K. Frequency stabilization of semiconductor lasers for heterodyne-type optical communication systems[J]. Electronics Letters, 2007, 16(5): 179-181.

[4] FAVRE F, GUEN D L. High frequency stability of laser diode for heterodyne communication systems[J]. Electronics Letters, 2007, 16(18): 709-710.

[5] YAMAMOTO Y. Receiver performance evaluation of various digital optical modulation-demodulation systems in the 0.5-10μm wavelength region[J]. IEEE Journal of Quantum Electronics, 2003, 16(11): 1251-1259.

[6] OKOSHI T, EMURA K, KIKUCHI K, et al. Computation of bit-error rate of various heterodyne and coherent-type optical communication schemes[J]. Journal of Optical Communications, 1981, 2(3): 89-96.

[7] FAVRE F, JEUNHOMME L, JOINDOT I, et al. Progress towards heterodyne-type single-mode fiber communication systems[J]. IEEE Journal of Quantum Electronics, 2003, 17(6): 897-906.

[8] OKOSHI T. Heterodyne and coherent optical fiber communications: recent progress[J]. IEEE Transactions on Microwave Theory & Techniques, 2003, 30(8): 1138-1149.

[9] SMITH D W, HODGKINSON T G, WYATT R, et al. Operation of experimental coherent optical-fiber transmission systems[C]. Optical Fiber Communication Conference, 1984.

[10] HOOPER R, MIDWINTER J E, SMITH D W, et al. Progress in monomode transmission techniques in the United Kingdom[J]. Journal of Lightwave Technology, 1983, 1(4): 596-611.

[11] OKOSHI T. Recent progress in heterodyne/coherent optical fiber communications[C]. Optical Fiber Communication Conference, 1984.

[12] OKOSHI T. Recent progress in heterodyne/coherent optical fiber communications[J]. Journal of Lightwave Technology, 1984, 2(4): 341-346.

[13] KIKUCHI K, OKOSHI T, NAGAMATSU M, et al. Degradation of bit-error rate in

[13] coherent optical communications due to spectral spread of the transmitter and the local oscillator[J]. Italian Studies, 1984, 68(6): 36-56.

[14] KIKUCHI K, OKOSHI T. Dependence of semiconductor laser linewidth on measurement time: evidence of predominance of $1/f$ noise[J]. Electronics Letters, 1985, 21(22): 1011-1012.

[15] KAMINOW I, LI T. Optical fiber telecommunications IVA + B[M]. New York: Academic, 2002.

[16] KAHN J M, HO K P. Spectral efficiency limits and modulation/detection techniques for DWDM systems[J]. IEEE Journal of Selected Topics in Quantum Electronics, 2004, 10(2): 259-272.

[17] GRIFFIN R A, CARTER A C. Optical differential quadrature phase-shift key (DQPSK) for high capacity optical transmission[C]. Optical Fiber Communication Conference and Exhibit, 2002.

[18] SHIMOTSU S, OIKAWA S, SAITOU T, et al. Single side-band modulation performance of a $LiNbO_3$, integrated modulator consisting of four-phase modulator waveguides[J]. IEEE Photonics Technology Letters, 2001, 13(4): 364-366.

[19] TSUKAMOTO S, LY-GAGNON D S, KATOH K, et al. Coherent demodulation of 40Gbit/s polarization-multiplexed QPSK signals with 16GHz spacing after 200km transmission[C]. Optical Fiber Communication Conference, 2005.

[20] KIKUCHI K. Phase-diversity homodyne detection of multilevel optical modulation with digital carrier phase estimation[J]. IEEE Journal of Selected Topics in Quantum Electronics, 2006, 12(4): 563-570.

[21] TSUKAMOTO S, KATOH K, KIKUCHI K. Coherent demodulation of optical multilevel phase-shift-keying signals using homodyne detection and digital signal processing[J]. IEEE Photonics Technology Letters, 2006, 18(10): 1131-1133.

[22] TSUKAMOTO S, KATOH K, KIKUCHI K. Unrepeated transmission of 20Gbit/s optical quadrature phase-shift-keying signal over 200km standard single-mode fiber based on digital processing of homodyne-detected signal for group -velocity dispersion compensation[J]. IEEE Photonics Technology Letters, 2006, 18(9): 1016-1018.

[23] TAYLOR M G. Coherent detection method using DSP for demodulation of signal and subsequent equalization of propagation impairments[J]. IEEE Photonics Technology Letters, 2004, 16(2): 674-676.

[24] BÜLOW H, BUCHALI F, KLEKAMP A. Electronic dispersion compensation[C]. Optical Fiber Communication Conference, 2008.

[25] LEVEN A, KANEDA N, KOC U V, et al. Coherent receivers for practical optical communication systems[C]. Optical Fiber Communication and the National Fiber Optic Engineers Conference, 2007.

[26] SHIEH W, ATHAUDAGE C. Coherent optical orthogonal frequency division multiplexing[J]. Electronic Letters, 2006, 42: 587-589.

[27] JANSEN S L, MORITA I, SCHENK T C W, et al. Coherent optical 25.8Gbit/s OFDM

transmission over 4160km SSMF[J]. Journal of Lightwave Technology, 2008, 26(1): 6-15.

[28] JANSEN S L, MORITA I, TANAKA H. 10×121.9Gbit/s PDM-OFDM transmission with 2bit/(s·Hz) spectral efficiency over 1000km of SSMF[C]. Optical Fiber Communication Conference, 2008.

[29] LOBATO A, INAN B, ADHIKARI S, et al. On the efficiency of RF-pilot-based nonlinearity compensation for CO-OFDM[C]. Optical Fiber Communication Conference and Exposition, 2011.

[30] DIRK V D B, SLEIFFER V A J M, ALFIAD M S, et al. POLMUX-QPSK modulation and coherent detection: the challenge of long-haul 100G transmission[C]. European Conference on Optical Communication, 2009.

[31] JANSEN S L, AMIN A A, TAKAHASHI H, et al. 132.2Gbit/s PDM-8QAM-OFDM transmission at 4bit/(s·Hz) spectral efficiency[J]. IEEE Photonics Technology Letters, 2009, 21(12): 802-804.

[32] JANSEN S L, MORITA I, SCHENK T C W, et al. 121.9Gbit/s PDM-OFDM transmission with 2bit/(s·Hz) spectral efficiency over 1000km of SSMF[J]. Journal of Lightwave Technology, 2009, 27(3): 177-188.

[33] SHIEH W, YI X, TANG Y. Transmission experiment of multi-gigabit coherent optical OFDM systems over 1000km SSMF fibre[J]. Electronics Letters, 2007, 43(3): 183-184.

[34] TANAKA H, TAKAHASHI H, MORITA I, et al. Scattered pilot channel tracking method for PDM-CO-OFDM transmissions using polar-based intra-symbol frequency-domain average[C]. Optical Fiber Communication Conference and Exposition, 2011.

[35] BUCHALI F, DISCHLER R. Transmission of 1.2Tbit/s continuous waveband PDM-OFDM-FDM signal with spectral efficiency of 3.3bit/(s·Hz) over 400km of SSMF[C]. Optical Fiber Communication Conference, 2009.

[36] LIU X, CHANDRASEKHAR S, WINZER P J, et al. Single coherent detection of a 606Gbit/s CO-OFDM signal with 32QAM subcarrier modulation using 4×80Gsamples/s ADCs[C]. European Conference and Exhibition on Optical Communication, 2010.

[37] QIAN D, HUANG M F, IP E, et al. 101.7Tbit/s (370×294Gbit/s) PDM-128QAM-OFDM transmission over 3×55km SSMF using pilot-based phase noise mitigation[C]. Optical Fiber Communication Conference and Exposition, 2011.

[38] TOMBA L. On the effect of Wiener phase noise in OFDM systems[J]. IEEE Transactions on Communications, 1998, 46(5): 580-583.

[39] SHIEH W. Phase estimation for coherent optical OFDM[J]. IEEE Photonics Technology Letters, 2007, 19(12): 919-921.

[40] SHIEH W, YANG Q, MA Y, et al. Phase noise effects on high spectral efficiency coherent optical OFDM transmission[C]. Communications and Photonics Conference and Exhibition, 2009.

[41] RANDEL S, ADHIKARI S, JANSEN S L. Analysis of RF-pilot-based phase noise

compensation for coherent optical OFDM systems[J]. IEEE Photonics Technology Letters, 2010, 22(17): 1288-1290.

[42] DENG L, BELTRAN M, PANG X, et al. Fiber wireless transmission of 8.3Gbit/s/ch QPSK-OFDM signals in 75-110GHz band[J]. IEEE Photonics Technology Letters, 2012, 24(5): 383-385.

[43] LI F, CAO Z, LI X, et al. Fiber-wireless transmission system of PDM-MIMO-OFDM at 100GHz frequency[J]. Journal of Lightwave Technology, 2013, 31(14): 2394-2399.

直接检测光OFDM的基本数字信号处理技术

14.1 引言

直接检测光正交频分复用系统因结构简单、成本低和实现复杂度低等优势,主要应用在接入网和超高速的点对点光纤通信业务中[1-8]。DDO-OFDM 系统本身存在一些问题,主要是子载波互拍噪声(SSMI)[5-6]以及光纤色散和器件的不完美频率响应导致的高频衰减[5]。在短距离的 DDO-OFDM 系统中,光纤色散并不明显,因此色散导致的高频衰减可以忽略。本章所讨论和分析的 DDO-OFDM 系统的应用场景都是传输距离很短的,不完美频率响应将是导致高频衰减的主要因素。随着日常生活中宽带通信业务的推广和普及,将带动实现接入网和高速的点对点光纤通信业务的 DDO-OFDM 系统的传输容量的迅速增加。采用 DSP[1-12]的方法消除子载波互拍噪声,提高这种大容量 DDO-OFDM 系统的传输性能,是一种可行的方案[1,2]。此外,大容量的 DDO-OFDM 系统中器件的不完美频率响应导致的高频衰减将会非常明显。通常为了提高系统的容量会增加调制格式的阶数以提高频谱效率,而高阶的调制格式将对这种高频衰减导致的 ISI 更加敏感。为了保证采用高阶调制格式的宽带 DDO-OFDM 系统的传输性能,必须研究如何克服这种高频衰减。

14.2 节将提出一种无需额外开销即可消除子载波互拍噪声的方法[12]。在 DDO-OFDM 系统中,光 OFDM 信号在经过光电二极管的平方检测之后子载波互拍噪声也会出现在检测信号中。为了克服子载波互拍噪声对 OFDM 信号的影响,一种方案是在频域插入保护间隔,这种方案称为保护间隔的 OFDM;另外一种方案称为频域交叉的 OFDM,在这种方案中信号只被调制在偶数子载波上。这两种方案都被证实能够有效消除子载波互拍噪声对 OFDM 信号的影响，但都会导致系统的整体频谱效率下降一半。曹（Cao）等在 64QAM DDO-OFDM 系统中提出采用交织编码技术和 Turbo 编码技术来克服子载波互拍噪声，并且成功地将 64QAM-OFDM 信号传输了 100km。这种技术被证实能够有效地克服子载波互拍噪声，但是由于 Turbo 编码的引入仍然会导致频谱效率的降低，此外，前向纠错码技术的引入将会导致系统的实现复杂度大大增加。目前还有一种方法被提出，即根据每个子载波的信噪比的高低，分别调制不同调制格式的信号，这样低频处的子载波由于子载波互拍噪声严重，能够携带的信号的调制格式阶数较低。这种方案需要在系统建立的前期有一段复杂的校准过程，目的是为了找出子载波互拍噪声的分布，因此并不适合应用到结构简单、低成本和低实现复杂度的 DDO-OFDM 系统中。为了实现在不降低频谱效率和加大系统实现复杂度的前提下克服子载波互拍噪声的影响，半符号周期（half-cycled）的 DDO-OFDM 方案在 14.2 节提出[12]。这种方案被实验证实，能够在不引入额外开销的情况下成功地抵抗子载波互拍噪声。实验结果表明，经过标准单模光纤传输 40km 后，QPSK-OFDM 和 16QAM-OFDM 的系统接收灵敏度分别被改善了 2dB 和 1.5dB。

  14.3 节分析了低成本的高阶调制格式 DDO-OFDM 系统实现的难点，并提出了对应的解决方案。结构简单和成本低是 DDO-OFDM 系统可以用于实现短距离接入网的关键优势。和长距离传输的主干网不同，在接入网中投入支出（capital expenditures，CapEx）和维护支出（operational expenditures，OpEx）都要求控制在最低的范围内。DDO-OFDM 系统中强度调制可以通过直接调制激光器和外调制器实现。与外调制器相比，直接调制激光器的成本低是其最大的优势。在接入网中采用直接调制激光器来实现电光调制将大大降低接入网系统的投入支出。伴随着新兴的高带宽通信业务（高清数字电视、云计算和交互式高清在线游戏等）的出现，下一代接入网的容量将超过 10Gbit/s，甚至达到 100Gbit/s。为了在器件带宽受限的 DDO-OFDM 系统中实现如此大容量的信号传输，最直接的方法是通过增加 OFDM 信号调制格式的阶数来提高系统的频谱效率。在 DDO-OFDM 系统中，目前报道的最高阶的调制格式是 128QAM。CO-OFDM 系统中，在 OFDM 信号调制中采用大尺寸的快速傅里叶变换可以实现 1024QAM-OFDM 和 2048QAM-OFDM 传输。对于一定带宽的 OFDM 信号，FFT 尺寸的增加意味着频域上的分辨率的提高，这样在信道估计时训练序列能够估计出来的信息就更准确。此外，大尺寸的 FFT 的 OFDM 信号能够更好地抵抗 ISI，但同时也会导致 OFDM 信号对 ICI 更加敏感。在报道的采用大尺寸的 FFT 的高阶调制格式 CO-OFDM 系统中，为了消除 ICI 的影响，通常需要加入很复杂的频偏估计和相位估计算法。但在光纤传输距离很短的 DDO-OFDM 系统中，这种相位噪声和频偏导致的 ICI 可以忽略。在直接检测 OFDM 系统中,这种增加 FFT 尺寸的方法能够有效改善高阶调制格式 OFDM 信号的整体误码性能。由于 OFDM 信号的峰均比和 FFT 的尺寸成正比,当 FFT 的尺寸增加后的另外一个问题是 OFDM 信号的峰均比会增加。高阶调制格式的 OFDM 信号对高的峰均比引入的非线性噪声更加敏感,为了实现高阶调制格式的 OFDM 信号的高性能传输,必须控制 OFDM 信号的峰均比。为了降低 OFDM 信号的峰均比,扩展的离散傅里叶变换(DFT-S)被加入到发送端,这种方法能够有效实现 OFDM 峰均比的降低。另外,为了提高信道估计的准确度,OFDM 符号内的频域滑动平均(intra-symbol frequency-domain averaging,ISFA)算法被用到信道估计中。采用以上的 DSP 算法第一次实现了 2048QAM-OFDM 在采用直接调制激光器实现电光调制的 DDO-OFDM 中传输。31.7Gbit/s 的 2048QAM-OFDM 信号在经过大有效面积光纤(large effective area fiber,LEAF)传输 20km 后,误码性能仍然低于代价为 20% 的软判决前向纠错码的误码阈值 2.4×10^{-2}。

  14.4 节是基于 DFT-S 实现大容量 DDO-OFDM 信号短距离传输的研究。在短距离传输的 DDO-OFDM 系统中采用直接调制的方式能够大大降低系统的成本,因此,在基于直接检测的短距离接入网中,目前都采用直接调制的激光器。目前可以应用到直接检测系统中用于提高系统频谱效率的高阶调制技术主要包括:OFDM、无载波幅度相位调制(carrier-less amplitude phase modulation,CAP)、脉冲幅度调制(pulse amplitude modulation,PAM)和半符号周期的 16QAM。由于 OFDM 信号表现出良好的抵抗色散和偏振模色散,并且基于频域均衡的方式对信号的调制格式透明。在这些调制技术中 OFDM 信号在用于实现短距离光纤传输中是最具竞争力的。但是在 OFDM 中必须要解决的是信号峰均比过高的问题,提出 DFT-S 技术是用来降低 OFDM 信号的峰均比,这种方案不会导致信号的失真并且计算复杂度也不高。在本章主要完成了两方面的工作:在 DFT-S 的 DDO-OFDM 系统中优化训练序列插入方案;大带宽 DFT-S 的 DDO-OFDM 系统中预增强和 DFT-S 技术在抵抗高频衰减方面的性能比较。

  在基于 DFT-S 的 DDO-OFDM 系统中,和常规的 DDO-OFDM 系统相比,一组额外的离散傅里叶变换/离散傅里叶逆变换(DFT/IDFT)被加入到 OFDM 的发送端和接收端 DSP 中。在基于导频的频域均衡 OFDM 系统中,通常为了能准确地估计出信道特征,需要保证对 OFDM 符号和训练序列的 DSP 算法尽量一致。在发送端额外的 DFT 会导致进入 OFDM 调制的信号从以前的二进制数字信号变为模拟信号,这除了会使经过 OFDM 调制后的符号的峰均比降低之外,对 OFDM 符号并没有什么影响,但是会使训练序列从离散的数字信号变为连续的模拟信号。这种变化将导致基于训练序列的频域均衡的性能迅速恶化。因此对于训练序列来说,不需要在发送端和接收端 DSP 中加入额外的 DFT/IDFT。在 14.4 节我们实验研究了适合大容量 DDO-OFDM 系统的最佳的训练序列插入方案。实验中发现,不加入额外的 DFT 的数字信号训练序列方案比加入额外的 DFT 的模拟信号训练序列方案表现出更好的误码性能。在不加入额外的 DFT 的数字信号训练序列中,二进制相移键控/正交相移键控(BPSK/QPSK)表现出最优的误码性能。当采用这种最优的训练序列时,79.86Gbit/s DFT-S 32QAM-OFDM 信号经过 20km 光纤传输后没有任何功率代价,并且信号的误码率远低于硬判决的前向纠错码(hard decision forward error correction,HD-FEC)误码阈值(3.8×10^{-3})。

在短距离传输的大容量 DDO-OFDM 系统中高频衰减也是必须关注和克服的问题。为了实现大容量的 DDO-OFDM 系统,信号一般都会选择高阶的调制格式。当采用直接调制的方式传输 100Gbit/s 的 OFDM 信号时,直接调制激光器和 DAC 的带宽不足都将导致明显的高频衰减。此外,放大器、光滤波器和 PD 也会引入一部分高频信号的衰减。为了消除这种高频衰减对 OFDM 信号的影响,传统的方案是采用预增强的方式。这种方式需要在链路建立初期有一个复杂的训练序列信道估计的过程,目的是找出每个子载波信道的衰减程度,并计算出需要功率预增强的因子。这种方案能够有效抵抗高频衰减,但是整个过程相当复杂并且可行性较低。我们提出的另外一种方案是 DFT-S 应用到 DDO-OFDM 系统中,这种方案同样能够有效抵抗高频衰减,并且可行性要高很多。此外,这种方案还有一个非常大的优势,它能够同时克服高频衰减和降低 OFDM 信号的峰均比。在 DFT-S 的 DDO-OFDM 系统中,所有的数据子载波在进入 OFDM 调制之前会有一个额外的 DFT,经过这个额外的 DFT,原来在单个频点上的数字信号被平分到整个 OFDM 信号频带内的所有子载波上,因此经过 DFT-S 之后 OFDM 信号能够更好地抵抗高频衰减和子载波上的窄带干扰。利用这种方案我们将 100Gbit/s OFDM 信号成功地在 LEAF 中传输了 20km。DFT-S OFDM 信号与采用预增强技术 OFDM 信号相比,峰均比低、抵抗高频衰减和窄带干扰的能力更强。实验发现,100Gbit/s 残留边带的 DFT-S 32QAM-OFDM 信号经过 20km LEAF 传输后信号的误码率远低于硬判决的前向纠错码误码阈值(3.8×10^{-3})。

14.2 基于半符号周期技术消除 DDO-OFDM 系统中子载波互拍效应的研究

14.2.1 系统原理

图 14-1(a)给出了 DDO-OFDM 系统中三种不同的 OFDM 信号。第一种是常

第 14 章　直接检测光OFDM的基本数字信号处理技术

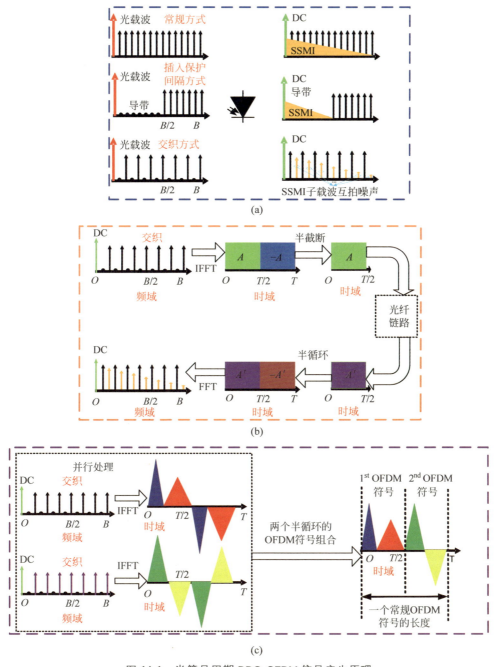

图 14-1　半符号周期 DDO-OFDM 信号产生原理

(a) 三种不同类型的 OFDM 信号；(b) 提出的半符号周期 DDO-OFDM 的结构；
(c) 两个半符号周期 OFDM 符号合并的示意图

规 OFDM 信号，这种信号在经过 PD 的平方检波之后，子载波互拍噪声将存在于整个信号的频域范围内，因此信号的误码率将严重恶化。第二种是保护间隔的 OFDM 信号，这种 OFDM 信号在低频处会预留出和信号带宽大小相同的频域保护间隔。这种信号经过 PD 的平方检波之后，子载波互拍噪声全部落在保护间隔内，因此信号的误码性能将被改善。但明显的缺点是整体的频谱效率下降为原来的一半。第三种为频域交叉的 OFDM 信号，这种 OFDM 信号的数据均被调制在偶数子载波上，而将奇数子载波全部置零。这种信号经过 PD 的平方检波之后，子载波互拍噪声全部落在奇数子载波上，因此信号的误码性能将被改善。在这种频域交叉的 OFDM 方案中，当数据只被调制在奇数/偶数子载波上面时，单个 OFDM 在时域上表现出对称性，基于这种理论的半符号周期 DDO-OFDM 方案被提出。

在 OFDM 调制过程中，定义快速傅里叶逆变换的尺寸为 N，单个 OFDM 符号的时间长度为 T。经过 IFFT 之后，OFDM 信号可以表示为

$$s(t) = \sum_{k=0}^{N-1} c_k \exp(j2\pi f_k t), \quad 1 \leqslant t \leqslant T \tag{14-1}$$

其中，k 代表子载波的指数，f_k 代表第 k 个子载波对应的载波频率。f_k 可以表示为

$$f_k = k\Delta f = \frac{k}{T} \tag{14-2}$$

在时域中，单个 OFDM 符号的前半部分和后半部分可以分别表示为

$$s(t_1) = \sum_{k=0}^{N-1} c_k \exp(j2\pi f_k t_1), \quad 1 \leqslant t_1 \leqslant \frac{T}{2} \tag{14-3}$$

$$s(t_2) = \sum_{k=0}^{N-1} c_k \exp(j2\pi f_k t_2), \quad \frac{T}{2}+1 \leqslant t_2 \leqslant T \tag{14-4}$$

将 $t_2 = t_1 + \frac{T}{2}$ 代入式(14-4)，OFDM 符号的后半部分演变为

$$\begin{aligned}
s\left(t_1 + \frac{T}{2}\right) &= \sum_{k=0}^{N-1} c_k \exp\left(j2\pi f_k \left(t_1 + \frac{T}{2}\right)\right) \\
&= \sum_{k=0}^{N-1} c_k \exp(j2\pi f_k t_1 + jk\pi) \\
&= \sum_{k=0}^{N-1} c_k (\cos k\pi + j\sin k\pi)\exp(j2\pi f_k t_1) \\
&= \sum_{k=0}^{N-1} c_k \cos k\pi \exp(j2\pi f_k t_1), \quad 1 \leqslant t_1 \leqslant \frac{T}{2}
\end{aligned} \tag{14-5}$$

根据子载波的指数可将所有的子载波划分为偶数子载波和奇数子载波,其中奇数子载波和偶数子载波的指数分别用 m 和 n 表示。式(14-3)和式(14-5)代表的前半部分和后半部分 OFDM 符号可以分别展开为

$$s(t_1) = \sum_{n=1}^{N-1} c_n \exp(j2\pi f_n t_1) + \sum_{m=0}^{N-2} c_m \exp(j2\pi f_m t_1), \quad 1 \leqslant t_1 \leqslant \frac{T}{2} \tag{14-6}$$

$$\begin{aligned}
s(t_2) &= s\left(t_1 + \frac{T}{2}\right) \\
&= \sum_{k=0}^{N-1} c_k \cos k\pi \exp(j2\pi f_k t_1) \\
&= \sum_{n=1}^{N-1} c_n \cos n\pi \exp(j2\pi f_n t_1) + \sum_{m=0}^{N-2} c_m \cos m\pi \exp(j2\pi f_m t_1) \\
&= \sum_{n=1}^{N-1} -c_n \exp(j2\pi f_n t_1) + \sum_{m=0}^{N} c_m \exp(j2\pi f_m t_1), \quad 1 \leqslant t_1 \leqslant \frac{T}{2}
\end{aligned} \tag{14-7}$$

在频域交叉的 OFDM 方案中,指数为奇数的子载波被设置为零,用于抵抗子载波互拍噪声。这意味式(14-6)和式(14-7)中 $c_m = 0$,将其代入式(14-6)和式(14-7)中,OFDM 符号的前半部分和后半部分可以简化为

$$s(t_1) = \sum_{n=1}^{N-1} c_n \exp(j2\pi f_n t_1), \quad 1 \leqslant t_1 \leqslant \frac{T}{2} \tag{14-8}$$

$$s(t_2) = \sum_{n=1}^{N-1} -c_n \exp(j2\pi f_n t_1) = -s(t_1), \quad t_2 = \frac{T}{2} + t_1 \tag{14-9}$$

对比式(14-8)中 OFDM 符号的前半部分和式(14-9)中 OFDM 符号的后半部分,发现 OFDM 符号时域的前半部分和后半部分表现出关于 OFDM 符号中间点的奇对称。为了提高频谱效率,在传输之前将 OFDM 符号的后半部分直接去掉。通过这个操作,单个 OFDM 符号的时间长度由开始的 T 缩短为 $T/2$,原来[$T/2$, T]时域区间则可以放置另外一个 OFDM 符号的前半部分。通过这个操作,传输 OFDM 信号的频谱效率提高了一倍,这样半符号周期的频谱效率就被提高到和常规 OFDM 信号频谱效率一致。

图 14-1(b)中给出了半符号周期 DDO-OFDM 的结构,和频域交叉的 OFDM 一样,只有偶数子载波携带信号。经过 IFFT 实现 OFDM 调制后符号的周期长度为 T,前面已经论述了这种 OFDM 信号表现出关于 OFDM 符号中间点的奇对称。在传输过程中直接丢弃 OFDM 符号的后半部分,这样 OFDM 的符号长度缩短为原来的一半。经过这样处理后频谱效率提高了一倍,这样半符号周期的频谱效率就变为和普通 OFDM 信号的一样。由于 DDO-OFDM 系统在一定长度的时间范围内可以近似认为是时不变的通信系统,经过电光转换、光纤传输和光电转换后通

过半周期复制的方式复制出半符号周期 OFDM 信号的后半部分。在接收端快速傅里叶变换被用来实现 OFDM 信号的解调,经过这样处理过程后子载波互拍噪声就正好落在了奇数子载波上。这种采用奇数的半符号周期 DDO-OFDM 系统在没有降低频谱效率的情况下就能够实现消除子载波互拍噪声。

图 14-1(c)给出了两个半符号周期 OFDM 符号合并的示意图。在两个半符号周期 OFDM 符号分别丢弃时域上的后半个周期的符号后,两个剩下的周期长度为 $T/2$ 的符号可以重新合并为一个周期为 T 的符号。经过这样处理后,两个半符号周期的 OFDM 符号就可以在时间长度 T 内传输。在这个过程中循环前缀的长度也会丢弃一半,这主要是为了保证半符号周期的频谱效率和常规 OFDM 信号完全一致。这将导致半符号周期 OFDM 信号抵抗色散导致的 ISI 能力降低,但由于在基于 DDO-OFDM 实现接入网中光纤的传输距离都很短,因此这个缺点并不是目前必须克服的。

14.2.2 实验装置及结果

图 14-2 为半符号周期 DDO-OFDM 系统实验装置图。实验中采用双边带调制的 DDO-OFDM 系统来验证半符号周期方案的有效性。在发送端,一个波长为 1557.04nm 并且线宽小于 100kHz 的外腔激光器用作激光源。该激光源发出的光信号的功率为 14.5dBm,将这个信号输入到一个外部的强度调制器中实现电光调制。调制信号是由任意波形发生器产生的 OFDM 信号,产生 OFDM 信号时任意波形发生器的采样速率设置为 12GSa/s。在 OFDM 信号调制中,FFT 的尺寸为 256,其中 200 个子载波携带数据,但是其中只有 100 个携带了有效数据,另外 100 个设置为共轭对称以产生实数 OFDM 信号。高频处的 55 个子载波设置为零实现过采样,零频率的子载波同样被设置为零,以方便后面直流偏置的调节。本实验中,QPSK/16QAM 信号将分别调制到 100 个有效子载波上进行测试。完成 OFDM 调制后,长度为 8 个样点的循环前缀被插入到每个 OFDM 符号之前,插入循环前缀之后 OFDM 符号的长度变为 264。在常规 OFDM 中单个 OFDM 符号传输 264 个样点,而在半符号周期中单个 OFDM 符号的样点数变为 132,其中包括 128 个数据样点和 4 个样点的循环前缀。在每间隔 160 个 OFDM 符号中插入一个训练序列,目的是为了实现符号同步和信道估计。在 OFDM 调制中分别采用 QPSK 和 16QAM 格式时,总的传输的原始信号的速率分别为 9.1Gbit/s 和 18.2Gbit/s。由任意波形发生器中的 DAC 产生的 OFDM 信号首先通过一个低通滤波器滤除 OFDM 信号边带外的噪声,然后该信号被注入 MZM 实现电光调制。该调制器的半波电压为 3.4V,实验中直流偏置设置为其功率传输曲线的正交点附近

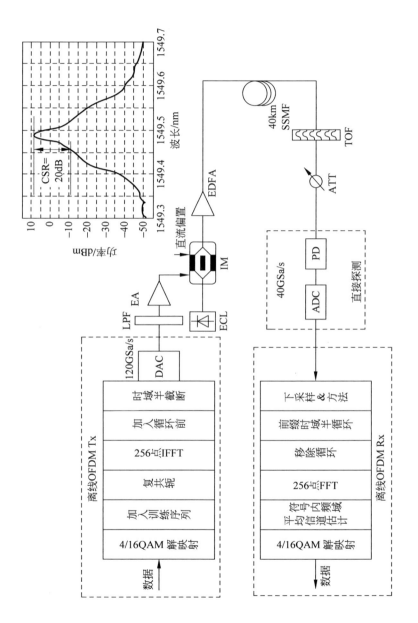

图 14-2 半符号周期 DDO-OFDM 系统实验装置图

(1.9V)。产生的信号输入到 EDFA 中放大到 8dBm 并注入光纤中。OFDM 调制后的光信号如图 14-2 的插图所示,在分辨率为 0.02nm 的情况下,载波和边带信号的功率波为 20dB。经过 40km 单模光纤传输后,光 OFDM 信号首先经过一个带宽为 0.33nm 的可调光滤波器滤除带外的放大自发辐射(amplified spontaneous emission,ASE)噪声。在进入接收机实现光电转换之前,一个光衰减器用来调节进入接收机的接收光功率,该接收机的 3dB 带宽为 10GHz。光电转换后的信号被一个采样速率为 40GSa/s 的实时示波器采样并存储。发送端任意波形发生器的 DAC 和接收端实时示波器中的 ADC 的分辨率均为 8 位。将采集到的信号送入到计算机中进行离线处理。离线的 DSP 系统处理主要包括:符号同步、时域的半符号周期操作、移除循环前缀、FFT、采用 ISFA 的信道估计、信道均衡、QPSK/16QAM 解映射和误码率的计算,其中误码率是通过统计 320000 的总的误码数计算而来。图 14-3(a)和(b)分别给出了普通 OFDM 信号和半符号周期 OFDM 信号的频谱图。

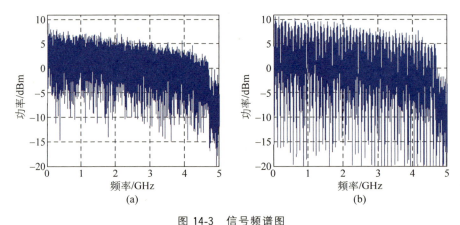

图 14-3 信号频谱图
(a) 普通 OFDM 信号;(b) 半符号周期 OFDM 信号

在实验中测试了三种 OFDM 信号的误码率与接收光功率曲线,这三种信号包括常规 OFDM 信号、频域交叉的 OFDM 信号和半符号周期 OFDM 信号。其中前两种 OFDM 信号的单个符号长度相同,而半符号周期方案中 OFDM 的单个符号长度缩短为一半。为了验证方案的有效性,在不同的调制格式(QPSK 和 16QAM)下对系统的性能进行测试。在频域交叉的 OFDM 信号方案中,为了和半符号周期方案做比较,单个 OFDM 符号在时域上的后半部分也从第一部分复制而来。

我们测试了 QPSK-OFDM 的误码率与接收光功率曲线,其中光背靠背(OBTB)和经过 40km 单模光纤传输后的曲线分别如图 14-3(a)和(b)所示。实验结果表明,半符号周期 OFDM 信号和常规 OFDM 信号相比,在光背靠背和经过 40km 单模光纤传输后接收机灵敏度都改善了 2dB,这主要是因为半符号周期 OFDM 能够有效消除子载波互拍噪声。而半符号周期 QPSK-OFDM 信号和频域交织的 QPSK-OFDM 信号相比,接收机灵敏度几乎相同,这也证明了采用半符号周期 OFDM 消除子载波互拍噪声确实是可行的。三种信号在光背靠背和经过 40km 单模光纤传输后接收光功率为－11dBm 的星座图分别如图 14-4(a)和(b)的插图所示。

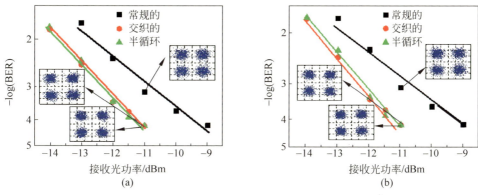

图 14-4　QPSK-OFDM 信号的误码率与接收光功率曲线
(a) 光背靠背;(b) 经过 40km 单模光纤传输

在 16QAM-OFDM 的传输中同样测试了误码率与接收光功率曲线。其中光背靠背和经过 40km 单模光纤传输后的曲线分别如图 14-5(a)和(b)所示。同样地,由于半符号周期能够克服信号中的子载波噪声,接收机灵敏度提高。实验结果表明,半符号周期 16QAM-OFDM 信号和常规 16QAM-OFDM 信号相比,在光背靠背和经过 40km 单模光纤传输后接收机灵敏度都改善了 1.5dB。三种 16QAM-OFDM 信号在光背靠背和经过 40km 单模光纤传输后接收光功率为－6dBm 的星座图分别如图 14-5(a)和(b)的插图所示。对比发现,采用半符号周期技术在 QPSK-OFDM 传输时接收机灵敏度的改善要高于 16QAM-OFDM 信号传输时的。由于 OFDM 信号对符号同步的误差比较敏感,因为同步的误差会引入 ISI 和 ICI。常规 OFDM 信号和半符号周期 OFDM 信号相比,同步的精准度要高,这主要是因为在常规 OFDM 信号中,用于计算同步点的训练序列的样本数要多于半符号周期的。而 QPSK-OFDM 对于这种同步误差导致的 ISI 和 ICI 的稳健性要高于同样带宽 16QAM-OFDM 信号的,因此在 QPSK-OFDM 信号传输时采用半符号周期技术会带来更高的接收灵敏度的改善。

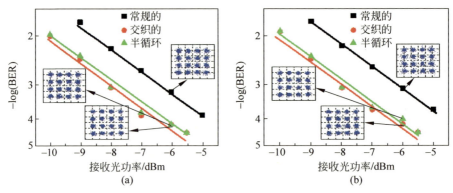

图 14-5 16QAM-OFDM 信号的误码率与接收光功率曲线
(a) 光背靠背；(b) 经过 40km 单模光纤传输

经过 40km 单模光纤传输后，在接收光功率为 −7dBm 时常规 16QAM-OFDM 信号和半符号周期 16QAM-OFDM 信号的子载波上误码率的分布如图 14-6(a) 和 (b) 所示。计算子载波上误码率分布的样本超过 1000。在常规 OFDM 符号中携带信号的子载波数目是 100，而在半符号周期方案中携带信号的子载波数目减少为 50。对比图 14-6(a) 和 (b) 发现，通过半符号周期技术消除子载波互拍噪声之后，子载波上的误码率明显降低，尤其是子载波互拍噪声功率高的低频子载波的误码率明显改善。

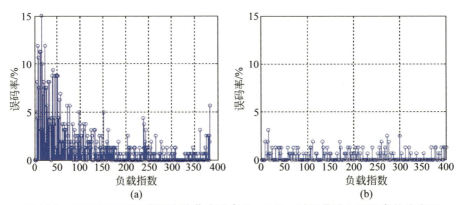

图 14-6 16QAM-OFDM 信号在接收光功率为 −7dBm 时子载波上误码率的分布图
(a) 常规 16QAM-OFDM；(b) 半符号周期 16QAM-OFDM

14.2.3 小结

本节通过实验验证了半符号周期技术可用来克服子载波互拍噪声，并且这种技术不会导致频谱效率降低。实验过程中，在发送端频域交叉的 OFDM 符号丢弃后面一半周期后形成半符号周期OFDM符号。这样,在常规OFDM符号周期内可以传输两个半符号周期OFDM符号,半符号周期的传输速率和频谱效率保证和常规OFDM符号一致,但是可以消除子载波互拍噪声。实验结果表明,在经过40km单模光纤传输后采用半符号周期技术可以将9.1Gbit/s QPSK-OFDM信号和18.2Gbit/s 16QAM-OFDM信号的接收机灵敏度分别改善2dB和1.5dB。

14.3 直接检测的高阶QAM-OFDM信号的传输研究

14.3.1 实验装置

图14-7为直接检测的高阶QAM-OFDM信号实验装置图[13]。在强度调制和直接检测的OFDM系统中,OFDM信号的电光调制通过低成本的商用直接调制激光器实现。直接调制激光器产生的光载波的中心波长为1537.92nm。本节实现的高阶QAM-OFDM系统中调制格式包括256QAM、512QAM、1024QAM和2048QAM。OFDM信号首先由MATLAB离线产生,然后加载到任意波形发生器(Tektronix 7122B)中,任意波形发生器的采样速率设置为12GSa/s。OFDM产生过程中,FFT的长度为8192。在OFDM的8192个子载波中,处于正频率的2048个低频子载波用来传输信号,负频率对应的2048个子载波用来传输和正频率厄米特共轭对称的信号,这样的目的是产生实数OFDM信号。OFDM的零子载波预留给直流偏置,而其他子载波设置为零实现过采样。OFDM信号的循环前缀长度为14,加上8192个样点的OFDM符号后,完整的OFDM符号长度为8206。为了实现符号同步和信道估计,在每25个OFDM符号前面插入一个训练序列符号,单帧OFDM信号中包括25个OFDM符号。在本实验中任意波形发生器产生的电OFDM信号的带宽为3GHz(2048/8192×12GHz=3GHz)。当信号的调制格式为2048QAM时,OFDM信号总的原始信息速率(raw data rate)为

$$\text{原始信息速率} = \frac{N_{\text{OFDM信号}}}{N_{\text{训练}} + N_{\text{OFDM信号}}} \times \frac{N_{\text{data\_subcarrier}}}{N_{\text{total\_subcarrier}} + N_{\text{CP}}} \times \text{采样速率} \times \frac{\text{比特}}{\text{符号}}$$

$$= 25/(25+1) \times 2048/(8192+14) \times 12 \times 11 \text{Gbit/s}$$

$$\approx 31.7 \text{Gbit/s} \tag{14-10}$$

其中,$N_{(.)}$代表括号内指定的子载波种类、符号和样点的数量。由于信号的调制格式为2048QAM,因此,比特/符号应该为11。一个带宽为3GHz的低通滤波器串接在任意波形发生器后面,用于滤除残留的边带信号。滤除了残留边带的

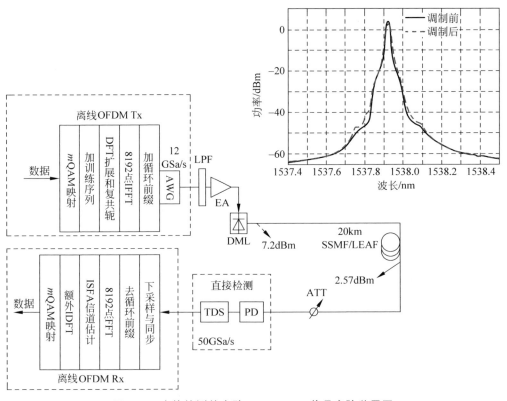

图 14-7　直接检测的高阶 QAM-OFDM 信号实验装置图

OFDM 信号经过一个电的线性放大器,将 OFDM 信号的峰峰值放大为 2.4V,然后将放大后的 OFDM 信号注入分布反馈式直接调制激光器中实现电光调制。在光 OFDM 信号产生过程中,3dB 调制带宽为 10GHz 的直接调制激光器偏置为 88mA,产生的光 OFDM 信号的功率为 7.2dBm。光载波和被调制后的光载波的光谱图在图 14-7 的插图中分别用实线和虚线表示,其中分辨率为 0.01nm。产生的光 OFDM 信号被注入 20km 的大有效面积光纤/单模光纤。因为光纤传输的距离很短,不需要在链路中加入 EDFA。表 14-1 中给出了两种光纤在 1550nm 波长时的主要参数。经过光纤传输后,光 OFDM 信号的功率衰减为 2.57dBm。在将光 OFDM 信号输入到接收机中进行接收机灵敏度测试之前,一个可调的光衰减器用来调节进入接收机的光 OFDM 信号的功率。实验中用于实现光电转换的接收机的 3dB 带宽为 10GHz。经过光电转换后的信号被一个采样速率为 50GSa/s 的实时示波器(Tektronix DPO72004B)采集下来。采集下来的信号被送往计算机,利用离线的 DSP 系统实现 OFDM 信号的解调。离线的 DSP 系统主要包括 OFDM 符号同步、循环前缀移除、FFT、采用 ISFA 的信道估计和信道均衡、高阶

QAM 的反映射和最后的误码率计算。在本实验测试中,单个 256QAM/512QAM/1024QAM/2048QAM-OFDM 符号包含 16384/18432/20480/22528(2048×8/9/10/11bit=16384/18432/20480/22528bit)比特。在计算误码率时,信号的样本选择为一帧 OFDM 信号。在一帧 OFDM 信号中 OFDM 符号数为 25,因此在 256QAM/512QAM/1024QAM/2048QAM-OFDM 用于计算误码率的比特数分别为 409600/460800/512000/563200(25×16384/18432/20480/22528bit=409600/460800/512000/563200bit)。

表 14-1 两种光纤的主要参数

光纤类型	$D/(ps/(nm \cdot km))$	$S/(ps/(nm^2 \cdot km))$	$\alpha/(dB/km)$
SSMF	17	0.06	0.2
LEAF	4	0.106	0.21

14.3.2 实验结果和分析

信道估计是 OFDM 通信中非常重要的程序[13-22]。在 DDO-OFDM 系统中,光纤链路中的色散和偏振模色散等物理损伤可以通过准确的信道估计和均衡消除。在短距离的 DDO-OFDM 系统中由于可以避免使用 EDFA,来自于 PD 的噪声将成为主要的噪声源。ISFA 技术被用在 OFDM 的信道估计中通过消除接收 PD 噪声来改善信道估计的准确度。噪声的功率会随着 ISFA 窗口长度的增加而降低,因为平均的方式可以消除噪声,而随着 ISFA 窗口长度的增加总能找到足够多的样本平均用以完全消除噪声。因此,为了在信道估计中尽量降低噪声的功率,ISFA 的窗口长度需要选取得尽量大。但是在 ISFA 中有一个假设的前提是用于平均的频域的样本的相关性非常高,因此这个 ISFA 的窗口长度不能选取得太长,因为随着窗口长度的增加用于平均的频域内的样本的相关性会降低。因此在选取 ISFA 窗口长度时需要综合考虑这两个因素,这样在 ISFA 窗口长度选取时就会出现一个最优值。为了找到这个最优的 ISFA 窗口长度值,256QAM-OFDM 信号在光背靠背和经过 20km 的大有效面积光纤传输后的误码率随 ISFA 窗口长度的曲线被测试,并在图 14-8 中给出。从图 14-8 中可以发现,最优 ISFA 窗口长度为 11,这个最优的 ISFA 窗口长度将被用在本节后面部分的信道估计中。

在 DDO-OFDM 系统中实现高阶 QAM-OFDM 的另外一个非常重要的变量是子载波的数目,即 FFT 的尺寸[16-17]。在 OFDM 的调制中,子载波的数目越多,信号边沿的滚降系数就会越小。当信号在一个带宽受限的链路中传输时将会导致 ISI。在 DDO-OFDM 系统中电—光—电这个链路可以看成一个带宽受限的整体链路,因为在链路中的低通滤波器和 DAC 的带宽对于 OFDM 信号来说都不是完

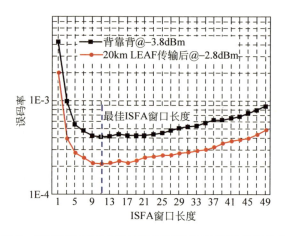

图 14-8　256QAM-OFDM 信号误码率随 ISFA 窗口长度的曲线

全足够的。带宽不足将导致 OFDM 信号在时域上出现 ISI，当系统链路建好后整体的系统频率响应就不能改变，此时信号的频谱形状将是降低 ISI 的关键因素。此外，DDO-OFDM 系统在一定时间长度内可以认为是一个时不变的系统，并且在超短距离系统中由色散导致的 ICI 是可以忽略的。在采用高阶 QAM 格式的高频谱效率的超短传输距离的 DDO-OFDM 系统中，为了实现高性能的传输必须选取大尺寸的 FFT[13,17]。主要有两方面的原因：大尺寸的 FFT 产生的 OFDM 信号能够更好地抵抗由于链路带宽不足引入的 ISI；大尺寸的 FFT 能够提高基于训练序列的信道估计中的频域的分辨率，带来估计准确度的提高。为了验证这一分析，512QAM-OFDM 信号在光背靠背情况下误码率和不同 FFT 尺寸测试结果在图 14-9 中给出。从图 14-9 中可以看出，伴随着 FFT 尺寸的增加，OFDM 信号的误码率性能随之改善。当 FFT 的尺寸分别为 256、2048 和 8192 时，接收到的 OFDM 信号的频谱图分别在图 14-9(a)、(c)和(e)中给出。而对应的星座图则在图 14-9(b)、(d)和(f)中给出。图 14-9(e)中给出的 FFT 尺寸为 8192 的 OFDM 信号在频谱边缘处，和其他信号相比滚降得最快，并且其对应的图 14-9(f)中的星座图也表现出最好的性能。

图 14-10 中给出了 256QAM-OFDM 信号误码率和接收光功率曲线。在采用直接调制激光器实现调制的 DDO-OFDM 系统中，测试了 256QAM-OFDM 在光背靠背、经过 20km 大有效面积光纤传输后和经过 20km 单模光纤(SMF)传输后的误码率与接收光功率的关系曲线。从图 14-10 中可以看出，经过 20km 大有效面积光纤传输后和光背靠背相比，基本没有功率代价，而经过 20km 单模光纤传输后和光背靠背相比，在误码率为 3.8×10^{-3} 时功率代价高于 4dB。并且在经过 20km 单模光纤传输后，误码平台出现了。功率代价的引入和误码平台的出现都是色散引

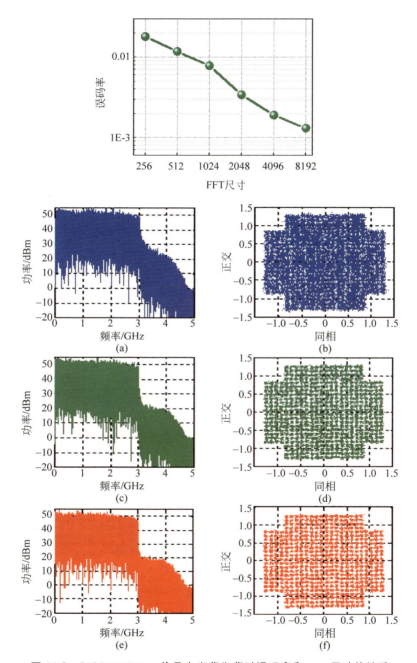

图 14-9　512QAM-OFDM 信号在光背靠背时误码率和 FFT 尺寸的关系

(a) FFT 尺寸为 256 的 OFDM 信号频谱图；(b) FFT 尺寸为 256 的 OFDM 信号星座图；(c) FFT 尺寸为 2048 的 OFDM 信号频谱图；(d) FFT 尺寸为 2048 的 OFDM 信号星座图；(e) FFT 尺寸为 8192 的 OFDM 信号频谱图；(f) FFT 尺寸为 8192 的 OFDM 信号星座图

起的严重的 ICI 导致的。见表 14-1，大有效面积光纤的色散系数要远远小于普通的单模光纤的色散系数，因此，在传输同样 20km 长度时，在大有效面积光纤中色散导致的 ICI 要远小于在单模光纤中的，这就是为什么信号经过 20km 的大有效面积光纤传输后并没有发现功率代价的原因。当接收光功率为 0.2dBm 时，经过 20km 大有效面积光纤传输和经过 20km 单模光纤传输后的 256QAM-OFDM 信号的星座图分别如图 14-11(a) 和 (b) 所示。从图 14-11(b) 中可以看出，色散导致的 ICI 使星座图明显失真。

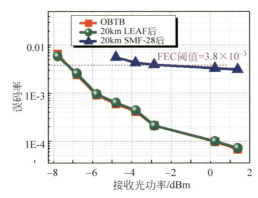

图 14-10 256QAM-OFDM 信号误码率和接收光功率曲线

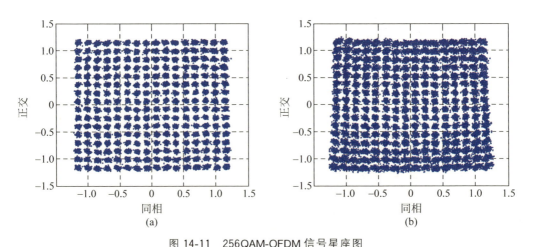

图 14-11 256QAM-OFDM 信号星座图
(a) 经过 20km 大有效面积光纤传输；(b) 经过 20km 单模光纤传输

512QAM-OFDM 信号的误码率与接收光功率曲线和星座图如图 14-12 所示。
DFT-S 可以用来降低 OFDM 信号的峰均比，在本节用来降低峰均比。为了验证 OFDM 信号峰均比的降低可以改善 OFDM 信号的误码率性能，在光背靠背的

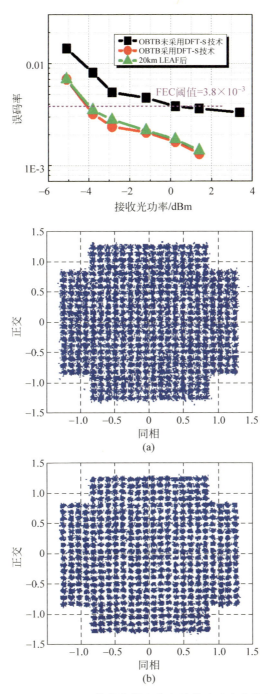

图 14-12 512QAM-OFDM 信号的误码率与接收光功率曲线和星座图
(a) 常规 512QAM-OFDM 信号星座图；(b) DFT-S 512QAM-OFDM 信号星座图

同时分别传输采用 DFT-S 技术和未采用 DFT-S 技术的 OFDM 信号,并测试两种 OFDM 信号的误码率曲线。采用 DFT-S 技术的 512QAM-OFDM 信号在经过 20km 大有效面积光纤传输后的误码率曲线也在图 14-12 中一并给出。OFDM 信号的峰均比通过互补累积分布函数(complementary cumulative distribution function,CCDF)来评估,其中互补累积分布函数表示 OFDM 信号的峰均比超过一定阈值的概率分布。通过计算发现,在分布概率为 1×10^{-3} 时,DFT-S OFDM 信号和常规 OFDM 信号的峰均比分别为 11.45dB 和 14.16dB。测试结果表明,在误码率为纠错编码阈值时(3.8×10^{-3}),采用 DFT-S 降低峰均比后的 OFDM 信号的接收灵敏度提高了 4dB,并且在经过 20km 大有效面积光纤传输后并没有引入任何功率代价。图 14-12(a)和(b)分别为接收端常规 512QAM-OFDM 信号和 DFT-S 512QAM-OFDM 信号在同一接收光功率下的星座图。对比发现,当采用 DFT-S 技术消除 OFDM 信号峰均比后,信号的星座图更加集中。

在图 14-13 中给出了 1024QAM/2048QAM-OFDM 信号的误码率-接收光功率曲线和星座图。在这两种信号的测试结果中,经过 20km 大有效面积光纤传输后和光背靠背相比并没有引入额外的功率代价。为了实现误码率小于 2.4×10^{-2},1024QAM-OFDM 和 2048QAM-OFDM 需要的最小的接收光功率分别为 -5.5dBm 和 0.23dBm。2048QAM-OFDM 信号移除掉 20% 的前向纠错码的开销之后,实际传输的 2048QAM-OFDM 信息速率为 26.4Gbit/s(实际的信息速率=原始的信息速率×1/(1+0.2)≈26.4Gbit/s)。1024QAM-OFDM 信号在经过 20km 大有效面积光纤传输后接收光功率为 1.6dBm 时的星座图如图 14-13(a)所示,而 2048QAM-OFDM 信号在经过 20km 大有效面积光纤传输后接收光功率为 2.6dBm 时的星座图如图 14-13(b)所示。

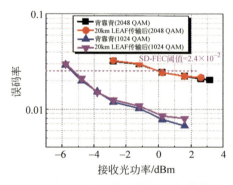

图 14-13　1024QAM/2048QAM-OFDM 信号的误码率-接收光功率曲线和星座图
(a) 1024QAM-OFDM 信号在经过 20km 大有效面积光纤传输后接收光功率为 1.6dBm 时的星座图;(b) 2048QAM-OFDM 信号在经过 20km 大有效面积光纤传输后接收光功率为 2.6dBm 时的星座图

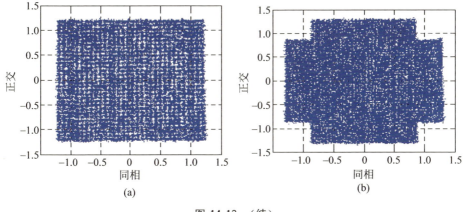

图 14-13 （续）

14.3.3 小结

本节在 DDO-OFDM 系统中实现了最高阶 QAM-OFDM 信号传输，在这个强度调制直接检测系统中，电光调制通过直接调制激光器实现。31.7Gbit/s 的 2048QAM-OFDM 在经过 20km 大有效面积光纤传输后，误码率仍然低于 20% 的前向纠错码的误码性能阈值。在实验中，提高 DDO-OFDM 系统中高阶 QAM-OFDM 信号传输性能的关键因素为：采用 ISFA 提高信道估计准确度；增加 FFT 尺寸，提高信号抵抗 ISI 的能力，提高信道估计时的频域的分辨率，改善信道估计准确度；采用 DFT-S 技术降低 OFDM 信号的峰均比。

14.4 基于 DFT-S 的大容量 DDO-OFDM 信号短距离传输研究

14.4.1 基于 DFT-S 的大容量 DDO-OFDM 系统中训练序列的优化

在 14.3 节已经论述过信道估计在基于频域均衡的 OFDM 中的重要地位。在大容量 DDO-OFDM 系统中，能够利用 DFT-S 技术将 OFDM 信号的峰均比降低。图 14-14(a) 和 (b) 分别为常规 OFDM 信号和 DFT-S OFDM 信号的 DDO-OFDM 系统原理框图。在 OFDM 信号调制中，FFT 的尺寸为 N，而在正频率上的 L 个子载波被用来携带 32QAM 信号，负频率上对应的 L 个子载波用来传输和正频率对应的共轭对称 32QAM 信号，这样就可以满足厄米特共轭对称产生实数 OFDM 信号。频域剩下的子载波被置零预留直流偏置和实现过采样。和常规 OFDM 信号相

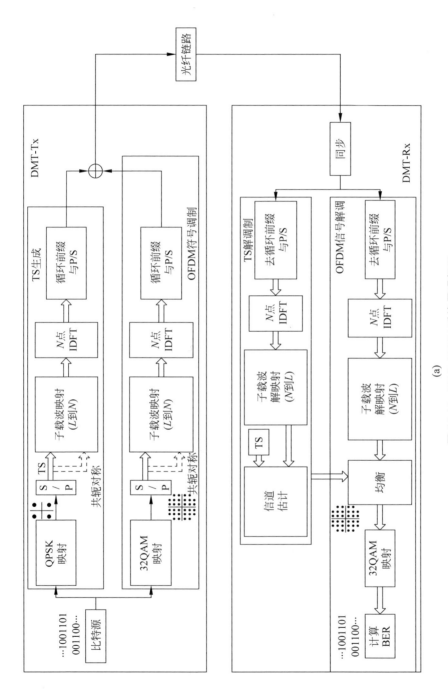

图 14-14 DDO-OFDM 系统原理框图
(a) 常规 OFDM 信号; (b) DFT-S OFDM 信号

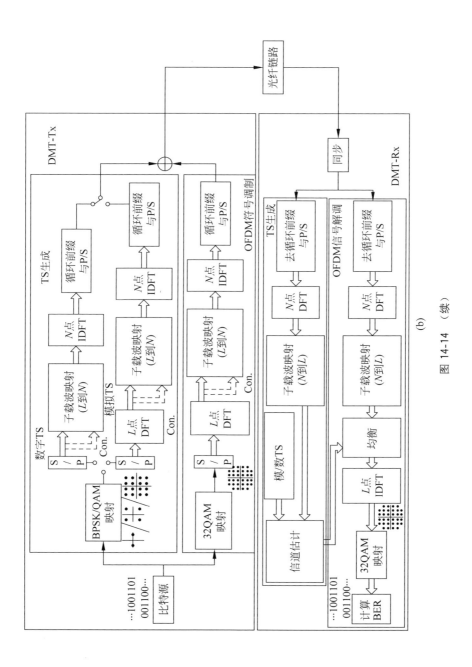

图 14-14（续）

比,DFT-S OFDM 信号的发送端和接收端多出来一组额外的 L 点的 DFT/IDFT。在基于训练序列的频域均衡方案中,理论上要求信号和训练序列的 DSP 系统最好一致,这样可以保证训练序列能够准确地估计出 DDO-OFDM 系统的信道响应。在常规 OFDM 信号的发送端和接收端,训练序列的 DSP 和 OFDM 符号完全一致,并且在训练序列中调制格式选择为 QPSK[23-31]。在 DFT-S OFDM 信号的传输方案中[23],由于在 OFDM 符号发送端和接收端多了一组额外的 L 点的 DFT/IDFT,针对训练序列的 DSP 需要讨论。主要需要关注的是两方面:是否需要在训练序列的发送端和接收端加入一组额外的 DFT/IDFT;在训练序列的调制格式中选取何种调制格式能够保证系统的性能最优。在训练序列的产生过程中,根据进入 OFDM 调制信号的类型可以将训练序列分为模拟训练序列和数字训练序列。在 DFT-S OFDM 方案中如果在训练产生和接收过程中加入 L 点的 DFT/IDFT 会产生模拟训练序列,而如果不加入则会产生数字训练序列。在常规 OFDM 方案中所有的训练序列都是数字训练序列。在产生训练序列的过程中,如果进入 OFDM 调制的是 BPSK/QPSK/16QAM 信号,这类训练序列称为数字训练序列。而一旦在发送端增加一个额外的 DFT 过程,训练序列将变成模拟训练序列。通过这个发送端的额外的 DFT,将使数字信号变为模拟信号,然后进入到 OFDM 调制产生训练序列。这种训练序列的优势在于,其峰均比能够保证和后面的 DFT-S OFDM 符号一样都很低。但由于训练序列通常在一帧 OFDM 信号中所占的比重非常有限,这种处理的意义并不大。接下来本节将会对这两种不同类型的训练序列在 DFT-S OFDM 方案中的性能进行分析和实验比较。在数字训练序列中,调制格式为 BPSK/QPSK/16QAM 的训练序列将分别在实验中传输并比较性能。在模拟的训练序列中,我们只讨论由 QPSK 调制格式的信号经过 L 点 DFT 产生的模拟训练序列。考虑到模拟训练序列信号的分布是随机的,因此采用何种调制格式并不是很重要。此外,常规 OFDM 采用数字的 QPSK 训练序列也在实验中被测试,主要用于性能的比较。

图 14-15 中给出了几种 OFDM 信号的幅度概率分布,这几种 OFDM 信号包括:训练序列为 BPSK/QPSK/16QAM 数字训练序列的 DFT-S OFDM、模拟训练序列的 DFT-S OFDM 和常规 OFDM。在 DFT-S OFDM 方案中,OFDM 信号的调制格式为 32QAM,经过 L 点 DFT 后六个离散的峰值出现在信号的时域幅度概率分布上。从幅度的概率分布看,DFT-S OFDM 信号可以看作由一个高概率的 PAM6 信号和一个低概率的模拟信号共同组成,这点也可以解释为什么采用 DFT-S 技术能够降低 OFDM 信号的峰均比。从图 14-15(a)~(d)中可以发现,采用不同训练序列的 DFT-S OFDM 信号在时域上的幅度概率分布几乎一致,除了在图 14-15(d)中表示的采用模拟训练序列的 DFT-S 信号在幅度的概率分布上突出来的另外两个峰值,这两个峰值类似于 PAM2 信号,是由于调制格式为 QPSK 在训练中加入了额外的 L 点 DFT 然后出现的。而常规 OFDM 信号的幅度概率分布

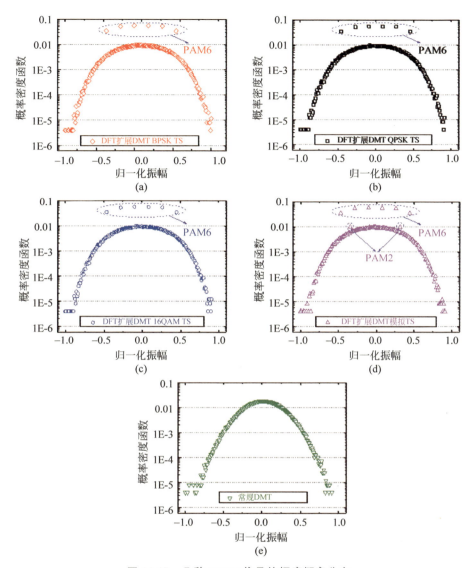

图 14-15　几种 OFDM 信号的幅度概率分布

(a) BPSK 训练序列的 DFT-S OFDM；(b) QPSK 训练序列的 DFT-S OFDM；(c) 16QAM 训练序列的 DFT-S OFDM；(d) 模拟训练序列的 DFT-S OFDM；(e) 常规 OFDM

为高斯分布，在图 14-15(e)中给出。14.3 节已提及 CCDF 表示 OFDM 信号的峰均比超过一定阈值的概率分布。在计算 CCDF 时，本节前面提及的 OFDM 参数 N 和 L 分别为 8192 和 2048。图 14-16 中给出了常规 OFDM 信号和具有不同类型训练序列的 DFT-S OFDM 信号的 CCDF 曲线。从图 14-16 中可以看出，具有不同类型训练序列的 DFT-S OFDM 最高峰均比值非常接近，但比常规 OFDM 信号的最高峰均比要小。这意味着单个训练序列中加入额外的一对 DFT/IDFT 并不会对整体 DFT-S OFDM 的峰均比产生太大的影响。采用 DFT-S 技术后,在概率为 2×10^{-4} 时峰均比(PAPR)改善了 3.4dB。

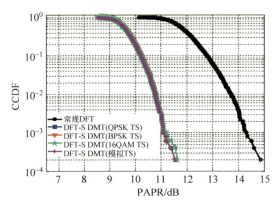

图 14-16 常规 OFDM 信号和具有不同类型训练序列的 DFT-S OFDM 信号的 CCDF 曲线

具有不同训练序列的 OFDM 信号在 DDO-OFDM 系统中传输的实验装置如图 14-17 所示。在强度调制直接检测的系统中,OFDM 信号的调制通过直接调制激光器实现。OFDM 信号首先在 MATLAB 中离线产生,然后上载到采样速率为 64GSa/s 的 DAC 中。这个 DAC 的 3dB 带宽为 12GHz,在 16GHz 的频点处的衰减为 4.6dB。表 14-2 给出了常规 OFDM 和 DFT-S OFDM 的主要参数。信号的调制格式为 32QAM,而有效速率为 79.86Gbit/s。从 DAC 中产生的 OFDM 信号首先经过一个增益为 20dB 的放大器将信号放大为 2.4V。分布反馈式的直接调制激光器产生的光波的中心波长为 1295.43nm。这个直接调制激光器的 3dB 带宽为 10GHz,线宽为 20MHz,当这个激光器偏置在 89mA 时将产生平均功率为 9.8dBm 的光 OFDM 信号。从直接调制激光器输出的光 OFDM 信号在没有被放大的情况下直接输入到 20km 单模光纤中。经过光纤传输后在接收端通过一个接收机实现信号的光电转换。光电转换的信号经过一个低通滤波器后被一个采样速率为 50GSa/s 的实时示波器采集并存储,最终送往电脑实现离线数字信号处理。实验中接收端的离线数字信号处理如图 14-17 所示。图 14-17(a)中给出了在分辨率为 0.02nm 时光载波、常规光 OFDM 信号和采用 DFT-S 的光 OFDM 信号的光谱图。因为 DFT-S OFDM 信号和常规 OFDM 信号相比具有较低的峰均比,因此同样的 DAC 产生的 DFT-S OFDM 信号的平均功率要相对高些。从图 14-17(a)中可以看出,产生的采用 DFT-S 的光 OFDM 信号的光信噪比(OSNR)比常规光 OFDM 信号的要高。在光背靠背情况下接收光功率为 -2.73dBm 时的常规 OFDM 信号和 DFT-S OFDM 信号的电谱图在图 14-17(b)中给出,同样地,也可以发现,采用数字的 QPSK 训练序列的 DFT-S OFDM 信号的信噪比要比相同接收光功率下的常规

OFDM 信号的信噪比高。在本节中,所有的 OFDM 信号的误码率都是通过误码直接统计而来,总的统计样本是 95 个 OFDM 符号(95×2048×5bit=972800bit)。

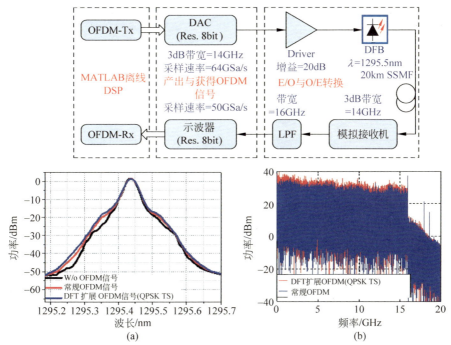

图 14-17 具有不同训练序列的 OFDM 信号在 DDO-OFDM 系统中传输的实验装置图
(a) 光谱图;(b) 电谱图

表 14-2 常规 OFDM 和 DFT-S OFDM 的主要参数

参　　数	值
L 点 IDFT/DFT	2048
N 点 IDFT/DFT	8192
符号持续时间	128ns
总符号持续时间	128.21875ns
电带宽(B)($B=L\times Gs/N$)	16GHz
净传输速率(R)($R=L\times SE/(N/Gs+t_{CP})$)	79.86Gbit/s

在 DFT-S OFDM 方案中采用数字 QPSK 训练序列和模拟训练序列估计出来的信道响应分别在图 14-18(a)和(b)中给出,相位响应在图 14-18(c)和(d)中给出。与采用数字 QPSK 训练序列估计出来的信道响应相比,采用模拟训练序列估计出来的信道的幅频响应和相频响应都存在高频的波动。导致这种现象的原因是模拟训练序列与数字训练序列相比,在估计信道时更容易受到光信道噪声的影响。因

此在信道估计时选择数字训练序列可以保证 OFDM 信号的高性能传输。

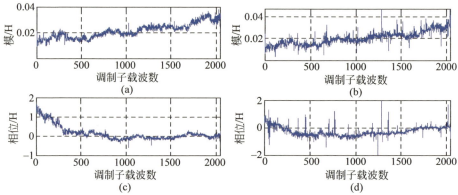

图 14-18 采用不同类型训练估计出的信道响应

(a) 数字 QPSK 训练序列；(b) 模拟训练序列；(c) 数字 QPSK 训练序列的相位响应；
(d) 模拟训练序列的相位响应

在光背靠背情况下接收功率为 -2.73dBm 时，五种不同 OFDM 信号的不同频点上误码的分布如图 14-19 所示，而对应的五种不同 OFDM 信号的星座图在

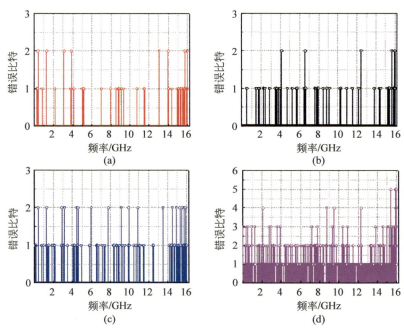

图 14-19 采用不同训练序列的 OFDM 信号误码分布

(a) 采用 BPSK 数字训练序列的 DFT-S OFDM；(b) 采用 QPSK 数字训练序列的 DFT-S OFDM；(c) 采用 16QAM 数字训练序列的 DFT-S OFDM；(d) 采用模拟训练序列的 DFT-S OFDM；(e) 常规 OFDM

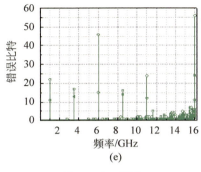

(e)

图 14-19 （续）

图 14-20 中给出。图 14-19(e)中给出的常规 OFDM 信号误码在某些频点上特别高,这是由于这些频点上的强的窄带干扰。此外还发现误码数随着频率的增加而增加,这主要是因为频率越高,高频衰减越严重。当采用了 DFT-S 技术后,误码在频率上的分布变得均匀,这是因为当额外 2048 点的 DFT/IDFT 被加入到发送端和接收端原来存在于单个频点的 32QAM 信号被分配到所有数据携带的子载波上。对比所有 DFT-S OFDM 信号的误码分布可以发现,当 DFT-S OFDM 信号具有数字 BPSK/QPSK 训练序列时,系统的误码性能最优。这表明 DFT-S OFDM 在 DDO-OFDM 系统中传输时,采用数字训练序列的方案要比采用模拟训练序列的方案性能更好,而最优的训练序列是采用 BPSK 和 QPSK 调制格式的数字训练序列。

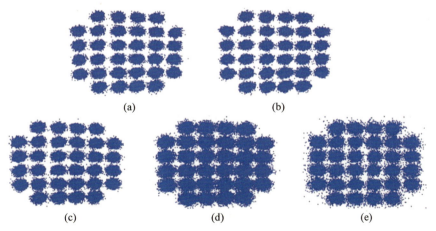

图 14-20 采用不同训练序列的 OFDM 信号星座图

(a) 采用 BPSK 数字训练序列的 DFT-S OFDM；(b) 采用 QPSK 数字训练序列的 DFT-S OFDM；(c) 采用 16QAM 数字训练序列的 DFT-S OFDM；(d) 采用模拟训练序列的 DFT-S OFDM；(e) 常规 OFDM

速率为79.86Gbit/s的不同OFDM信号的误码率和接收光功率曲线在图14-21中给出。从图14-21可知,采用数字训练序列的DFT-S OFDM信号的误码性能要比采用模拟训练序列的DFT-S OFDM信号的好。采用数字的BPSK/QPSK调制格式的DFT-S OFDM信号表现出最好的误码性能。经过20km光纤传输发现,与光背靠背相比并没有发现任何功率代价,79.86Gbit/s的DFT-S 32QAM-OFDM的误码在经过光纤传输后仍然低于HD-FEC的误码阈值3.8×10^{-3}。

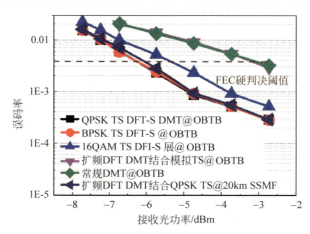

图14-21 速率为79.86Gbit/s的不同OFDM信号的误码率和接收光功率曲线

14.4.2 大容量DDO-OFDM系统中预增强和DFT-S技术的比较

高频衰减是宽带DDO-OFDM系统中不可避免的问题。本节讨论如何克服高频衰减对系统性能的影响,并最终实现信息速率为100Gbit/s的DDO-OFDM系统。图14-22给出了速率为100Gbit/s的32QAM-OFDM信号的DDO-OFDM系统实验装置图。100Gbit/sOFDM信号产生的过程和14.4.1节OFDM信号产生的过程相同。同样,OFDM信号最终由3dB带宽为12GHz、采样速率为64GSa/s的DAC产生。产生过程中IDFT的尺寸为N,在所有N个子载波中L个正频率的低频子载波用来传输数据信号,对应的负频率的L个子载波携带共轭对称的数据信号,以在时域中产生实数信号。进入到IDFT的第一个子载波被置零,用来加载直流偏置;其他的高频子载波被置零,用来实现对信号的过采样。当OFDM信号调制格式为32QAM时,为了实现速率为100Gbit/s的OFDM信号传输,信号的带宽应该为20GHz。为了能够产生20GHz的OFDM信号,携带信号的子载波的数目L应该为$20/64\times N$。在OFDM符号的前面会插入一个训练序列,目的是实现符号同步和信道估计。最后将循环前缀加到每个OFDM符号前面,并将信号上

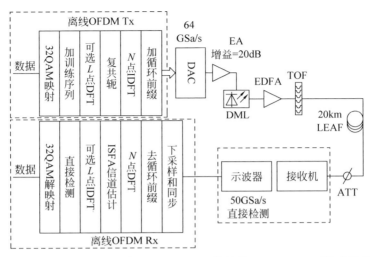

图 14-22　速率为 100Gbit/s 的 32QAM-OFDM 信号的 DDO-OFDM 系统实验装置图

载到 DAC 中。为了产生 DFT-S OFDM 信号，需要在发送端和接收端加入一对额外的 L 点的 DFT/IDFT。从 DAC 产生的 OFDM 信号首先经过一个增益为 20dB 的放大器将信号幅值放大为 2.4V。将该信号注入一个商用的直接调制激光器中实现电光调制。3dB 带宽为 10GHz 的直接调制激光器中产生的信号的波长和线宽分别为 1537.93nm 和 20MHz。该激光器偏置在 89mA，产生功率为 8.6dBm 的光 OFDM 信号。在直接调制激光器上级联一个 EDFA，将信号放大后通过一个可调的光滤波器产生双边带/残留边带光 OFDM 信号。级联在可调的光滤波器后面的另外一个 EDFA，保证注入 20km 的大有效面积光纤信号的功率为 9dBm。经过光纤传输后，采用一个 3dB 带宽为 14GHz 的接收机实现信号的光电转换。光电转换后的信号经过一个低通滤波器滤除带外的噪声，并采用采样速率为 50GSa/s 的实时示波器采集并存储下来。该示波器采用基于数字信号处理的带宽增强技术后能够提供的最大带宽为 20GHz。采集的信号最终送往计算机实现离线的数字信号处理。离线的数字信号处理的流程包括下采样、帧同步、去除 CP、N 点 DFT、信道估计、可选的 L 点 IDFT、相位噪声估计、32QAM 解映射和误码计算。在信道估计中 ISFA 技术被用来提高信道估计的准确度。其中可选的 L 点 DFT/IDFT 只有在 DFT-S OFDM 信号的发送端和接收端存在。在相位估计中采用硬判决反馈的方式来消除相位噪声。

　　为了能够采用预补偿的方案补偿高频衰减，必须先通过信道估计求出信道响应。在 DDO-OFDM 系统中，信道响应可以通过训练序列估算而来。为了能够在信道估计中最大限度消除噪声的影响，时域平均的信道估计方法被应用到预补偿阶段的信道估计中。因为光纤信道在一定时间内非常稳定，可以在这段时间内将信道认为是时不变的。因此在时域平均的信道估计中训练序列的时间长度应该比这段时间要短。在本小节中,预补偿阶段的信道估计中用到的时域重复的训练序列的符号数为 63,在接收端时域的平均方法被用来消除光纤信道的噪声。采用时域平均的方法获得信道响应后,预补偿在频域内实现。四种类型的 OFDM 信号在 DDO-OFDM 系统中被测试,这四种信号包括 DFT-S OFDM 信号、预补偿的 DFT-S OFDM 信号、常规 OFDM 信号和预补偿的常规 OFDM 信号。图 14-23 中给出了四种带宽为 20GHz 的 OFDM 信号的幅度概率分布,其中子载波数和数据子载波数分别为 8192 和 2560。常规 OFDM 信号和采用预补偿的 OFDM 信号的幅值的概率分布为高斯分布。而在采用 DFT-S 技术的两类 OFDM 信号中,信号在小信号分布的概率明显降低,这意味着信号的总体功率在增加。在 DFT-S OFDM 信号幅度概率分布中,出现了六个比较高的峰值。从这点看,DFT-S OFDM 信号可以看作是由一个高概率的 PAM6 的信号和一个低概率的模拟信号组合而成的,这也可以解释为什么经过 DFT-S 之后信号的峰均比会迅速下降。从预补偿的 DFT-S OFDM 信号的幅度概率分布可以看出六个较高的峰值在信号预补偿之后消失了,因此这种信号的 PAPR 比 DFT-S OFDM 信号的 PAPR 高,但还是低于常规 OFDM 信号的 PAPR。和 14.4.1 节一样,用 CCDF 来表示 OFDM 信号 PAPR 分布。图 14-24 给出了不同信号的 CCDF 曲线。从图 14-24 中可以看出,常规 OFDM 信号和采用预补偿的 OFDM 信号的 PAPR 几乎一致。采用了 DFT-S 技术后 OFDM 信号的 PAPR 降低,但是信号的 PAPR 在预补偿之后又有一定程度的增加。与常规 OFDM 信号的 PAPR 相比,DFT-S OFDM 信号的 PAPR 在概率为 1×10^{-3} 时改善了 3.3dB。

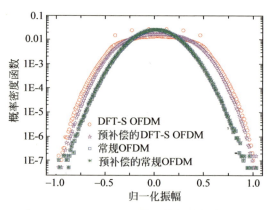

图 14-23 不同 OFDM 信号的幅度概率分布

图 14-25 中给出了接收光功率为 2.4dBm 的光背靠背情况时,DFT-S OFDM 信号的 DFT 尺寸 N 和信号误码率的曲线。在测试中保证 OFDM 信号的原始总的

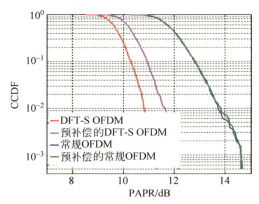

图 14-24 带宽为 20GHz 的不同 OFDM 信号的 CCDF 曲线

信息速率为 100Gbit/s。从图 14-25 中可以看出,随着 DFT 尺寸 N 的增加,传输的信息的误码率性能逐渐提高。为了避免 DFT 尺寸过大导致计算复杂度过高和受到 DAC 中数据存储长度限制的问题,在本小节剩下的部分中,DFT 的尺寸为 8192,其中有效的数据子载波数 L 为 2560。时域中插入的循环前缀的长度为 4,在每间隔 62 个 DFT-S OFDM 符号之间插入一个训练序列。系统中传输的有效信息速率为 98.36Gbit/s((62/(62+1)×2560/8192+4)×5×64Gbit/s=98.36Gbit/s)。误码率性能的改善,主要是由于增加 DFT 的尺寸可以增加系统抵抗 ISI 的性能和提高信道估计中频域的分辨率。

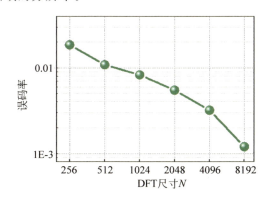

图 14-25 光背靠背情况时 DFT-S OFDM 信号的 DFT 尺寸 N 和信号误码率的曲线

图 14-26 中给出了四种 OFDM 信号在光背靠背情况下分辨率为 0.02nm 的光谱图。采用了 DFT-S 的 OFDM 信号的整体的光信噪比要比没采用 DFT-S 的常规 OFDM 信号高,其中 DFT-S OFDM 信号的 PAPR 最低,经过光电调制后这种类型的 OFDM 信号的光信噪比最高。经过预补偿之后,DFT-S OFDM 信号的 PAPR 反而会增加,这将导致预补偿的 DFT-S OFDM 信号光信噪比的降低。

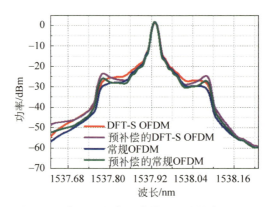

图 14-26　四种 OFDM 信号在光背靠背情况下分辨率为 0.02nm 的光谱图

经过预补偿之后的电信号的频谱变得非常平，这意味着每个子载波上分布的信号的功率近乎一致。同样地，我们也发现 PAPR 最低的 DFT-S OFDM 信号的信噪比最高。

同样在光背靠背中接收光功率为 2.4dBm 时，测试了不同 OFDM 信号在所有子载波上面的比特误码分布，并在图 14-27 中给出了测试结果。在图 14-27(c)和(d)中

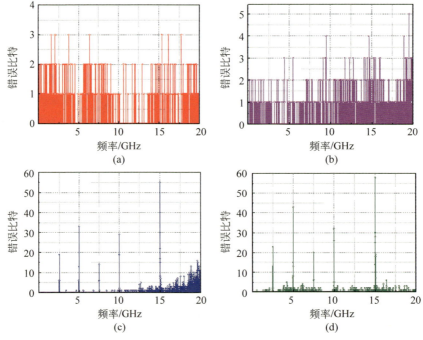

图 14-27　不同 OFDM 信号在所有子载波上面的比特误码分布
（a）DFT-S OFDM；(b) 预补偿的 DFT-S OFDM；(c) 常规 OFDM；(d) 预补偿的常规 OFDM

给出的常规 OFDM 和预补偿的常规 OFDM 信号的子载波误码分布中,有一些子载波上的误码分布特别高。这主要是因为 DAC 产生信号时和接收信号的实时示波器中存在一些高功率分量的窄带干扰。此外在图 14-27(c)给出的常规 OFDM 信号中,子载波的误码数会随着频率的增加而逐渐增加。高频功率衰减导致的高频子载波误码数增加的问题,可以采用预补偿的方法解决,但窄带干扰导致的某些子载波上误码分布过高的问题,并不能通过这种方式有效地解决。采用 DFT-S 技术之后,图 14-27(a)和(c)给出的 DFT-S OFDM 和预补偿的 DFT-S OFDM 子载波上误码分布变得均匀,并且窄带干扰导致的某些子载波上误码分布过高的问题也解决了。DFT-S OFDM 的整体的误码性能最好,这是由于在同样的接收光功率下具有最低 PAPR 的 DFT-S OFDM 信号能够获得的 OSNR 最高。图 14-27 测试的不同 OFDM 信号样本对应的星座图在图 14-28 中给出。可以看出,图 14-28(a)中 DFT-S OFDM 信号的星座图之间的界限最清晰,并且每个星座点收敛得最集中。图 14-29 中给出了带宽为 20GHz 的不同 OFDM 信号误码率与接收光功率的曲线,可以看出,在同样的接收光功率时具有最高 OSNR 的 DFT-S OFDM 信号由于能够同时抵抗高频衰减和消除窄带,可获得最好的误码性能。

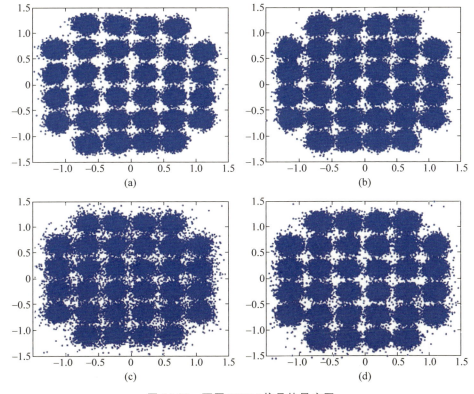

图 14-28　不同 OFDM 信号的星座图

(a) DFT-S OFDM;(b) 预补偿的 DFT-S OFDM;(c) 常规 OFDM;(d) 预补偿的常规 OFDM

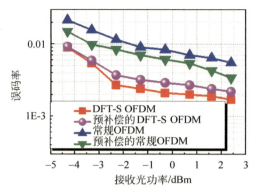

图 14-29　不同 OFDM 信号的光背靠背误码率与接收光功率曲线

在 DDO-OFDM 系统中，色散导致的频率选择性衰减也是需要克服的问题之一。由于本节传输的 OFDM 信号的带宽为 20GHz，因此即使传输的光纤距离非常短，色散导致的频率选择性衰减效应也已经非常明显。残留边带技术在本节被应用到 100Gbit/s 的 DDO-OFDM 系统中，用于克服色散所导致的频率选择性衰减。带宽为 20GHz 光 OFDM 信号在注入光纤之前首先通过一个可调光滤波器控制双边带或者残留边带的 OFDM 信号的产生。因为在前面的测试中可发现 DFT-S OFDM 信号表现出最好的误码性能，接下来的测试中只针对这种信号做光纤测试。双边带光 DFT-S OFDM 信号和残留边带光 DFT-S OFDM 信号的光谱图在图 14-30(a)中给出，其分辨率为 0.02nm。在经过 20km 大有效面积光纤传输后，接收光功率为 2.4dBm 时双边带光 DFT-S OFDM 信号和残留边带光 DFT-S OFDM 信号的电谱图在图 14-30(b)和(c)中分别给出。从图 14-30(b)中可以看出，双边带光 DFT-S OFDM 信号在经过光纤传输后已经出现了明显的功率选择性衰减。测试的双边带光 DFT-S OFDM 信号和残留边带光 DFT-S OFDM 信号误码率与接收光功率曲线在图 14-31 中给出。在 BTB 中，双边带 DFT-S OFDM 信号和残留边带 DFT-S OFDM 信号的误码性能几乎相同。经过 20km 大有效面积光纤传输后，残留边带 DFT-S OFDM 信号的误码性能和双边带 DFT-S OFDM 信号相比有了非常明显的改善。并且残留边带的 100Gbit/s 32QAM-OFDM 信号的误码率在经过 20km 大有效面积光纤传输后要低于硬判决的前向纠错码误码阈值 3.8×10^{-3}。经过 20km 大有效面积光纤传输后的残留边带 DFT-S OFDM 信号在接收光功率为 2.4dBm 时的星座图在图 14-31 的插图中给出。

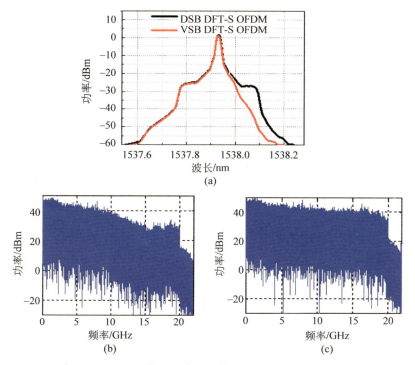

图 14-30 光 DFT-S OFDM 信号和残留边带光 DFT-S OFDM 信号光谱及电谱图

(a) 双边带光 DFT-S OFDM 信号和残留边带光 DFT-S OFDM 信号的光谱图；(b) 双边带光 DFT-S OFDM 信号电谱图；(c) 残留边带光 DFT-S OFDM 信号电谱图

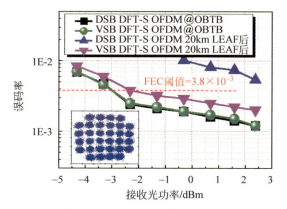

图 14-31 双边带光 DFT-S OFDM 信号和残留边带光 DFT-S OFDM 信号误码率与接收光功率曲线

14.4.3 小结

本节首先讨论了在大容量的 DDO-OFDM 系统中传输 DFT-S OFDM 信号时训练序列的最优化问题。实验结果表明,在信道估计中采用 BPSK/QPSK 的数字训练序列时 DFT-S OFDM 信号的误码性能,比采用模拟的训练序列或者高阶调制格式的训练序列时的误码性能要好。采用这种训练成功实现了 79.86Gbit/s DFT-S 32QAM-OFDM 信号的传输和接收。接着利用 DDO-OFDM 系统传输 100Gbit/s 信号时,比较了 DFT-S 技术和预补偿技术在抵抗高频衰减和克服窄带干扰方面的性能。实验表明,DFT-S 技术在短距离的超大容量的 DDO-OFDM 系统中不但能够降低 OFDM 信号的 PAPR,同时在抵抗高频衰减和克服窄带干扰方面表现出更好的性能。采用可调光滤波器实现残留边带 OFDM 信号的方案被用来抵抗 DDO-OFDM 系统中光纤传输中色散导致的严重的频率选择性衰减。实验中成功地传输并接收了 100Gbit/s DFT-S 32QAM-OFDM 信号,经过 20km 大有效面积光纤传输后 OFDM 信号的误码率仍然低于 3.8×10^{-3}。这些结果表明,采用 DFT-S 技术的 DDO-OFDM 系统可以用来实现未来的超大容量的接入网。

参考文献

[1] ARTHUR J L. Improving sensitivity and spectral efficiency in direct-detection optical OFDM systems[C]. Optical Fiber Communication/National Fiber Optic Engineers Conference,2008.

[2] ARTHUR J L, JEAN A. Orthogonal-frequency-division multiplexing for dispersion compensation of long-haul optical systems[J]. Optics Express,2006,14(6):2079-2084.

[3] PENG W R, WU X X, ARBAB V R, et al. Theoretical and experimental investigations of direct-detected RF-tone-assisted optical OFDM systems[J]. Journal of Lightwave Technology,2009,27(10):1332-1339.

[4] WANG C Y, WEI C C, LIN C T, et al. Direct-detection polarization division multiplexed orthogonal frequency-division multiplexing transmission systems without polarization tracking[J]. Optics Letters,2012,37(24):5070-5072.

[5] TAO L, YU J J, ZHANG J, et al. Reduction of intercarrier interference based on window shaping in OFDM RoF systems[J]. IEEE Photonics Technology Letters,2013,25(9):851-854.

[6] CAO Z, YU J J, WANG W, et al. Direct-detection optical OFDM transmission system without frequency guard band[J]. IEEE Photonics Technology Letters,2010,22(11):736-738.

[7] JANSEN S L, MORITA I, SCHENCK T C W, et al. Coherent optical 25.8Gbit/s OFDM transmission over 4160km SSMF[J]. Journal of Lightwave Technology,2008,26(1):6-15.

[8] YANG Q, SHIEH W, MA Y. Bit and power loading for coherent optical OFDM[J]. IEEE Photonics Technology Letters, 2008, 20(15): 1305-1307.

[9] YU J J, HUANG M F, QIAN D, et al. Centralized lightwave WDM-PON employing 16QAM intensity modulated OFDM downstream and OOK modulated upstream signals[J]. IEEE Photonics Technology Letters, 2008, 20(18): 1545-1547.

[10] XIN X, ZHANG L, LIU B. Dynamic λ-OFDMA with selective multicast overlaid[J]. Optics Express, 2011, 19(8): 7847-7855.

[11] MOSTOFI Y, COX D C. A robust timing synchronization design in OFDM systems-part Ⅰ: low-mobility cases[J]. IEEE Translation of Wireless Communications, 2007, 6(12): 4329-4339.

[12] LI F, CAO Z, YU J J, et al. SSMI cancellation in direct-detection optical OFDM with novel half-cycled OFDM[J]. Optics Express, 2013, 21(23): 28543-28549.

[13] LI F, LI X Y, CHEN L, et al. High level QAM OFDM system using DML for low-cost short reach optical communications[J]. IEEE Photonics Technology Letters, 2014, 26(9): 941-944.

[14] YANG H, LEE S C J, TANGDIONGGA E, et al. 47.4Gbit/s transmission over 100m graded-index plastic optical fiber based on rate-adaptive discrete multitone modulation[J]. Journal of Lightwave Technology, 2010, 28(4): 352-359.

[15] JIN X Q, GIDDINGS R P, HUGUESSALAS E, et al. Real-time demonstration of 128QAM-encoded optical OFDM transmission with a 5.25bit/(s·Hz) spectral efficiency in simple IMDD systems utilizing directly modulated DFB lasers[J]. Optics Express, 2009, 17(22): 20484-20493.

[16] HUANG M F, QIAN D, IP E. 50.53Gbit/s PDM-1024QAM-OFDM transmission using pilot-based phase noise mitigation[C]. Opto-Electronics and Communications Conference, 2011: 752-753.

[17] QIAN D, IP E, HUANG M F, et al. 698.5Gbit/s PDM-2048QAM transmission over 3km multicore fiber[C]. European Conference and Exhibition on Optical Communication, 2013.

[18] JANSEN S L, AMIN A A, TAKAHASHI H, et al. 132.2Gbit/s PDM-8QAM-OFDM transmission at 4bit/(s·Hz) spectral efficiency[J]. IEEE Photonics Technology Letters, 2009, 21(12): 802-804.

[19] QIAN D, HUANG M F, IP E, et al. High capacity/spectral efficiency 101.7Tbit/s WDM transmission using PDM-128QAM-OFDM over 165km SSMF within C-and L-bands[J]. Journal of Lightwave Technology, 2012, 30(10): 1540-1548.

[20] KOBAYASHI T, SANO A, YAMADA E, et al. Over 100Gbit/s electro-optically multiplexed OFDM for high-capacity optical transport network[J]. Journal of Lightwave Technology, 2009, 27(16): 3714-3720.

[21] YANG Q, KANEDA N, LIU X, et al. Demonstration of frequency-domain averaging based channel estimation for 40Gbit/s CO-OFDM with high PMD[C]. Optical Fiber Communication Conference, 2009.

[22] ZHAO J, SHAMS H. Fast dispersion estimation in coherent optical 16QAM fast OFDM systems[J]. Optics Express, 2013, 21(2): 2500-2505.

[23] LI F, LI X, YU J, et al. Optimization of training sequence for DFT-spread DMT signal in optical access network with direct detection utilizing DML[J]. Optics Express, 2014, 22(19): 22962-22967.

[24] TAO L, JI Y, LIU J, et al. Advanced modulation formats for short reach optical communication systems[J]. Network IEEE, 2013, 27(6): 6-13.

[25] GIDDINGS R P, HUGUESSALAS E, TANG J M. Experimental demonstration of record high 19.125Gbit/s real-time end-to-end dual-band optical OFDM transmission over 25km SMF in a simple EML-based IMDD system[J]. Optics Express, 2012, 20(18): 20666-20679.

[26] BELTRÁN M, SHI Y, OKONKWO C, et al. In-home networks integrating high-capacity DMT data and DVB-T over large-core GI-POF[J]. Optics Express, 2012, 20(28): 29769-29775.

[27] WEI J L, CUNNINGHAM D G, PENTY R V, et al. Study of 100Gbit ethernet using carrierless amplitude/phase modulation and optical OFDM[J]. Journal of Lightwave Technology, 2013, 31(9): 1367-1373.

[28] KARAR A S, CARTLEDGE J C. Generation and detection of a 56Gbit/s signal using a DML and half-cycle 16QAM Nyquist-SCM[J]. IEEE Photonics Technology Letters, 2013, 25(8): 757-760.

[29] TAO L, WANG Y, GAO Y, et al. 40Gbit/s CAP32 system with DD-LMS equalizer for short reach optical transmissions[J]. IEEE Photonics Technology Letters, 2013, 25(23): 2346-2349.

[30] KOBAYASHI W, FUJISAWA T, KANAZAWA S, et al. 25Gbaud/s 4-PAM (50Gbit/s) modulation and 10km SMF transmission with 1.3μm InGaAlAs-based DML[J]. Electronics Letters, 2014, 50(4): 299-300.

[31] LIU X, BUCHALI F. Intra-symbol frequency-domain averaging based channel estimation for coherent optical OFDM[J]. Optics Express, 2008, 16(26): 21944-21957.

第 15 章

强度调制直接检测高速光纤接入系统

15.1 引言

正如绪论中所述,随着高清视频、云计算、物联网、计算中心等新业务和新技术的高速发展,驱动了短距离通信、接入网和城域网的带宽需求,传输容量要求达到 400Gbit/s,甚至高达 1Tbit/s。传输距离也涵盖了从几千米到几十千米的范围。为了满足日益增长的速率需求,接入网的信号调制格式已经从低谱效率的 NRZ 转向高频谱效率的高阶调制格式[1-3],如正交频分复用[4-19]、无载波幅度相位调制[20-22]、单载波频域均衡技术(SC-FDE)[13]等。同时,考虑到系统结构简单、价格低廉、功耗小等因素,基于强度调制直接检测(intensity modulation with direct detection,IM/DD)和高阶调制的技术对于短距离通信和高速光接入网而言,是一种更为合理和实际的方案[1-3]。

图 15-1 给出了 IM/DD 系统的基本结构。系统结构非常简单,包括外腔激光器(ECL)、马赫-曾德尔调制器、功率放大器(EA)、光纤、光电二极管,以及产生数据的数/模转换器和采集数据的模/数转换器等模块。也可以使用直接调制的激光器代替 ECL 和 MZM 这两个模块。通过 MZM 将 DAC 产生的数据加载到 ECL 发射出的连续激光上,经过光纤传输后送至探测器进行光电转换,转换后的电信号经过 ADC 采集并进行数字信号处理。整个电—光—电的传送和转化过程会受到光电器件和传输链路的线性及非线性的损伤,这些损伤给信号质量带来不同程度的影响。其中各种损伤的产生机理如图 15-1 所示。

总体来说,基于 IM/DD 的光接入系统会面临三大问题的挑战:第一,该系统中商用的收发器件包括直接调制激光器(directly modulated laser,DML)、数/模转

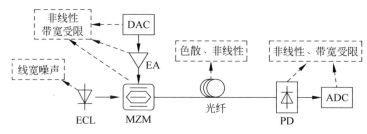

图 15-1 IM/DD 系统的基本结构与损伤机理

换器或任意波形发生器、探测器等器件,其带宽都在 10GHz 量级,特别是发送端的器件带宽更加受限[3];第二,数/模转换器、电放大器、平方律探测器和光纤传输会引入严重的非线性效应,从而严重限制高阶调制信号的性能[18];第三,对于直接调制的双边带信号而言,光纤中的色散(主要是走离效应)会导致直接检测后的电信号产生频率衰落(power fading)现象,从而进一步限制信号的带宽[4]。

以上这三个问题会严重限制 IM/DD 系统的传输速率和距离,特别对于 100Gbit/s 以上,20km 甚至 80km 光纤的传输而言,势必要考虑解决方案。本章将针对这三个问题,逐一进行分析和讨论,以及提出尽可能合理的解决方案。针对系统器件带宽不足的问题,本章提出了频域预均衡技术和高频谱效率的调制格式,比如奈奎斯特(Nyquist)PAM、SC-FDE 和 OFDM;针对非线性严重问题,本章提出了低功率峰均比的调制技术 DFT-S OFDM,基于类平衡探测的非线性补偿算法和基于沃尔泰拉级数的非线性补偿算法[11];针对光纤色散造成的频率衰落现象,本章提出了基于光滤波器的单边带或残留边带调制技术。通过采用上述三种技术,本章成功将直接调制的 128Gbit/s 16QAM DFT-S OFDM 信号在直接检测的情况下实现了 320km 单模光纤传输[11]。另外,波分复用技术可以成倍地提升系统的传输容量,本章也结合波分复用技术,成功实现了 4×128Gbit/s 16QAM DFT-S OFDM 信号 320km 单模光纤传输。据我们所知,这是单波长 100Gbit/s 以上的信号传输的最远距离。

15.2 高频谱效率调制技术

针对器件带宽不足,前述章节已经提出并详细阐述了频域预均衡技术,通过在发送端预先对系统响应进行补偿,可以达到提升系统有效带宽的目的。具体请参见第一卷第 2 章,本章不再赘述。在本章的实验验证中,也会结合使用这项技术来拓宽系统的带宽。除频域预均衡外,还可以通过采用高频谱效率的调制格式,在有限的带宽基础上进一步提升系统的传输容量。

提升系统谱效率的方法有两种。其一是高阶调制格式,如图 15-2 所示。调制格式从正交相移键控提升到 16QAM、64QAM,甚至更高阶的调制格式,QPSK 一个码元可以携带 2 比特信号,而 16QAM 一个码元可以携带 4 比特信号,64QAM 一个码元更是可以携带高达 6 比特信号。因此,通过采用更高阶的调制格式,可以提升系统的容量。

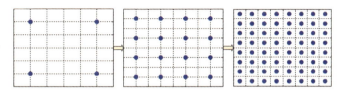

图 15-2 调制阶数的提升

其二是尽可能进行频谱压缩,使信号带宽接近奈奎斯特极限,甚至超奈奎斯特(faster than Nyquist,FTN)极限。假设信号码元周期为 T_s,则信号符号带宽 $B=1/T_s$,信号的频谱如图 15-3 所示。从图中可以看出,信号主瓣占据的带宽为 $2B$。经过不同的低通滤波器进行脉冲成形后,旁瓣和部分主瓣信号可以滤除,从而得到占用不同带宽的信号。

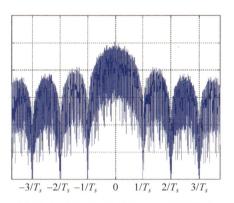

图 15-3 带宽为 B 的基带信号的频谱

常见的滤波器的类型如图 15-4 所示,图 15-4(a)~(c)分别给出了四阶贝塞尔低通滤波器、奈奎斯特滤波器和超奈奎斯特滤波器的频率响应。其中四阶贝塞尔低通滤波器的带宽比符号带宽 B 要大,与滤波器的滚降系数有关,一般在 2 倍左右;奈奎斯特滤波器的带宽和符号带宽 B 相同,这里给出的是平方根升余弦滤波器,滚降系数为 0.01,该滚降系数对系统带宽的影响基本可以忽略;超奈奎斯特滤波器的带宽比符号带宽 B 要小。本章将主要从奈奎斯特调制技术和超奈奎斯特[23]调制技术两方面着墨。

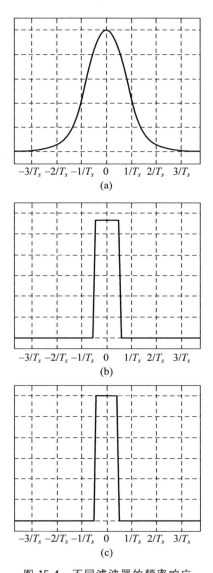

图 15-4 不同滤波器的频率响应
（a）四阶贝塞尔低通滤波器；（b）奈奎斯特滤波器；（c）超奈奎斯特滤波器

15.2.1 奈奎斯特调制技术

调制技术可以分为单载波和多载波调制,其中基于单载波的奈奎斯特调制技术有无载波幅相调制、奈奎斯特脉冲幅度调制、基于频域均衡的奈奎斯特单载波调制(single carrier modulation with frequency domain equalization,SC-FDE)、半符号周期奈奎斯特副载波 QAM 等[16]；基于多载波的奈奎斯特调制技术有正交频分复用技术及其变形的技术,如离散多音频调制(DMT)、基于自适应比特和功率加载的 DMT、OFDM/偏移正交振幅调制(OQAM)和 DFT-S OFDM 等。在前述可见光通信章节中已经提出并经过实验证实的 OFDM、SC-FDE 和 QBD-OFDM 等调制技术也可以一一应用到该系统中,但是由于收发端数字信号处理算法基本一致,处理流程类似,并且都是基于直接调制和直接检测的实验系统,最大的区别在于一个在自由空间中传输,一个在光纤链路中传输,为了避免重复,本章将不再讨论上述调制格式。

本章将介绍一种基于频域均衡的奈奎斯特八阶脉冲幅度调制(Nyquist PAM8-FDE)技术,通过该技术可以成功地将 40Gbaud 的 PAM8 信号压缩至 20Gbaud,并且在接收端利用简单的迫零(zero forcing)频域均衡技术进行信号恢复。该信号的产生、传输与接收都通过实验验证。基于奈奎斯特 PAM8 调制技术的原理框图和实验系统如图 15-5 所示。发送端的数据生成流程也显示在图 15-5 中,原始的二进制比特首先映射成 PAM8 信号,然后添加训练序列。接着进行上采样,每个码元上采样至 2 个点,再经过平方根升余弦奈奎斯特滤波器脉冲成形。滤波器的滚降系数为 0.1,上述流程在离线软件 MATLAB 中完成,然后导入到 8bit 分辨率的数/模转换器中。该 DAC 的采样速率为 80GSa/s,3dB 带宽为 16GHz。经过上述处理过程,可以产生 40Gbaud 的奈奎斯特 PAM8 信号,经过奈奎斯特滤波器压缩后,实际占据带宽仅需 20Gbaud,从而可以极大地节省器件的带宽。每个码元可以携带 3 比特信息量,因此总速率为 120Gbit/s。

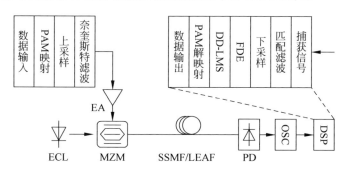

图 15-5 基于奈奎斯特 PAM8-FDE 的直接调制直接检测系统的实验原理和系统图

从 DAC 中输出的奈奎斯特 PAM8 信号首先经过增益为 19dB 的线性功率放大器放大至 20dBm,随后通过一个 3dB 带宽为 37GHz,半波电压为 2.7V 的 MZM 将电信号加载到从外腔激光器发射的连续激光(CW)上。激光器的工作波长为 1541.4nm,线宽小于 100kHz,输出光功率为 13dBm。调制后的光信号随后注入

2km 的标准单模光纤(SSMF)或者 20km 的大有效面积光纤中进行传输。传输后的光信号经过可调光功率衰减器调整至合适光功率后,输入到强度探测器中进行光电转换。探测器的 3dB 带宽为 14GHz。

平方律探测后的电信号经过采样速率为 160GSa/s,带宽为 60GHz 的实时示波器采集后,送入接收端数字信号处理模块。接收端 DSP 的流程图在图 15-5 中也已经给出,包括帧同步,重新采样至每个码元包含两个采集点,经过匹配奈奎斯特滤波器滤波,再下采样至每个码元包含一个采集点。再从接收信号中提取出训练序列进行信道估计,之后根据信道估计函数再用迫零算法进行信道幅度补偿。为了进一步提升系统的性能,本节还采用了判决导引最小均方误差算法提高硬判决的精度,其中 DD-LMS 算法在前述章节也已经给出详细的解释和说明。

40Gbaud 的常规 PAM8 信号的产生和接收的实验系统装置图也如图 15-5 所示,发送端的区别在于用前面提到的四阶贝塞尔低通滤波器取代奈奎斯特滤波器,接收端的区别在于用时域均衡($T/2$ DD-LMS)取代频域均衡,另外匹配滤波器使用的也是和发送端相同的贝塞尔低通滤波器。其中奈奎斯特 PAM8 和常规 PAM8 的电谱如图 15-6 所示。图 15-6(a)给出了 40Gbaud 常规 PAM8 信号的电谱图,图 15-6(b)给出了 40Gbaud 奈奎斯特 PAM8 信号的电谱图。从图中可以看出,奈奎斯特 PAM8 的信号功率集中在 0~20GHz,常规 PAM8 的信号却很分散。另外,奈奎斯特 PAM8 信号的电信噪比(SNR)也比常规 PAM8 的要高。在 20GHz 处,常规 PAM8 的电信噪比只有 10dB 左右,而奈奎斯特 PAM8 在 20GHz 处的 SNR 在 20dB 以上。

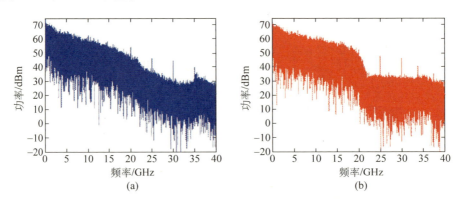

图 15-6 40Gbaud PAM8 的电谱图
(a) 常规 PAM8;(b) 奈奎斯特 PAM8

整个系统电—光—电的频率响应曲线如图 15-7 所示。从图中可以看出,系统高频部分的响应急剧下降。系统的 10dB 带宽只有 10GHz 左右,20dB 带宽有

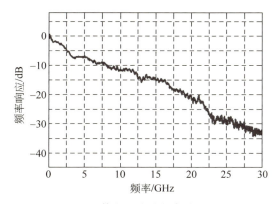

图 15-7 整个系统的频率响应曲线

20GHz 左右。由于采用奈奎斯特 PAM8 调制，40Gbaud 的信号可以压缩在 20GHz 以内，因此该系统可以承载 40Gbaud 奈奎斯特 PAM8 信号的传输。

首先通过仿真比较了这两种 PAM8 调制格式的性能。仿真信道是基于图 15-7 测试的信道响应的加性白噪声（AWGN）信道模型。为了提供合理和可靠的性能比较，这两种调制格式信号带宽为 40Gbaud，传输速率都为 120Gbit/s，数据长度和处理流程也基本一致。仿真获得的误码率性能随信噪比的变化曲线如图 15-8 所示。信噪比从 10dB 增加至 22dB，误码率的性能也随之改变。在信噪比为 22dB 处的两种调制格式的眼图如图 15-8 插图所示。从图中可以观察到，在误码率为 1×10^{-2} 时，奈奎斯特 PAM8-SCFDE 的接收机灵敏度比常规 PAM8 的接收机灵敏度提升了 4dB。

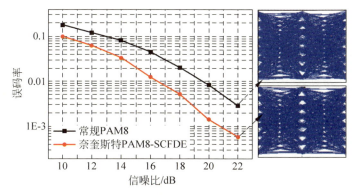

图 15-8 两种 PAM8 调制格式的误码率随信噪比的变化曲线

其中 40Gbaud 奈奎斯特 PAM8 信号的产生、传输与接收实验装置如图 15-5 所示。首先测试了不同调制情况下调制器输出的光谱，如图 15-9 所示，分辨率为

0.02nm。图中的三个光谱分别表示未经过信号调制的原始激光器输出的光谱、经过40Gbaud奈奎斯特PAM8调制后的光谱和经过40Gbaud常规PAM8调制后的光谱。从三个光谱图可以看出,经过奈奎斯特平方根升余弦滤波器滤波之后的信号的光谱比常规PAM8信号调制后的光谱要窄,这和图15-6给出的电谱图是一致的。

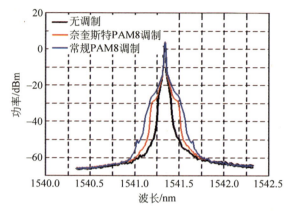

图15-9 未经过调制和经过两种40Gbaud PAM8信号调制的光谱(0.02nm分辨率)

接着,在相同的实验系统中,测试了这两种调制格式的误码率性能。其中在光背靠背情况下测得的误码率随接收光功率变化的曲线如图15-10所示。接收光功率测试的范围为$-4\sim 2$dBm。随着接收光功率的增大,系统中二者的误码率性能都提升。在接收光功率为0dBm时,奈奎斯特PAM8信号的误码率性能超过3.8×10^{-3}的硬判决阈值,而常规PAM8信号的误码率却不能达到此标准。在误码率为1×10^{-2}时,奈奎斯特PAM8信号的接收机灵敏度比常规PAM8提升6dB。两种调制格式在接收机功率为2dBm时的眼图分别如图15-10(a)和(b)所示。这两个眼图都是经过均衡后所得,从图中可以看出,常规PAM8眼图的眼开度很小,而从奈奎斯特PAM8中可以清楚地分辨出八层信号。以上结果可以充分说明本章所提的奈奎斯特PAM8调制格式的优越性。

进而测试这种调制格式的光纤传输能力。在本节中选取标准的单模光纤和色散系数较小的大有效面积光纤进行测试。其中单模光纤和大有效面积光纤的色散系数分别为17ps/(nm·km)和4ps/(nm·km),衰减系数分别为0.2dB/km和0.21dB/km。其中在单模光纤中传输的距离为2km,在大有效面积光纤中传输的距离为20km。图15-11给出了光背靠背和经过上述两种光纤传输后的误码率曲线。从图中可以看出,这三条曲线基本重合,这说明2km单模光纤或20km大有效面积光纤引入的接收机灵敏度的恶化都基本可以忽略。注入接收机的光功率在0dBm以上时,误码率都可以低于3.8×10^{-3}。

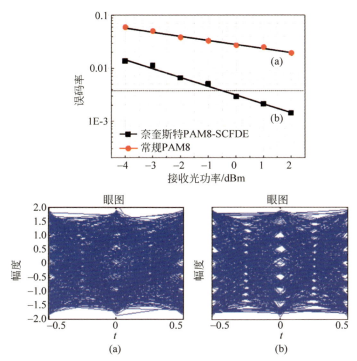

图 15-10 光背靠背情况下两种 PAM8 调制信号的误码率曲线
(a) 常规 PAM8 信号的眼图;(b) 奈奎斯特 PAM8 信号的眼图

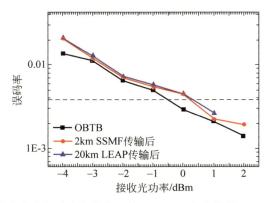

图 15-11 光背靠背和经过光纤传输后的 40Gbaud 奈奎斯特 PAM8 的误码率曲线

最后对经过 2km 光纤传输后恢复的奈奎斯特 PAM8 信号进行分析,其中 PAM8 的八层信号的概率分布如图 15-12 所示。横坐标表示的是 PAM8 的每层的幅度,表示为($-7,-5,-3,-1,1,3,5,7$)。从图中可以看出,每层信号的概率分布基本符合围绕在每层理论值的正态分布,而且每层信号的概率分布相同,峰值幅度也基本一样。这些结果进一步佐证了这种调制格式可以很好地应用在短距离,如 2km 左右的高速接入(>100Gbit/s)的应用场景(如计算中心等)。

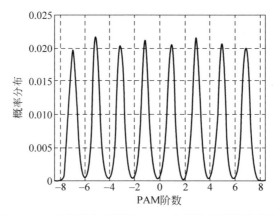

图 15-12　接收的奈奎斯特 PAM8 每级信号的概率分布

15.2.2　超奈奎斯特调制技术

15.2.1 节介绍了奈奎斯特调制技术,通过对信号带宽进行压缩实现频谱效率的提升。如果对信号带宽在奈奎斯特的基础上进一步压缩,则可以得到超奈奎斯特的信号。但是这种超奈奎斯特的频谱压缩会对信号质量产生严重影响,本小节将简单介绍这项技术。

超奈奎斯特信号的产生可以如上所述,通过使用带宽小于奈奎斯特带宽的低通滤波器对两个正交电信号进行滤波来实现,也可以通过在光域调制器的输出后添加一个带宽小于奈奎斯特带宽的光带通滤波器来实现。经过超奈奎斯特滤波后,二进制信号会变成双二进制(duobinary)信号。其中信号星座图的变化如图 15-13 所示。从图中可以看出,经过超奈奎斯特滤波后,QPSK 信号 4 个点变成 9 个星座点,即类似 9QAM 信号;16QAM 信号 16 个点变成 49 个星座点,即类似 49QAM 信号。图 15-13(a)~(d)分别给出了 QPSK、9QAM、16QAM 和 49QAM 四种调制格式的星座图。另外从生成信号的半径来看,QPSK 的四个星座点位于同一半径的圆上,双二进制的 QPSK(9QAM)位于 3 个不同半径的圆上。同样,16QAM 也位于 3 个不同半径的圆上,而 49QAM 的星座点则分布在 10 个不同半径的圆上。信号分层越多,即信号要求的分辨率越高,对系统信噪比的要求越严苛。

本小节提出的超奈奎斯特信号的产生是基于双二进制延迟相加滤波器,滤波器的 z 变换响应可以表示为

$$H(z)=1+z^{-1} \tag{15-1}$$

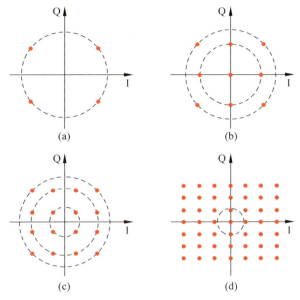

图 15-13 信号星座图
(a) QPSK；(b) 9QAM；(c) 16QAM；(d) 49QAM 信号的星座图

操作过程即信号前后码元相加。对于矢量信号而言,需要进行同样的操作。但是在接收端,为了从 9QAM 或 49QAM 信号中恢复出原始的二进制信号,需要在发送端对信号进行差分编码。具体完整的超奈奎斯特信号产生流程如图 15-14 所示。包括将二进制信号映射成 QPSK 或 16QAM 信号,分别对 I 路或者 Q 路信号进行差分编码,差分编码后重新组合成矢量信号,再通过延时相加模块,即可得到超奈奎斯特信号。

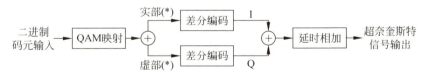

图 15-14 超奈奎斯特信号产生流程

假设信号经过 2^M QAM 映射后的第 k 个码元的 I 路和 Q 路可以表示成 i_k 和 q_k,经过差分编码后的第 k 个码元 d_k 的 I 路和 Q 路可以表示成 I_k 和 Q_k,则差分编解码过程可以用如下公式表示：

$$I_k = i_k - I_{k-1} \quad \mod M \tag{15-2}$$

$$Q_k = q_k - Q_{k-1} \quad \mod M \tag{15-3}$$

$$d_k = I_k + \mathrm{j}Q_k \tag{15-4}$$

差分编码之后,延时相加产生的超奈奎斯特信号 D_k 可以表示成

$$D_k = d_k + d_{k-1} \qquad (15\text{-}5)$$

同样,在接收端需要进行相应的差分解码,差分解码过程在所有恢复流程处理完硬判决之后,解码过程只需对恢复信号的 I 路和 Q 路进行模 M 处理即可。通过这种方式,可以成功实现超奈奎斯特信号的产生和接收。

本小节通过实验比较了奈奎斯特 16QAM SC-FDE 和超奈奎斯特 49QAM SC-FDE 两者之间的性能。原理框图和实验系统如图 15-15 所示,其中两种调制格式的产生流程如图中框图所示,超奈奎斯特信号的产生包括图 15-14 中所示的差分编码、延时相加滤波和在接收端进行差分解码。奈奎斯特 16QAM SC-FDE 调制中使用的是平方根升余弦滤波器。在离线软件中产生后导入到 64GSa/s 的 DAC 中,可以分别得到 15Gbaud 的奈奎斯特 16QAM 和超奈奎斯特 49QAM 信号,分别经过线性功率放大器放大至 20dBm,用以驱动直接调制激光器。本实验使用的 DML 带宽在 10GHz 量级,中心波长为 1548.5nm,输出功率为 8dBm。调制后的光信号经过 2km 单模光纤传送至接收端,经由 3dB 带宽为 13GHz 的强度探测器进行光电转换后,再由 80GSa/s 的实时示波器采集,再进行接收端数字信号处理。

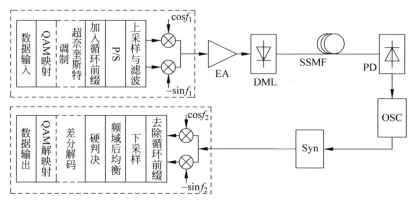

图 15-15　奈奎斯特 16QAM SC-FDE 和超奈奎斯特 49QAM SC-FDE 的原理框图和实验系统图

15Gbaud 奈奎斯特 16QAM 和 15Gbaud 超奈奎斯特 49QAM 信号的电谱如图 15-16 所示。从图中可以看出,奈奎斯特信号占据的带宽为 15GHz,而超奈奎斯特信号占据的 3dB 带宽大约只有奈奎斯特信号的一半,远小于 15GHz。从带宽角度看,超奈奎斯特的频谱效率更高。

在接收端我们测试了 15Gbaud 奈奎斯特 16QAM 和超奈奎斯特 49QAM 的误码率,奈奎斯特 16QAM 的误码率为 9.41×10^{-4},超奈奎斯特 49QAM 的误码率为 7.13×10^{-3}。星座图如图 15-17 所示,从图 15-17(a)中可以清晰地看出 16QAM

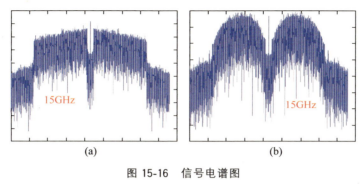

图 15-16　信号电谱图

(a) 15Gbaud 奈奎斯特 16QAM；(b) 15Gbaud 超奈奎斯特 49QAM 信号的电谱图

的星座点,而图 15-17(b)中的 49QAM 的星座图却模糊难辨,而且中间半径小的星座点比较大,半径大的星座点比较小,这和延时叠加后 49QAM 各个星座点出现的概率有关。从误码率和星座图可以看出,由于 49QAM 星座点的欧几里得距离较小,信号层数有 10 层之多,虽然有很高的频谱效率,但以牺牲系统的性能为代价。图 15-18(a)和(b)分别给出了 12Gbaud 和 10Gbaud 超奈奎斯特 49QAM 信号的星座图,两者对应的误码率分别为 6.89×10^{-4} 和 4.57×10^{-4}。

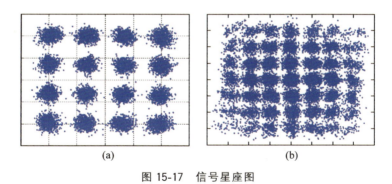

图 15-17　信号星座图

(a) 奈奎斯特 16QAM 信号的星座图；(b) 超奈奎斯特 49QAM 信号的星座图

15.2.1 节比较了奈奎斯特 PAM8 和常规 PAM8 的性能,仿真和实验结果都证实奈奎斯特 PAM8 的性能更优异。本节在相同实验条件下比较了奈奎斯特 16QAM 和超奈奎斯特 49QAM 格式的性能,发现从误码率性能上看,奈奎斯特 16QAM 的性能更佳。虽然超奈奎斯特在相干光通信中被证实有更强抵抗波分复用信号串扰、更高频谱效率和更强抵抗色散的性能,但是在直接调制的通信系统中,没有特别严格的信道间隔概念,进一步把奈奎斯特信号压缩成超奈奎斯特信号没有太大的意义,而且会造成系统性能的恶化。

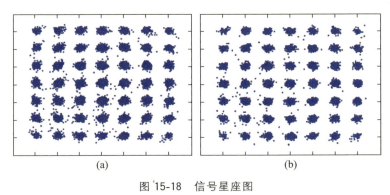

图 15-18　信号星座图

(a) 12Gbaud；(b) 10Gbaud 超奈奎斯特 49QAM 信号的星座图

通过上述两个实验验证，奈奎斯特或准奈奎斯特（系统中使用的奈奎斯特滤波器允许有一定的滚降系数，会造成信号带宽比奈奎斯特带宽要大）调制信号在短距离直接调制直接检测通信系统中比常规调制和超奈奎斯特调制的性能更优，是短距离接入综合频谱效率和系统性能更可行的一种调制方式。

15.3　非线性补偿技术

除 15.2 节提到的带宽不足外，非线性效应是 IM/DD 系统中严重影响系统性能，特别是影响基于高阶调制系统性能的另一个因素。前面已经解释过，非线性效应主要来自于光电器件的非线性、光纤传输的非线性和平方律探测的非线性[11]。以上三者都会导致在接收信号中出现原始信号的平方项，甚至更高阶项或者更高次谐波。除了像数/模转换器等器件的内在非线性噪声无法消除外，可以通过调整电功率、光功率或者器件的工作区间，使系统工作在最佳状态。比如，可以调整电功率放大器的输出功率、调制器的偏置，使调制器工作在准线性区域；还可以通过调整光纤的入纤功率，减小光纤中非线性效应（如受激布里渊散射的影响）。同理，在接收端调整注入探测器的光功率，可以使探测器的性能达到最优。

通过调制系统中一些关键参数，可以尽可能降低非线性效应带来的影响。值得注意的是，降低非线性效应的同时会导致光或者电的信噪比降低，从而导致系统的恶化，因此在调整以上参数时，并不是调整至非线性效应最小的状况，而是综合考虑非线性和信噪比两个因素，折中选取参数，使系统工作在最佳状态。

15.3.1　基于沃尔泰拉级数的非线性补偿技术

下面选取直接调制激光器来分析器件的非线性效应，图 15-19 给出了 DML 输

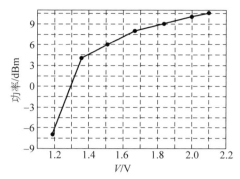

图 15-19 DML 输入电压和输出光功率的曲线图

入电压和输出光功率之间的关系曲线图。从图中可以看出,两者之间的关系是非线性的,其中类似于线性的工作区间非常小,会导致调制系数很小,从而也会恶化系统的信噪比,进而导致系统性能的恶化。对于常见的非线性系统而言,可以用沃尔泰拉级数进行展开。如果将系统看成是一个黑箱子,输入是 $x(t)$,那么输出信号 $r(t)$ 可以看成是输入信号的 p^{th} 阶级数展开,可以表示成

$$r(t)=h_0+\sum_{k=0}^{M-1}h_1(k)x(t-k)+\sum_{k_1=0}^{M-1}\sum_{k_2=k_1}^{M-1}h_2(k_1,k_2)x(t-k_1)x(t-k_2)+\cdots+$$
$$\sum_{k_1=0}^{M-1}\cdots\sum_{k_p=k_{p-1}}^{M-1}h_p(k_1,\cdots,k_p)x(t-k_1)\cdots x(t-k_p) \tag{15-6}$$

其中,M 是系统的记忆长度,h_0 是一个常量,$h_p(\cdot)$ 表示 p^{th} 沃尔泰拉非线性项系数。随着记忆长度和非线性项的增加,非线性参量会以指数形式增加,因此用完整的沃尔泰拉级数来考虑并补偿非线性问题并不现实,一般都采用简化的沃尔泰拉级数,记忆长度和非线性阶数的选取可以根据系统实际情况进行调整。

根据记忆长度 M 是否为零,非线性系统可以分成非记忆非线性系统和记忆非线性系统两大类,对于非记忆非线性系统,式(15-6)可以简化成

$$r(t)=h_0+h_1x(t)+h_2x^2(t)+\cdots+h_px^p(t) \tag{15-7}$$

式中参数含义和式(15-6)相同,对于这类系统,可以在接收端采用自适应均衡器对平方项或者更高阶项进行消除,经过自适应滤波器的输出可以表示成

$$y(t)=w_0+w_1x(t)+w_2x^2(t)+\cdots+w_Lx^L(t) \tag{15-8}$$

其中,$x(t)$ 是接收端采集到的信号,也就是自适应均衡器的输入;$w_0,w_1,w_2,\cdots,w_L$ 是自适应滤波器的系数;L 是滤波器的阶数,通过采用该自适应滤波器可以在一定程度上消除非线性效应的影响。

对于记忆非线性系统,处理过程比较复杂。其表达式见式(15-6),同样可以采用自适应均衡器进行补偿,经过自适应均衡器后的表达式为

$$y(t) = w_0 + \sum_{k=0}^{N-1} w_1(k)x(t-k) + \sum_{k_1=0}^{N-1}\sum_{k_2=k_1}^{N-1} w_2(k_1,k_2)x(t-k_1)x(t-k_2) + \cdots +$$

$$\sum_{k_1=0}^{N-1}\cdots\sum_{k_p=k_{p-1}}^{N-1} w_L(k_1,\cdots,k_p)x(t-k_1)\cdots x(t-k_p) \tag{15-9}$$

参数和式(15-8)意义类似，唯一可以简化的是记忆长度和非线性项阶数。一般记忆长度选取在10数量级，非线性项选取两项。

有文献提出了一种基于相邻采样信号平方差的非线性补偿算法，具体表达式如下：

$$y_i = \sum_{k=-M}^{M} c_k x_{i-k} + \sum_{p=-N}^{N}\sum_{k=-N}^{p-1} c_{kp}(x_{l-p} - x_{i-k})^2 \tag{15-10}$$

其中，x 是均衡器的输入项，M 是线性项滤波器的阶数，N 是非线性项滤波器的阶数，c_k 和 c_{kp} 分别是线性和非线性项滤波器的抽头数系数，以上系数的更新可以基于训练序列，再利用最小均方（LMS）原则进行更新。基于该种算法的实验将在15.4节给出，稍后会看到这种算法对系统性能的极大提升。

15.3.2 基于类平衡编码和探测的非线性补偿技术

本节将给出一种基于类平衡编码和探测的非线性补偿技术。对于IM/DD系统而言，式(15-7)中的 $x(t)$ 可以表示成

$$x(t) = \mathrm{Re}(1 + \alpha e^{j2\pi\Delta f t}E_s(t)) \tag{15-11}$$

其中，Δf 是中频频率，$E_s(t)$ 是基带复信号，α 是涉及光载波和信号功率之间关系的系数。把式(15-11)代入式(15-7)中，可以得到

$$r(t) = h_0 + h_1\mathrm{Re}(1+\alpha e^{j2\pi\Delta f t}E_s(t)) + h_2(\mathrm{Re}(1+\alpha e^{j2\pi\Delta f t}E_s(t)))^2 +$$
$$h_3(\mathrm{Re}(1+\alpha e^{j2\pi\Delta f t}E_s(t)))^3$$
$$= \beta_0 + \beta_1\mathrm{Re}(\alpha e^{j2\pi\Delta f t}E_s(t)) + \beta_2(\mathrm{Re}(\alpha e^{j2\pi\Delta f t}E_s(t)))^2 +$$
$$\beta_3(\mathrm{Re}(\alpha e^{j2\pi\Delta f t}E_s(t)))^3 \tag{15-12}$$

其中，β_0、β_1、β_2 和 β_3 分别是与非线性项相关的系数。式(15-12)中第一项是直流项，可以忽略；第二项是与信号成正比的项，也是我们需要获取的信号；第三项是二阶非线性项；第四项是三阶非线性项，一般比较小，也可以忽略。

本节提出的类平衡编码框图如图15-20所示。在发送端将单载波信号首先分成若干块，在每块信号里，有两个码元，其中第二个码元是第一个码元的反码，即数值完全一样，但是符号相反。在接收端，经过平方律探测器后产生光电流信号。其中第 k 块里的两个码元 $I_{2k-1}(t)$ 和 $I_{2k}(t)$ 可以分别表示成

$$I_{2k-1}(t) = \beta_0 + \beta_1\mathrm{Re}(\alpha e^{j2\pi\Delta f t}E_{2k-1}(t)) + \beta_2(\mathrm{Re}(\alpha e^{j2\pi\Delta f t}E_{2k-1}(t)))^2$$
$$\tag{15-13}$$

$$I_{2k}(t) = \beta_0 - \beta_1 \mathrm{Re}(\alpha e^{j2\pi\Delta ft} E_{2k-1}(t)) + \beta_2 (\mathrm{Re}(\alpha e^{j2\pi\Delta ft} E_{2k-1}(t)))^2 \quad (15\text{-}14)$$

上述两式相减,即可以获得第 k 块的光电流信号,表示如下:

$$I_k = I_{2k-1}(t) - I_{2k}(t) = 2\beta_1 \mathrm{Re}(\alpha e^{j2\pi\Delta ft} E_{2k-1}(t)) \quad (15\text{-}15)$$

从式(15-15)可以看出,第二阶非线性项可以完全消除,而且接收机的灵敏度也可以提升 3dB。

图 15-20 类平衡编码框图

然后通过实验验证上述方案的可行性。基于类平衡编码的 256QAM 奈奎斯特 SC-FDE 的信号产生、传输和探测的实验装置如图 15-21 所示。在发送端,二进制首先映射成 mQAM 信号,随后串并变换。串并变换后两两一组进行类平衡编码。随后再添加循环前缀,上采样,然后通过奈奎斯特滤波器滤波。为了获取更大的频谱效率,滤波器的滚降系数为零。再接着,基带复信号上载到中频信号,并导入到采样速率为 30GSa/s 的 DAC 中,产生的信号带宽为 10Gbaud。经过放大器放大后用来驱动直接调制激光器。DML 的工作波长为 1295.43nm,带宽为 10GHz 量级,线宽为 20MHz,偏置电流为 60mA,输出功率为 10dBm。经过调制后的光信号注入 20km 的单模光纤中,经过光纤传送后,送入 3dB 带宽为 14GHz 的强度探测器中进行光电转换,随后电信号被采样速率为 40GSa/s,带宽为 13GHz 的实时示波器采集。接收端的数字信号处理模块也在图 15-21 中显示。

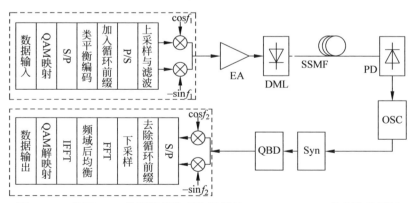

图 15-21 基于 DML 的类平衡编码和探测的 mQAM SC-FDE 的实验装置图

首先,发送端产生的是经过类平衡编码的 3GHz 的正弦波信号。原始信号、经过光背靠背传输采集的信号和经过类平衡探测后的信号的电谱如图 15-22 所示。

从图 15-22(b)中可以看出，经过光背靠背过程后，会产生二次谐波 6GHz、三次谐波 9GHz 和四次谐波 12GHz 的频率分量，一次谐波和二次谐波的功率差为 15dB。

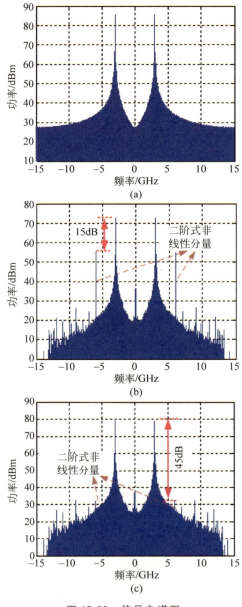

图 15-22　信号电谱图
(a) 经过类平衡编码的 3GHz 原始信号的电谱图；(b) 光背靠背信号的电谱图；
(c) 经过类平衡探测后的信号的电谱图

这表明系统的非线性效应很强。三次谐波的功率较小，基本可以忽略。经过类平衡探测后，从图 15-22(c) 可以发现，一次谐波和二次谐波的功率差可以减小到 45dB，这意味着采用这种类平衡编码和探测方案，非线性效应可以减小 30dB。同时可以发现，二次谐波和三次谐波的功率大小基本一致，都可以忽略。

接着测试不同电信号功率驱动下的误码率性能，测试结果如图 15-23 所示。电信号功率从 3dBm 开始，每增加 3dB 测试一个点，一直测试到 15dBm。从图中可以看出，采用类平衡技术后，误码率可以大幅下降。图 15-23(a) 分别给出了在采用和未采用类平衡探测的情况下误码率随接收光功率的变化曲线。图 15-23(b) 给出了接收光功率为 4dBm 时误码率性能随电信号功率变化的曲线。从图中可以看出，未采用类平衡探测技术时，最佳电信号输入功率为 6dBm，而采用类平衡探测技术后，最佳电信号功率可以增加到 9dBm，这说明采用该技术后，对非线性的容忍度更强，而且最佳值的误码率从 0.04 减小到 0.01。

采用和未采用类平衡编码探测的 SC-FDE 的误码率性能通过实验进行了比

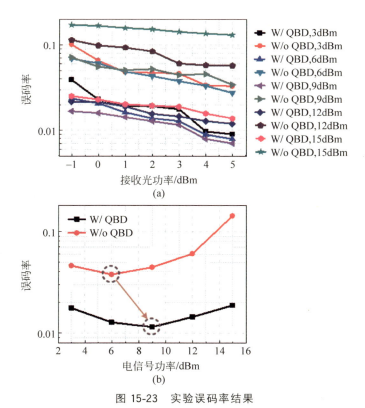

图 15-23　实验误码率结果

（a）采用和未采用类平衡探测时在不同光功率驱动下的误码率变化曲线；
（b）接收光功率为 4dBm 时误码率性能随电信号功率的变化曲线

较,实验结果如图 15-24(a)和(b)所示。两者的有效传输速率都为 40Gbit/s。在电信号输入功率为 6dBm 和 15dBm 时进行了测试,这两种电信号功率的取值分别代表弱非线性效应和强非线性效应。在弱非线性效应情况下,采用类平衡编码探测的方案较未采用的,接收机灵敏度可以提升 4dB;而在强非线性效应情况下,接收机的灵敏度可以提升至少 5dB。这不但说明采用类平衡编码和探测的方案比未采用的要好,而且说明这种方案对强非线性效应更为有效。

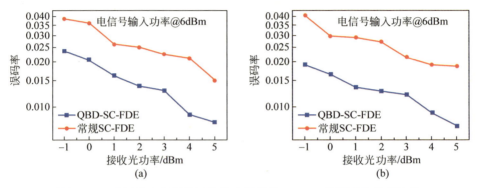

图 15-24 采用和未采用类平衡编码探测的 SC-FDE 的误码率性能比较
(a) 电信号功率为 6dBm;(b) 电信号功率为 15dBm

图 15-25(a)给出了采用和未采用类平衡编码探测 SC-FDE 信号在光背靠背和经过 20km 单模光纤传输情况下的误码率性能曲线。由于 DML 的工作波长在 1295.43nm,色散引起的性能恶化基本可以忽略。图 15-25(b)和(c)表示未采用类平衡探测和采用类平衡探测后 256QAM 的星座图,采用类平衡探测的星座图更清晰。

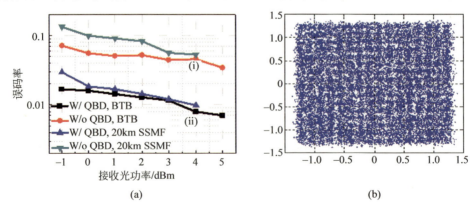

图 15-25 采用和未采用类平衡编码探测信号在光背靠背和经过光纤传输情况下的误码率性能比较
(a) 误码率随接收光功率变化的曲线图;(b) 未采用类平衡探测的 256QAM 星座图;
(c) 采用类平衡探测的 256QAM 星座图

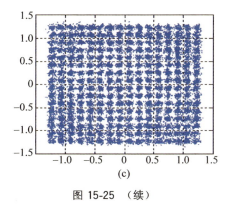

图 15-25 （续）

最后，不同调制阶数的误码率性能也通过实验进行了比较，实验结果如图 15-26 所示。实验测试了 64QAM、128QAM 和 256QAM 三种调制格式的误码率曲线，

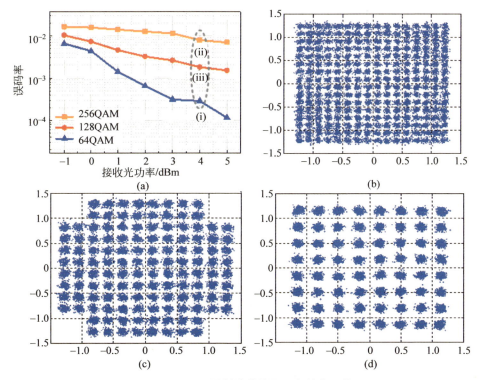

图 15-26 不同调制阶数的误码率性能比较

(a) 三种调制格式误码率随接收光功率变化的曲线；(b) 5Gbaud 时 256QAM 信号星座图；
(c) 5Gbaud 时 128QAM 信号星座图；(d) 5Gbaud 时 64QAM 信号星座图

三者的有效信号带宽都为 5Gbaud，所以三者的有效传输速率分别为 30Gbit/s、35Gbit/s 和 40Gbit/s。从图 15-26(a)中可以看出，三者调制阶数的误码率性能都可以低于 2.4×10^{-2}。另外，图 15-26(b)～(d)分别给出了 5Gbaud 时 256QAM、128QAM 和 64QAM 信号的星座图。

15.4 单边带调制系统

基于单臂马赫-曾德尔调制器的强度调制会产生双边带的信号(DSB)，而这种双边带的信号经过光纤传输后，由于光纤色散的影响，直接检测后会引入频率衰落效应，这会严重限制系统的带宽和传输性能。图 15-27 给出了 32Gbaud 的 DFT-S OFDM 信号经过 80km 单模光纤传输后的电谱图，从图中可以看出，接收的电信号会产生严重的频率衰落现象，并且利用现有的数字信号处理算法不能对其恢复。一种解决办法是在传输系统中添加色散补偿光纤，但是这只适用于固定传输距离的链路。对于接入网或者短距离通信系统而言，由于用户的差异性，传输距离一般都是变动的，这种网络架构注定了色散补偿光纤的效果有限。

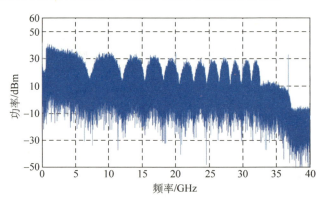

图 15-27　经过 80km 单模光纤传输后采集的 32Gbaud DFT-S OFDM 信号的电谱图

另一种目前看来现实可行的方法是采用单边带调制(SSB)或残留边带调制(VSB)[13-14,18]。通过去除其中一个边带信号，以消除色散造成的频率衰落的影响。其中单边带信号可以通过 IQ 调制器或者 DD-MZM 产生，这将在第 16 章再详细介绍。本章主要介绍基于光滤波器产生单边带或者残留边带信号的方案。基于该方案和前述的高频谱效率调制、非线性补偿算法等技术，成功实现了 128Gbit/s 的 32Gbaud 16QAM DFT-S OFDM 信号在 320km 单模光纤中的传输，传输后的误码率可以低于软判决前向纠错码阈值 2×10^{-2}。据我们所知，这是目前国际上强度调制直接检测系统中速率在 100Gbit/s 以上的最远传输距离。

本次实验采用的实验装置和前述 IM/DD 实验系统非常类似,不同之处在于经过光纤传输前或者传输后,使用了光滤波器进行滤波。本节使用的是可调波长激光器。因此,这里的光滤波器可以使用可调中心波长和可调滤波带宽的滤波器,也可以使用中心波长和带宽固定的交织复用器(interleaver,IL)。16QAM DFT-S OFDM 信号的产生、传输和接收的实验装置如图 15-28 所示。在发送端,可调波长的外腔激光器的线宽小于 100kHz,工作波长为 1548.5nm,输出功率为 13dBm。发射的连续激光为 32Gbaud 的 16QAM DFT-S OFDM 信号调制。16QAM DFT-S OFDM 信号在离线软件中产生,并且导入采样速率为 80GSa/s,3dB 带宽为 16GHz 的 DAC 中。从 DAC 输出的信号经过线性功率放大器放大到 20dBm 后用以驱动 MZM。本节使用的 MZM 其 3dB 带宽为 36GHz,插入损耗为 5dB。调制后的光信号先使用掺铒光纤放大器将信号光功率放大到 9dBm,随后注入光纤中。光纤的长度分成很多段,每 80km 一段,80km 光纤的传输损耗为 17.5dB 左右。每一段只用 EDFA 进行损耗补偿,而不使用色散补偿光纤。经过光纤传输后,通过窄线宽的可调光滤波器或者 50GHz 间隔的交织复用器实现单边带或者残留边带光滤波。滤波器可以放在发送端光纤传输之前,也可以放在接收端光纤传输之后,这取决于实际的应用场景和需求。随后经过可调光衰减器进行功率调整后,注入带宽为 40GHz 的强度探测器中实现光电转换。转换后的光电流信号随后经过增益为 32dB 的电功率放大器放大,再通过采样速率为 80GSa/s,带宽为 36GHz 的实时示波器进行采集,最后送入接收端的数字信号处理模块进行处理。

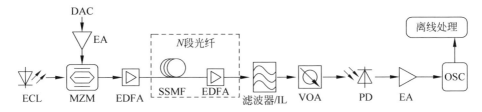

图 15-28 基于直接调制和直接检测的 16QAM DFT-S OFDM 信号的传输实验装置

具体的发送端和接收端的数字信号处理流程如图 15-29 所示。图 15-29(a)为发送端的流程,二进制信号首先映射成 16QAM 信号,随后进行 DFT-S OFDM 调制,包括添加训练序列、DFT、插零、IDFT、插入循环前缀和上载波到中频信号。本节中,中频信号为 20GHz,DFT 的长度是 2048 点,循环前缀长度是 32 个采样点,用来补偿带内色散的影响。由于器件带宽不足,需要在发送端进行预均衡处理。接收端的数字信号处理流程如图 15-29(b)所示。首先需要对采集后的信号进行帧同步,这需要通过自相关实现。随后,进行非线性补偿。本实验中的非线性噪声来自残留边带滤波、光调制器、电放大器、单模光纤和平方律探测等。经过非线性补

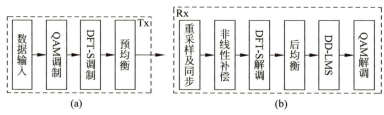

图 15-29 流程框图

(a) 发送端的数字信号处理流程图；(b) 接收端的数字信号处理流程图

偿后，数据送入 DFT-S OFDM 解调模块，这个解调模块和发送端的调制模块过程相反，包括下变频到基带信号、去循环前缀、提取训练序列、频域后均衡。频域后均衡中为了简单起见，采用的是一阶迫零算法，获取信道曲线之后，需要进行频域的曲线平滑，降低信号抖动引入的噪声，使信号估计更为准确。另外，为了进一步提升误码率的性能，DD-LMS 也在硬判决之前使用。这种算法不但可以提升硬判决的精度，还可以用来补偿载波间的串扰。信号的带宽为 32Gbaud，考虑 16QAM 的承载信息量，总速率为 128Gbit/s。考虑训练序列长度为 1/30，CP 长度为 1/65，前向纠错码长度为 20%，总速率为 $32 \times 4 \times (29/30) \times (64/65)/1.2$ Gbit/s＝101.52Gbit/s。

图 15-30 给出了普通 OFDM 和 DFT-S OFDM 的互补累积分布函数的比较曲线。CCDF 表示峰值平均功率比超过某一值的概率。从图中可以看出，在概率为 1×10^{-2} 时，OFDM、经过预均衡的 OFDM、DFT-S OFDM 和经过预均衡的 DFT-S OFDM 的 PAPR 的阈值分别为 12dB、12.5dB、10dB 和 11dB。从图中可以看出，虽然经过预均衡之后，DFT-S OFDM 的 PAPR 有 1dB 增加，但是与 OFDM 或者经过预均衡的 OFDM 相比，还是可以提升 1dB 和 1.5dB。由此可以说明，DFT-S OFDM 的 PAPR 性能确实比较优越，引入的非线性效应也比较小。

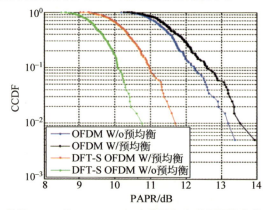

图 15-30 普通 OFDM 和 DFT-S OFDM 采用和未采用预均衡的 CCDF 曲线

本节主要介绍单波长的传输情况，15.5 节将介绍波分复用系统。进行实验数据测试之前，需要对系统中的一些关键因素进行测量，包括光纤入纤功率、光载波和信号功率比等，以使系统工作在最佳状态。本实验还采用可调光滤波器和 50GHz 信道间隔的交织复用器两种滤波器进行滤波。首先测试可调光滤波器情况，经过可调光滤波器前后的 32Gbaud DFT-S OFDM 信号的光谱如图 15-31 所示。图 15-31(a) 显示的是未经过预均衡的信号的光谱，图 15-31(b) 显示的是经过预均衡后的信号的光谱。预均衡后的光谱高频部分分量较高，主要是用来补偿接收机带宽不足的影响。另外从这两张图中可以看出，经过滤波器滤波之后，右边带信号已经被滤除，与双边带调制相比，右边带可以压缩 20dB。值得注意的是，右边带的进一步抑制，会导致载波信号功率比(CSPR)的下降，这会导致接收端信号和信号的拍频噪声(SSBN)增加，因此要选择一个合理的 CSPR 值。经过实验测试，最佳的 CSPR 值是 15~20dB，本实验中的 CSPR 落在该区间，以使系统的性能最佳。

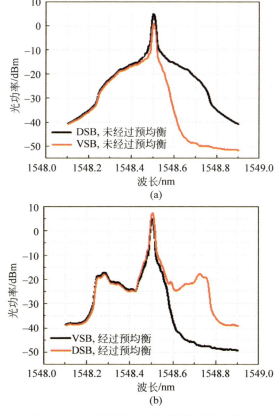

图 15-31　经过可调光滤波器前后的光谱图
（a）未经过预均衡；(b) 经过预均衡

选取最佳的抑制比和 CSPR 后,我们测试了最佳的光纤入纤功率。其中光纤的传输长度为 80km,入纤功率太大会激发光纤中的非线性效应;太小会导致光和电的信噪比都不足,因此需要在信噪比和非线性效应中作一个权衡。图 15-32(a) 给出了误码率性能随光纤入纤功率变化的曲线。其中光纤入纤功率从 5dBm 开始测试,一直增加到 10dBm,每改变 1dB 测试一次。从测试结果可以看出 9dBm 是最佳的入纤功率。在接下来的实验测试中,每一段光纤的入纤功率都为 9dBm,80km 的光纤的损耗为 17.5dB。在光背靠背和经过 80km 光纤传输后所需的光信噪比如图 15-32(b) 所示。在误码率为软判决阈值时,上述两种情况所需的最小的光信噪比分别是 30dB 和 34dB,因此 80km 的光纤传输会引入 4dB 的光信噪比的恶化。其中光纤传输后系统的光信噪比的恶化来自两方面:一方面是布置在光纤传输前后用来补偿调制损耗和传输损耗的 EDFA 在放大过程中引入的噪声,本实验中使用的 EDFA 的噪声指数为 5dB;另一方面是光纤中的色散和非线性效应,会对信号造成一定程度的损伤。

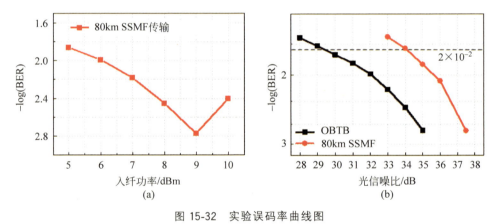

图 15-32 实验误码率曲线图
(a) 误码率性能随光纤入纤功率的变化曲线;(b) 在光背靠背和经过 80km 光纤传输后所需的光信噪比

然后,测试了不同均衡算法对系统的影响,本次实验中应用的数字信号处理算法包括频域预均衡、非线性补偿、DD-LMS、频域后均衡、频域平滑等。由于系统带宽受限,若不采用频域预均衡,不能承载这么高带宽的传输。另外,如果不采用频域后均衡和频域平滑,信号完全不能恢复。因此在频域预均衡、后均衡和平滑的基础上,比较其他三种算法的一种或者多种算法的组合对系统性能的影响。实验测试结果如图 15-33(a) 所示,可以看出,如果只采用频域预均衡,32Gbaud 的信号只能在单模光纤中传输 30km;如果再采用 DD-LMS,可以传输至 80km;如果采用预均衡和非线性补偿,传输距离可以增加至 160km;如果采用以上全部三种算法,

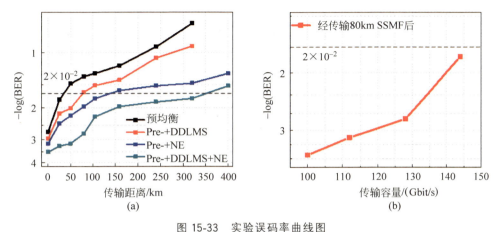

图 15-33　实验误码率曲线图
(a) 经过不同算法处理后的误码率性能；(b) 误码率和传输容量的关系图

可以实现 320km 的单模光纤传输。

对于本系统而言，非线性补偿起了很重要的作用，其次是 DD-LMS。图 15-33(b) 给出了误码率性能随传输容量的关系曲线，其中调制格式固定为 16QAM，通过改变信号的带宽，依次为 25Gbaud、28Gbaud、30Gbaud 和 36Gbaud，因此对应的传输速率分别为 100Gbit/s、112Gbit/s、128Gbit/s 和 144Gbit/s。从图中可以看出，144Gbit/s 的信号经过 80km 单模光纤传输后的误码率也可以低于硬判决的前向纠错码的误码率阈值 2×10^{-2}。据我们所知，这也是 IM/DD 系统中，经过 80km 传输后的单波长单极化最高速率。

该系统中，激光器和可调光滤波器中心频率的匹配程度会对性能造成严重的影响，通过实验测试了二者中心频率的失调对误码率带来的恶化程度。可调光滤波器的带宽固定在 36GHz，激光器的中心频率也固定不动，通过调整可调光滤波器(tunable optical filter，TOF)的中心频率进行测试，测试结果如图 15-34 所示。由于本实验中选取的是左边带信号进行检测，因此，TOF 中心频率的增加意味着选取的左边带信号的中心子载波功率下降，随着中心频率增加到一定程度，左边带中心子载波会基本滤除，在探测器中进行的是信号和信号的拍频，这种情况产生的电信号完全是噪声信号，不能恢复，如图 15-34 所示，TOF 的中心频率增加超过 2GHz，误码率会急剧增加，性能严重恶化。另一方面，随着 TOF 中心频率的下降，选取左边带的高频部分会被逐渐滤除，而且右边带信号的低频部分会逐渐增加，从而造成类似双边带信号拍频产生频率衰落效应，从图中可以看出，TOF 中心频率的下降对系统性能的恶化程度是缓慢形成的，变动频率可达 −7GHz。对于选取左边带的单边带系统而言，TOF 中心频率的减少，即色散引入的恶化远比

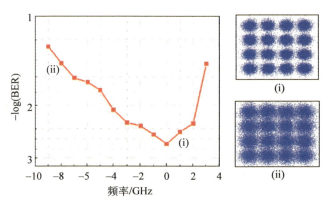

图 15-34 激光器和滤波器的频率不匹配对系统性能的影响

光中心载波的滤除（CSPR 的下降）带来的性能恶化要小。

因此该系统可以容忍的 TOF 的中心频率变动为 $-7\sim2$GHz，9GHz 的动态范围的调整对于目前商用的激光器和 TOF 而言，是可以接受的。另外，图 15-34 插图（i）和（ii）分别给出了中心频率变动为 1GHz 和 -8GHz 处的 32Gbaud DFT-S OFDM 信号的星座图，从图中可以看出，1GHz 处的星座图星座点比较集中，而 -8GHz 处的星座图比较模糊。

对系统而言，由于 TOF 的成本较高，也可以使用固定信道间隔为 50GHz 的交织复用器代替 TOF。首先需要调整激光器的波长，使其适应交织复用器的频谱响应。图 15-35 给出了经过交织复用器滤波前后的光谱，图 15-35（a）和（b）分别表示未经过预均衡和经过预均衡后的信号。光谱仪的分辨率为 0.02nm。从图中可以看出，右边带的抑制约为 18dB，这比可调光滤波器抑制比要小，可以明显看出右边带的残留信号，主要是由交织复用器的消光比决定的。

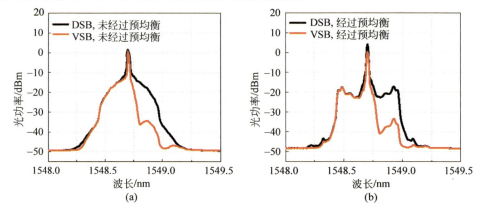

图 15-35 经过交织复用器滤波前后的 32Gbaud DFT-S OFDM 信号的光谱图
(a) 未经过预均衡补偿；(b) 经过预均衡补偿

图 15-36（a）给出了测试的误码率性能随光信噪比的变化曲线。该测试结果是在光背靠背和经过 80km 光纤传输情况下测得，从图中可以看出，为了达到软判决阈值 2×10^{-2}，在两种情况下最小的光信噪比分别需要 30dB 和 33.5dB。这与经过可调光滤波器情况的最小光信噪比 30dB 和 34dB 相比，结果非常接近。经过 80km 光纤传输后，会导致 3.5dB 的光信噪比的恶化。

采用上述最优的算法组合恢复后 32Gbaud 信号的误码率随传输距离的关系如图 15-36（b）所示。传输距离依次为 0km、80km、160km、240km、320km 和 400km，随着距离的增加，误码率也会增加。经过 320km 单模光纤传输后的误码率性能可以低于软判决阈值 2×10^{-2}。这些结果充分证实，采用一系列数字信号处理算法后，单边带调制的系统可以获得很好的传输距离和传输容量。

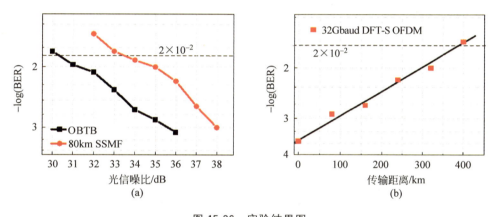

图 15-36　实验结果图
（a）在光背靠背和经过 80km 光纤传输后误码率性能随光信噪比的变化曲线；
（b）误码率性能随传输距离的变化曲线

15.5　高速波分复用系统

15.4 节介绍了基于先进数字信号处理算法的单波长 128Gbit/s 320km 光纤传输系统。本节将在 15.4 节的基础上，拓展成波分复用系统。图 15-37 给出了 4×128Gbit/s 波分复用系统的实验装置图。其中调制格式和 15.4 节一样，为 16QAM DFT-S OFDM 调制，处理流程也和 15.4 节完全相同。在波分复用系统的发送端，4 个线宽小于 100kHz、输出功率为 13dBm 的外腔激光器用作 4 个波分复用信道的激光源。ECL1 到 ECL4 的工作波长为 1541.0～1544.6nm，信道间隔为 150GHz（信道间隔可以更窄，但是考虑到交织复用器的频率响应特性，选定了该值）。其中 4 个信道分成奇偶两路，ECL1 和 ECL3 作为奇路信道，ECL2 和 ECL4

作为偶路信道。其中奇偶路各自两个激光器通过保偏光耦合器(PM-OC)进行光合束,再分别送入不同的调制器中进行调制。调制器的带宽和15.4节单波长实验中使用的调制器一样,带宽均为36GHz,插入损耗为5dB。

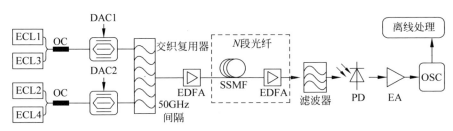

图 15-37　基于直接调制和直接检测的 4×128Gbit/s 16QAM DFT-S OFDM 波分复用系统实验装置图

经过调制后的两路光信号用一个信道间隔为50GHz的交织复用器联合起来。经过交织复用器后的信号完成了残留边带调制。注入4段光纤(每段光纤为80km,每传输80km单模光纤添加一个EDFA进行光纤损耗补偿,没有布置色散补偿光纤进行色散补偿)之前,光信号经过EDFA进行放大。经过光纤传输后,使用一个窄带可调光滤波器选取需要的信道进行恢复解调,同时可以调整每个波长信道的载波信号功率比,使系统工作在较佳状态。具体的信号处理流程如图15-29所示。

图15-38给出了系统不同部位的光谱图。图15-38(a)显示的是4个波长信道未经过调制的光谱图,图15-38(b)给出了经过32Gbaud DFT-S OFDM信号调制后的交织复用器输出的信号光谱,从图中可以看出,经过交织复用器滤波之后,每个信道的右边带都被滤除掉,在发送端实现了残留边带调制。图15-38(c)给出了320km单模光纤传输后,在接收端经过窄带光滤波器之后选取的信道4的光谱。图中显示的光谱的分辨率为0.02nm。

最后,逐一测试4个波长信道中每个信道的误码率性能随传输距离的变化,实验结果如图15-39(a)所示。通过调整4个波长信道的光功率、调制器的偏置电压和窄带光滤波器的带宽,可以使每个信道的性能基本相同。每个信道都可以实现128Gbit/s 16QAM DFT-S OFDM信号传输320km,并且传输400km单模光纤之后,误码率性能也接近软判决阈值。同时测试每个信道在光背靠背和经过80km光纤传输之后,信号要达到特定的误码率阈值时所需的最小光信噪比,测试结果如图15-39(b)所示。可以看出,经过80km光纤传输后,信道4的光信噪比会降低3.5dB。图15-39(b)还给出了在光背靠背情况OSNR@36dB和经过80km单模光纤传输情况OSNR@38dB的32Gbaud 16QAM信号的星座图。

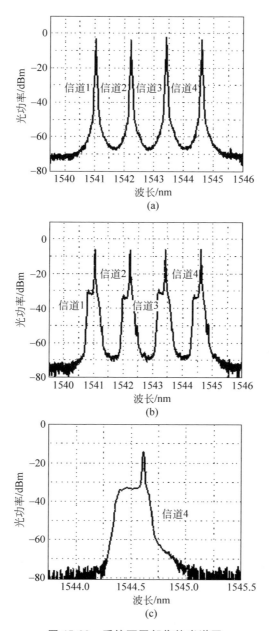

图 15-38 系统不同部位的光谱图

(a) 4 个波长信道调制前的光谱；(b) 4 个波长信道调制后的光谱；
(c) 经过滤波器后选取的信道 4 的光谱图

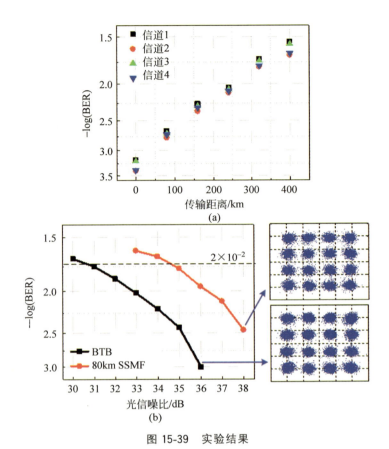

图 15-39 实验结果

(a) 4 个信道的误码率性能随传输距离的变化图；(b) 信道 4 在光背靠背和经过 80km 光纤传输后的误码率随光信噪比的变化图

15.6 小结

本章系统介绍了 IM/DD 系统中面临的带宽不足、强非线性效应及光纤色散三个重要因素的影响，并从系统结构、调制编码技术和数字信号处理算法等方面提出了相应的解决方案。通过采用本章介绍的低功率峰均比、高频谱效率的调制技术 DFT-S OFDM，结合一系列先进的数字信号处理算法，包括预均衡、非线性补偿、DD-LMS 等技术，实现了 100Gbit/s 以上的单边带信号在 320km 单模光纤中的传输。据我们所知，这是国际上 IM/DD 系统中 100Gbit/s 信号的最远传输距离。取得的单波长单极化 144Gbit/s 也是国际上 IM/DD 系统中经过 80km 单模光纤传输后最高的传输速率。同时还通过实验验证了 4×128Gbit/s 波分复用信号在 320km 单模光纤中的成功传输。

参考文献

[1] ZHONG K, ZHOU X, GUI T, et al. Experimental study of PAM4, CAP16 and DMT for 100Gbit/s short reach optical transmission systems[J]. Optics Express, 2015, 23(2): 1176.

[2] HU Q, CHE D, WANG Y, et al. Advanced modulation formats for high performance short-reach optical interconnects[J]. Optics Express, 2015, 23(3): 3245.

[3] SHI J, ZHANG J, CHI N, et al. Comparison of 100G PAM-8, CAP-64 and DFT-S OFDM with a bandwidth-limited direct-detection receiver[J]. Optics Express, 2017, 25: 32254-32262.

[4] YU J, HUANG M, QIAN D, et al. Centralized lightwave WDM-PON employing 16QAM intensity modulated OFDM downstream and OOK modulated upstream signals[J]. IEEE Photonics Technology Letters, 2008, 20(18): 1545-1547.

[5] TANAKA T, NISHIHARA M, TAKAHARA T, et al. Experimental demonstration of 448Gbit/s+ DMT transmission over 30km SMF[C]. Proc. Optical Fiber Conference, 2014.

[6] LI F, LI X, ZHANG J, et al. Transmission of 100Gbit/s VSB DFT-S DMT signal in short-reach optical communication systems[J]. Photonics Journal, 2015, 7(5): 1-1.

[7] RANDEL S, PILORI D, CHANDRASEKHAR S, et al. 100Gbit/s discrete-multitone transmission over 80km SSMF using single-sideband modulation with novel interference-cancellation scheme[C]. European Conference on Optical Communication, 2015.

[8] OKABE R, LIU B, NISHIHARA M, et al. Unrepeated 100km SMF transmission of 110.3Gbit/s/lambda DMT signal[C]. European Conference on Optical Communication, 2015.

[9] ZHANG L, ZUO T, ZHANG Q, et al. Transmission of 112Gbit/s+ DMT over 80km SMF enabled by twin-SSB technique at 1550nm[C]. European Conference on Optical Communication, 2015.

[10] YAN W, TOSHIKI T, BO L, et al. 100Gbit/s optical IM-DD transmission with 10G-class devices enabled by 65 GSa/s CMOS DAC core[C]. Proc. Optical Fiber Conference, 2013.

[11] WANG Y Q, YU J J, CHI N. Demonstration of 4×128Gbit/s DFT-S OFDM signal transmission over 320km SMF with IM/DD[J]. Photonics Journal, 2016, 8(2): 1-9.

[12] LI F, LI X, YU J, et al. Optimization of training sequence for DFT-S DMT signal in optical access network with direct detection utilizing DML[J]. Optics Express, 2014, 22(19): 22962-22967.

[13] LI F, LI X, CHEN L, et al. High-level QAM OFDM system using DML for low-cost short reach optical communications[J]. IEEE Photonics Technology Letters, 2014, 26(9): 941-944.

[14] LI F, YU J, FANG Y, et al. Demonstration of DFT-S 256QAM-OFDM signal transmission with cost-effective directly modulated laser[J]. Optics Express, 2014,

22(7): 8742-8748.

[15] LI F, ZHANG J, YU J, et al. Blind equalization for dual-polarization two-subcarrier coherent QPSK-OFDM signals[J]. Optics Letters, 2014, 39(2): 201-204.

[16] LI F, CAO Z, YU J, et al. SSMI cancellation in direct-detection optical OFDM with novel half-cycled OFDM[J]. Optics Express, 2013, 21(23): 28543-28549.

[17] LI F, CAO Z, LI X, et al. Fiber-wireless transmission system of PDM-MIMO-OFDM at 100GHz frequency[J]. Journal of Lightwave Technology, 2013, 31(14): 2394-2399.

[18] WANG Y, YU J, CHIEN H C, et al. Transmission and direct detection of 300Gbit/s DFT-S OFDM signals based on O-ISB modulation with joint image-cancellation and nonlinearity-mitigation[C]. European Conference on Optical Communication, 2016.

[19] SHI J, ZHOU Y, XU Y, et al. 200Gbit/s DFT-S OFDM using DD-MZM-based twin-SSB with a MIMO-Volterra equalizer[J]. IEEE Photonics Technology Letters, 2017, 29(14): 1183-1186.

[20] PAQUET C, LATRASSE C, PLANT D, et al. Experimental study of 112Gbit/s short reach transmission employing PAM formats and SiP intensity modulator at 1.3μm[J]. Optics Express, 2014, 22(17): 21018-21036.

[21] WANG Y, YU J, CHI N, et al. Experimental demonstration of 120Gbit/s Nyquist PAM8-SCFDE for short-reach optical communication[J]. IEEE Photonics Journal, 2015, 7(4): 1-5.

[22] MONROY I T, JENSEN J B, OLMEDO M I, et al. Multiband carrierless amplitude phase modulation for high capacity optical data links[J]. Journal of Lightwave Technology, 2014, 32(4): 798-804.

[23] ZHU B, LI F, CHIEN H C, et al. Transmission of single-carrier 400G signals (515.2Gbit/s) based on 128.8Gbaud PDM QPSK over 10130 and 6078 km terrestrial fiber links[J]. Optics Express, 2015, 23(13): 16540-16545.

基于IQ调制直接检测的高速光纤接入系统

16.1 引言

第15章详细介绍了基于强度调制直接检测的高速光纤接入系统,这种系统结构简单、成本低廉、实现方便,是目前短距离光纤接入系统中一项很有应用前景的技术[1-14]。但是该项技术调制产生的左右边带携带相同的信号,并没有充分利用一个光载波周围的全部有效带宽。利用IQ调制器或者双臂马赫-曾德尔调制器(DD-MZM)可以产生单边带信号,这种方式的频谱效率与上一种相比虽然可以提升,但是围绕一个光载波只能产生一个边带。本章将介绍一种基于IQ调制器在同一个光载波周围产生两个独立携带不同信息的边带的方案。在本方案的接收端,采用可调光滤波器把两个独立边带分离,分别经过直接检测和数据采集后进行协同数字信号处理,采用这种方案,与上述两种相比,速率可以成倍提升。

IQ调制器中I路和Q路信号强度、相位、时延等因素的不匹配引起的IQ不平衡会造成镜像(image)效应[1],也就是左边带信号会映射到右边带,同理,右边带信号也会映射到左边带,信号的混叠会严重影响系统的性能。本章从理论上详细推导了镜像现象对系统性能造成的影响,并提出基于训练序列和自适应盲均衡两种镜像消除算法,分别可以用于频域均衡的系统,如 OFDM、DFT-S OFDM[2]和 SC-FDE 等,或者用于时域均衡的系统,如多子载波 QAM 和 CAP[3]等。

经实验验证,这两种均衡算法都可以有效地消除镜像效应的影响,可以成功实现两个边带 64Gbit/s CAP4 的产生和接收。另外,结合第15章所提的预均衡、DD-LMS 和非线性补偿等算法,成功实现了两个边带总速率为 240Gbit/s 的 16QAM DFT-S OFDM 信号传输 160km[1]。

16.2 基于 IQ 调制器的独立边带调制直接检测系统

在同一个光载波周围产生两个独立的边带(optical independed sideband，O-ISB)可以采用 DD-MZM 或者 IQ 调制器[1]。基于 DD-MZM 的独立边带的产生需要对信号作希尔伯特变换，这种方案已经有报道。本章介绍了一种基于 IQ 调制器的独立边带的产生方案，原理如图 16-1 所示。其中图 16-1(a)给出了基于 IQ 调制器的独立边带产生原理，该系统发送端包括外腔激光器、电放大器和 IQ 调制器。从图中可以看出，IQ 调制器包括三个集成的子调制器，MZ-a、MZ-b 和 MZ-c，其中 MZ-c 偏置在正交点，保证两臂信号相位差为 90°，MZ-a 和 MZ-b 的偏置要保证中心子载波和两个边带的功率比为 20dB 左右。图 16-1(b)给出了左右边带电信号产生流程。首先各自通过 QAM 映射和调制格式调制，比如 CAP 和 OFDM 等。

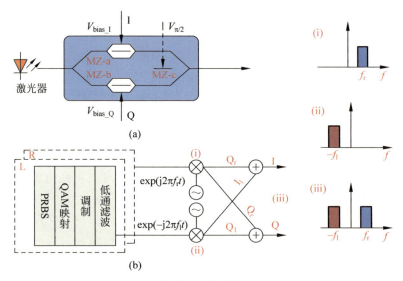

图 16-1 原理图
(a) 基于 IQ 调制器的独立边带产生原理图；(b) 左右边带电信号产生流程图

调制后可以得到两个不同的基带信号，分别表示成 $A(t)\exp(j\varphi_1(t))$ 和 $B(t)\exp(j\varphi_r(t))$，其中 $A(t)$ 和 $B(t)$ 是基带信号的幅度，$\varphi_1(t)$ 和 $\varphi_r(t)$ 是基带信号的相位。再通过复射频信号上载到左右边带，左右边带 $E_1(t)$ 和 $E_r(t)$ 可表示为

$$E_1(t) = A(t)\exp(j\varphi_1(t))\exp(-j2\pi f_1 t) \qquad (16\text{-}1)$$

$$E_r(t) = B(t)\exp(j\varphi_r(t))\exp(j2\pi f_r t) \qquad (16\text{-}2)$$

其中，f_1 和 f_r 分别是左右边带的中频信号，均为正值，$-f_1$ 表示信号上载到中心载波的负频处。两个信号简单叠加之后产生的电信号即包含两个边带的信号，可以写成

$$E(t) = E_l(t) + E_r(t) \tag{16-3}$$

右边带和左边带信号示意图分别如图 16-1 插图(i)和(ii)所示,叠加之后包含两个边带的示意图如插图(iii)所示。再把叠加之后的信号分别取实部和虚部,用作 IQ 调制器 I 路和 Q 路的驱动信号,加载到外腔激光器产生稳定持续的激光上,通过这种方式就可以产生包含两个独立边带的光信号。只产生右边带、只产生左边带和产生两个独立边带的光谱图分别如图 16-2(a)~(c)所示,其中,左右边带是针对频率来制定的,所以从波长上来看左右是相反的。

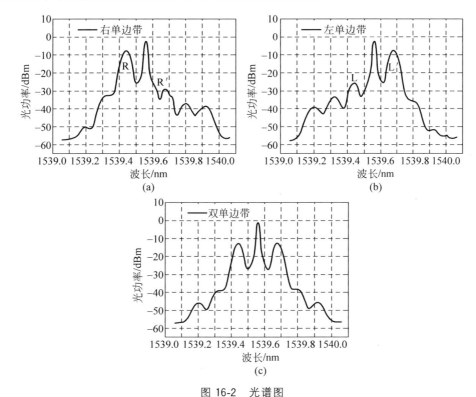

图 16-2　光谱图
(a) 右边带光谱；(b) 左边带光谱；(c) 左右边带光谱

在接收端,首先经由一个 3 dB 光耦合器(OC)将光束分成两路,同时需要采用两个光滤波器对这个单波长双边带信号进行分离,如图 16-3 所示。滤波器 1 和滤波器 2 分别用来分离右边带信号和左边带信号。其中滤波器可以采用可调波长滤波器或者交织复用器,由于滤波器的响应不可能如图中所示滚降系数为零,所以双边带信号中间需要留有一定的频率间隔,合适的间隔宽度与信号带宽、滤波器响应有关。中心载波的功率可以通过调节 MZ-a 和 MZ-b 两个调制器的偏置电压进行调整,载波信号功率比维持在 20dB 左右。经过滤波器分离的左右边带信号和中心载波在直接检测的探测器中拍频之后可以产生相应边带的电信号，分别进行处理可以恢复成原始信号。光学独立边带，通过这种方式采用一个调制器和一组探测器，从原理上来说，所能传输的信息容量是单边带方案或者双边带方案的 2 倍。

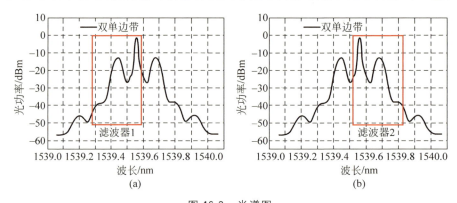

图 16-3　光谱图

(a) 右边带信号分离；(b) 左边带信号分离

但是这种方案也存在一些限制因素，除了上述提到的双边带信号之间必须保留一定的带宽间隔外，另外一个严重的影响因素是，由于 IQ 调制器 I 路和 Q 路存在的幅度、相位和时延等参数不匹配造成镜像效应产生[4]，即左边带信号会映射到右边带，同理，右边带信号也会映射到左边带。镜像效应可以从图 16-2（a）和（b）中观察到，其中 L 和 R 分别代表左、右边带信号，L′ 和 R′ 分别代表左、右边带在右边和左边产生的镜像信号，这样实际探测的时候，左边带链路采集的是 L 和 R′ 的叠加信号，右边带链路采集的是 R 和 L′ 的叠加信号，信号的混叠会严重影响系统的性能。

假设基带信号的频域可以表示成 $X(f)$，时域可以表示成 $x(t)$，那么上载到左边带中频后信号可以表示成 $X(f+f_1)$，由于镜像效应，会在右边带生成一个镜像的信号，用数学式表达即 $(-X(f-f_1))^*$。会产生和左边信号反褶对称且共轭的信号。根据傅里叶变换原理，在右边带产生的信号在时域上为原始信号的共轭信号，即 $(x(t))^*$，根据时域和频域上镜像信号的特性，可以发展出对应的镜像消除算法。本章提出了基于训练序列和自适应盲均衡两种算法来消除镜像效应的影响，以提升系统的性能。

16.3　基于训练序列的镜像消除算法

16.3.1　基于训练序列的镜像消除算法原理

前面已经论及，从时域上看，产生的镜像信号是原始左右边带信号的共轭信号,经过强度探测器检测之后生成的双边带的电信号和原始边带复信号的实部,即 $\mathrm{Re}(A(t)\exp(\mathrm{j}\varphi_\mathrm{l}(t))\exp(-\mathrm{j}2\pi f_\mathrm{l} t))$ 或 $\mathrm{Re}(B(t)\exp(\mathrm{j}\varphi_\mathrm{r}(t))\exp(\mathrm{j}2\pi f_\mathrm{r} t))$ 是完全一致的。利用这一性质,可以用训练序列将镜像噪声移除。

另外,在这一系统当中同样会产生和第 15 章论述相同的非线性效应,非线性效应同样来自电放大器、调制器、光纤、光滤波器和平方律探测器等器件。非线性效应对信号,特别是高阶调制信号的影响非常严重。本章提出了联合的镜像效应和非线性效应消除算法,使用该算法可以同时消除镜像效应和非线性效应,可以极大地提升系统的性能。该算法的结构如图 16-4 所示。

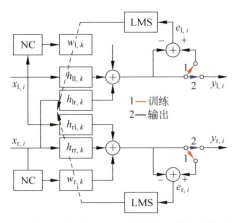

图 16-4　联合镜像效应和非线性效应消除算法框架图

从图 16-4 中可以看出,该算法是蝶形结构,算法中有 6 个实数自适应均衡的有效脉冲响应(finite impulse response,FIR)滤波器,其系数分别为 h_ll、h_lr、h_rl、h_rr、w_l 和 w_r。其中,h_ll 和 h_rr 分别是自身边带信号的线性损伤项,h_lr 和 h_rl 分别是来自右边带和左边带的镜像效应损伤项,w_l 和 w_r 分别是自身边带的噪声项,NC 表示非线性项的构造。具体的均衡过程可以分为两级,第一级是利用训练序列对 FIR 滤波器的系数进行更新,得到稳定的系数后再进行第二级均衡,利用更新的系数对之后的序列进行统一的运算。基于训练序列的均衡会使整个过程收敛速度加快。其中,x_l 和 x_r 是示波器采集到的左边带和右边带的信号,同时也是作为所提出的镜像和非线性均衡器的输入,经过均衡器第一级后的输出如下[4]:

$$y_{\mathrm{l},i} = \sum_{k=-M}^{M} h_{\mathrm{ll},k} x_{\mathrm{l},i-k} + \sum_{k=-M}^{M} h_{\mathrm{lr},k} x_{\mathrm{r},i-k} + \sum_{p=-N}^{N} \sum_{k=-N}^{p-1} w_{\mathrm{l},k} (x_{\mathrm{l},i-p} - x_{\mathrm{l},i-k})^2$$

(16-4)

$$y_{\mathrm{r},i} = \sum_{k=-M}^{M} h_{\mathrm{rl},k} x_{\mathrm{l},i-k} + \sum_{k=-M}^{M} h_{\mathrm{rr},k} x_{\mathrm{r},i-k} + \sum_{p=-N}^{N} \sum_{k=-N}^{p-1} h_{\mathrm{r},k} (x_{\mathrm{r},i-p} - x_{\mathrm{r},i-k})^2$$

(16-5)

其中，$y_{1,i}$ 和 $y_{r,i}$ 分别表示均衡后左边带和右边带第 i^{th} 信号，M 和 N 分别表示线性和非线性的均衡滤波器的阶数。与训练序列相比，得到的误差值如下：

$$e_{1,i} = y'_{1,i} - y_{1,i} \tag{16-6}$$

$$e_{r,i} = y'_{r,i} - y_{r,i} \tag{16-7}$$

其中，$y'_{1,i}$ 和 $y'_{r,i}$ 分别表示左边带和右边带训练序列。再利用最小均方算法来更新滤波器的系数，其中线性项更新如下：

$$h_{ll,i+1} = h_{ll,i} + \mu e_{1,i} x_{1,i-k} \tag{16-8}$$

$$h_{lr,i+1} = h_{lr,i} + \mu e_{1,i} x_{r,i-k} \tag{16-9}$$

$$h_{rl,i+1} = h_{rl,i} + \mu e_{r,i} x_{1,i-k} \tag{16-10}$$

$$h_{rr,i+1} = h_{rr,i} + \mu e_{r,i} x_{r,i-k} \tag{16-11}$$

μ 值可以根据阶数和实际效果进行调整，非线性项的系数同样根据 LMS 进行系数更新。通过这种方式，可以获得 6 个不同 FIR 的系数，再利用这 6 个 FIR 滤波器对后续数据进行均衡。

16.3.2 实验系统

图 16-5 给出了基于 IQ 调制器 O-ISB 调制直接检测的系统原理和实验装置。在这个实验中，左右边带各独立携带 30Gbaud 的 16QAM DFT-S OFDM 信号，这样总的传输速率为 240Gbit/s。电信号的产生流程如图 16-5(a) 所示，其产生过程和 16.3.1 节类似，唯一的不同在于 DFT-S OFDM 信号的产生过程，这里不再赘述。产生的两个独立边带 30Gbaud 16QAM DFT-S OFDM 信号导入到 80GSa/s 的 DAC 中，再转换成模拟信号输出，经过放大器放大后，作为 IQ 调制器的 I 路和 Q 路驱动信号，加载到外腔激光器产生的连续波长光波上，其工作波长为 1550.1nm，输出功率为 13dBm。经由上述信号调制后的光波经过掺铒光纤放大器放大后，在单模光纤中传输。其中每传输 80km 的光纤会经过一个 EDFA 进行放大。在接收端，首先经过一个 3dB 光耦合器分成两路光，每一路都需经过可调光滤波器选择需要的左右边带的信号，再分别送至强度探测器进行光电转换。光电转换后的电信号经由采样速率为 80GSa/s、最大带宽为 36GHz 的示波器采集之后，进行后端数据处理。

后端数据处理流程如图 16-5(b) 所示，首先对采集到的数据分别进行帧同步，再用本章提出的算法进行镜像效应消除和非线性效应补偿，补偿之后进行分离可得到左边带和右边带的数据，最后分别进行处理，处理过程和 DFT-S OFDM 调制过程完全相反。值得注意的是，本实验系统中完全没有采用任何色散补偿算法、色散补偿光纤，甚至循环前缀来消除色散的影响。

该实验系统中不同工作点测试的光谱如图 16-6 所示，图 16-6(a)~(d) 分别为 IQ 调制器的输出、经过左边带滤波器、经过右边带滤波器和经过 80km 光纤传输后的双边带的光谱图。通过调整 IQ 调制器的偏置和滤波器的中心波长，可以保证

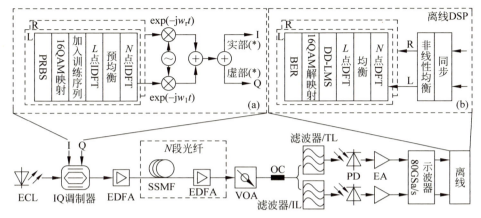

图 16-5 基于 IQ 调制器 O-ISB DFT-S OFDM 调制直接检测的系统原理和实验装置图

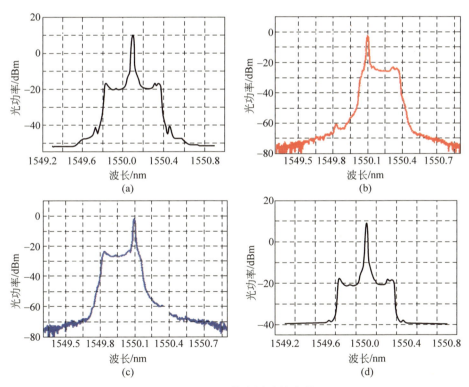

图 16-6 不同工作点测试的光谱图

(a) 光背靠背发送端双边带光谱图；(b) 光背靠背接收端左边带光谱图；(c) 光背靠背接收端右边带光谱图；(d) 经过 80km 光纤传输后双边带光谱图

单个边带的 CSPR 为最佳值，实验中保证在 20dB 左右。从图中可以看出，经过 80km 的光纤传输后，信号的光信噪比会有相当程度的下降，这也可以从后面的误码率性能中看出。

16.3.3 实验结果

首先分别加载只含左边带或者只含右边带的单边带信号进行系统参数调整。通过调整 IQ 调制器的偏置和时延，将左右两边的镜像效应压至最小，左右边带的光谱如图 16-7 所示。从图中可以看出，镜像信号的分量和噪声功率比在 10dB 左右，信号和镜像的功率比在 20dB 左右。从数值可以看出，镜像效应给系统带来严重的影响。

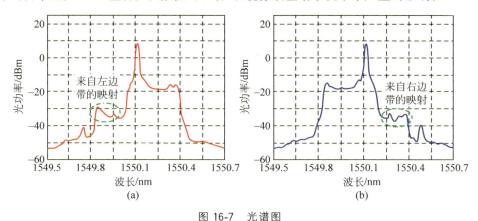

图 16-7 光谱图
（a）只调制左边带的光谱图；（b）只调制右边带的光谱图

然后比较不同算法对系统性能的提升程度，包括不采用非线性补偿和镜像消除算法、只采用非线性补偿算法以及采用本章所提的联合非线性补偿和镜像消除算法三种情况，比较结果如图 16-8 所示。图 16-8(a) 显示的是误码率性能随左边带携带信息容量的变化曲线，图 16-8(b) 显示的是右边带的。单个边带信息容量从 60Gbit/s 增加到 120Gbit/s。从图中可以看出，如果不采用非线性补偿和镜像效应消除算法，左右边带速率为 60Gbit/s；单独采用非线性补偿算法，速率可以提升到 80Gbit/s；采用联合非线性补偿和镜像效应消除算法，速率可以提升到 120Gbit/s。不同传输速率和采用不同均衡算法恢复的星座图也在图 16-8 中给出。插图(i)～(iii)分别显示的是右边带 120Gbit/s 信号不采用均衡算法、只采用非线性算法以及采用联合的非线性补偿和镜像效应消除算法后恢复的星座图，插图(iv)显示的是右边带 60Gbit/s 信号采用联合非线性补偿和镜像效应消除算法后的星座图。从星座图的清晰度可以看出，插图(iv)＞插图(iii)＞插图(ii)＞插图(i)。这与误码率的数值大小也是相符的。这些实验结果可以验证本章所提出的基于训练序列的算法的有效性。

图 16-9 给出了左右边带信号误码率性能与光信噪比的关系。要取得 2×10^{-2}

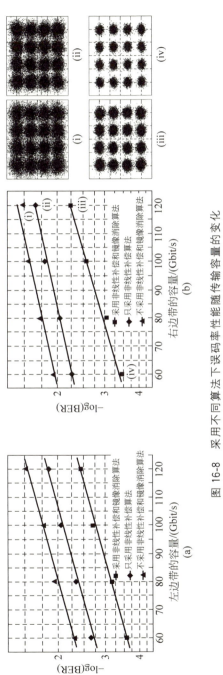

图 16-8 采用不同算法下误码率性能随传输容量的变化
(a) 左边带信号; (b) 右边带信号

图 16-9 左右边带信号误码率性能与光信噪比的关系图

的误码率,左右边带所需的最小的 OSNR 值分别为 36dB 和 37dB。左右边带的微小差别主要是因为所采用的探测器不一致,左边带的探测器性能略优。

光背靠背性能测试完成,系统参数调至最优状态之后,这种方案的光纤传输能力也得到评估,首先测试了 80km 单模光纤传输的性能。其中需要测试最佳入纤功率。通过改变光纤入纤功率的大小(5~11dBm)测试不同的误码率值,从而获得最小误码率值对应的入纤功率。测试结果如图 16-10(a)所示,左边带和右边带信号的最佳入纤功率均为 8dBm,低于 8dBm,信噪比较低,高于 8dBm,会引入较强的光纤非线性效应。

其中左边带信号恶化非常严重,这主要是由于光纤入纤功率太高,引起的布里渊散射效应严重影响了系统的性能。图 16-10(b)给出了入纤功率在 9dBm 时,经过 80km 光纤传输后的信号光谱图。在距离中心子载波 10GHz 左右,会出现布里渊频移。由于布里渊散射主要发生在后向散射,布里渊频移会出现在低于中心子载波频率处,所以左边带信号会受到非常严重的影响。在接下来的测试中,入纤功率固定在 8dBm,以使系统工作在最佳状态。

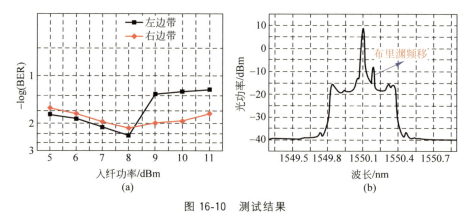

图 16-10 测试结果
(a) 误码率性能随入射光纤功率的变化;(b) 入射功率 8dBm 以上的信号光谱图

图 16-11 给出了经过 80km 单模光纤传输前后的误码率性能随接收光功率大小变化的曲线图。从图中可以看出,不管是对于左边带信号还是右边带信号,80km 的光纤传输都会引入 3dB 的接收机灵敏度的恶化。在接收光功率为 -3.5dB 以上,左右边带信号的误码率都能达到软判决前向纠错阈值。随后将光纤长度延伸至 160km,经过 160km 光纤传输后,左右边带的误码率分别为 1.34×10^{-2} 和 1.57×10^{-2},也都在软判决 FEC 阈值之下。

同时,测试更高阶的调制格式 32QAM 在该系统中的性能,实验框图同样如图 16-5 所示。左右边带带宽均为 30Gbaud,这样总速率为 300Gbit/s。在光背靠背情况下,采用预均衡、镜像效应消除、非线性补偿、相位补偿、DD-LMS 等算法处理后，恢复的左右边带 32QAM DFT-S OFDM 的星座图分别如图 16-12 所示。左右边带的误码率分别为 9.4×10^{-3} 和 1.05×10^{-2}，也都在软判决 FEC 阈值之下。

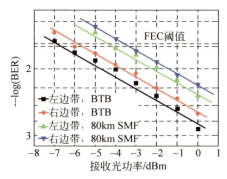

图 16-11　传输 80km 光纤前后误码率性能随接收光功率变化的曲线图

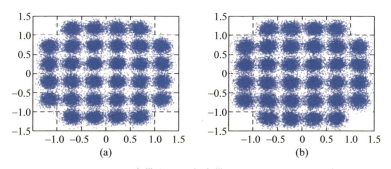

图 16-12　(a) 左边带和(b) 右边带 30Gbaud 32QAM 星座图

波分复用技术是接入网中提升系统传输容量的一项关键技术。本方案中的基于 IQ 调制器的独立边带调制可以实现在单波长周围产生两个边带，只利用一套发射机，从而节省发射机的开销。再结合波分复用技术，可以很自然地拓展系统的传输容量。测试基于该方案的 4×240Gbit/s 波分复用系统，其中系统原理如图 16-13 所示。

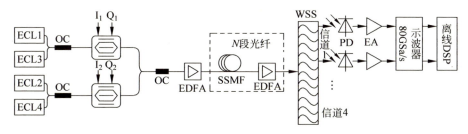

图 16-13　基于独立边带调制直接检测的波分复用系统原理图

对于信道 1 和信道 3 而言,两束分别产生于外腔激光器 ECL1 和 ECL3 的连续波长光束,首先经由一个 3dB 光耦合器组合在一起,然后经由一个 IQ 调制器为包含两个 30Gbaud 的 16QAM DFT-S OFDM 的边带的信号所调制。ECL1 的工作波长为 1547.71nm,ECL3 的工作波长为 1549.31nm,ECL1 和 ECL3 之间的频率间隔为 200GHz。对于信道 2 和信道 4 而言,也是同样的过程。其中 ECL2 的工作波长为 1548.51nm,ECL4 的工作波长为 1550.11nm,ECL2 和 ECL4 之间的频率间隔为 200GHz。四路信道经过 3dB 光耦合器组合之后的光谱如图 16-14 所示。其中四个光波中相邻信道之间的频率间隔为 100GHz。左右边带带宽之和约为 70GHz,小于相邻信道间隔 100GHz,因此相邻信道之间的串扰基本可以忽略。但是多路信道共同传输会导致光 OSNR 的降低,这会影响系统的性能。在实验测试中,四路信道同时传输单路信道的最大 OSNR 为 38dB,光背靠背情况下测试的信道 1 的左右边带误码率分别为 7.0×10^{-3} 和 1.13×10^{-2}。

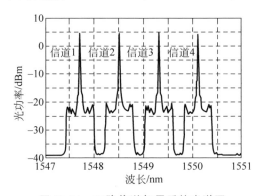

图 16-14　四路信道复用后的光谱图

16.4　基于自适应盲均衡的镜像消除算法

16.4.1　基于自适应盲均衡的镜像消除算法原理

16.3 节详细阐述了基于训练序列的镜像消除算法,算法作用在同步之后,信号下变频到基带之前,主要针对 SC-FDE 及这种调制格式的变形(如 PAM SC-FDE 和奈奎斯特 PAM SC-FDE)[5],OFDM 及其变形的调制格式(如 DFT-S OFDM、DMT 和 OFDM/OQAM)等本身基于训练序列均衡的通信系统。对于单载波(如 CAP、QAM 和 PAM)和基于自适应盲均衡(如 CMA 和 CMMA)等通信系统,虽然也可以采用训练序列均衡的方式,但是会增加系统的开销,并不切实可行。本节提出了与目前自适应盲均衡无缝接轨的镜像消除算法。这种算法作用在信号下变频到基带信号之后,并不需训练序列。

其系统框图如图 16-15 所示,IQ 调制器调制的两个独立光边带信号经过光纤传输,在接收端分别用可调中心载波和带宽的滤波器分离之后,再经过两个强度检测器进行光电转换。假设经过示波器采集后的左边带和右边带的电信号分别为 r_l 和 r_r,这两路信号分别重采样,下变频到基带之后可表示为 C_l 和 C_r。左边带下变频到基带的信号 C_l 由两部分组成,一部分是初始左边带的基带信号 c_l,另一部分是初始右边带信号 c_r 在左边的镜像信号 c'_r,其中,$c'_r=(c_r)^*$,$(\cdot)^*$ 表示共轭。同理,右边带下变频到基带的信号 C_r 也由两部分组成,一部分是初始右边带的基带信号 c_r,另一部分是初始左边带信号 c_l 在左边的镜像信号 c'_l,其中 $c'_l=(c_l)^*$。

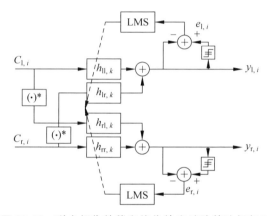

图 16-15 联合相位补偿和镜像效应消除算法框架图

本节提出了联合相位补偿和镜像效应消除算法,使用该算法可以同时消除镜像效应和补偿相位,可以极大地提升系统的性能。该算法的结构如图 16-15 所示。从图中可以看出,该算法是蝶形结构,算法中有四个复数自适应均衡的 FIR 滤波器,系数分别为 h_{ll}、h_{lr}、h_{rl} 和 h_{rr}。其中,h_{ll} 和 h_{rr} 是自身边带信号的线性相位损伤项,h_{lr} 和 h_{rl} 分别是来自左边带和右边带的镜像损伤项,$(\cdot)^*$ 表示共轭。具体的均衡过程是利用 CMA 或者 CMMA 对 FIR 滤波器的系数进行更新。

其中,示波器采集到下变频后的左边带和右边带的信号,同时也作为所提出的镜像和相位补偿的均衡器的输入,经过均衡器后的输出如下:

$$y_{l,i} = \sum_{k=-M}^{M} h_{ll,k} C_{l,i-k} + \sum_{k=-M}^{M} h_{lr,k} (C_{r,i-k})^* \quad (16\text{-}12)$$

$$y_{r,i} = \sum_{k=-M}^{M} h_{rl,k} (C_{l,i-k})^* + \sum_{k=-M}^{M} h_{rr,k} C_{r,i-k} \quad (16\text{-}13)$$

其中，$y_{l,i}$ 和 $y_{r,i}$ 分别表示均衡后左边带和右边带第 i 信号，M 表示均衡滤波器的阶数。利用 CMA 盲判决后，得到的误差值如下：

$$e_{l,i} = R - y_{l,i} \tag{16-14}$$

$$e_{r,i} = R - y_{r,i} \tag{16-15}$$

其中，R 是 QPSK 的半径。再利用最小均方算法来更新滤波器的系数，其中四个复数项系数更新如下：

$$h_{ll,i+1} = h_{ll,i} + \mu e_{l,i} C'_{l,i-k} \tag{16-16}$$

$$h_{lr,i+1} = h_{lr,i} + \mu e_{l,i} C_{r,i-k} \tag{16-17}$$

$$h_{rl,i+1} = h_{rl,i} + \mu e_{r,i} C_{l,i-k} \tag{16-18}$$

$$h_{rr,i+1} = h_{rr,i} + \mu e_{r,i} C'_{r,i-k} \tag{16-19}$$

μ 的值可以根据阶数和实际效果进行调整，通过这种方式，可以获得四个不同 FIR 的系数，从而实现线性相位噪声和镜像效应的消除。

16.4.2 实验系统和结果

16.4.1 节详细阐述了基于自适应盲均衡的镜像消除算法的原理，同时可以用来补偿相位噪声损伤，本节主要通过实验验证上述算法的可行性。实验中，通过一个集成的 IQ 调制器产生两个位于 10GHz 和 －10GHz 独立的 16Gbaud 四阶无载波幅相调制（4-ary carrierless amplitude phase modulation）信号，因此总速率为 64Gbit/s，两个边带之间的间隔为 4GHz。

图 16-16 给出了基于 IQ 调制器 O-ISB CAP 调制直接检测的实验装置图。与图 16-5 类似，实验装置完全一样，都包含一个外腔激光器、一个集成的 IQ 调制器、光纤、掺铒光纤放大器、两个可调光滤波器和两个探测器。探测后的电信号都送到

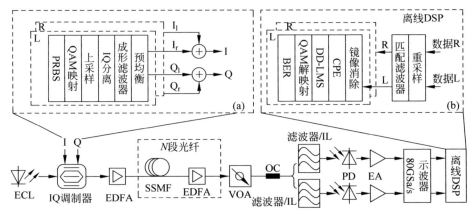

图 16-16 基于 IQ 调制器 O-ISB CAP 调制直接检测的实验装置和流程图

采样速率为 80GSa/s 的示波器中,随后进行后端数字信号处理。调制器的偏置与第 15 章一样,唯一不同的是发送端和接收端的数字信号处理算法及流程。发送端的电独立边带调制信号产生流程如图 16-16(a)所示,包括先将随机二进制数据映射成 QPSK 信号,再通过 4 倍上采样以达到数据带宽为 16Gbaud,之后将基带信号 I 路和 Q 路分离,分别经过构成希尔伯特变换对的滤波器滤波,滤波器的中心频率为 10GHz,滚降系数为 0.1。

通过这种方式,即可生成 CAP4 信号。两个边带的信号 I 路叠加之后作为 I 路信号,Q 路叠加之后作为 Q 路信号,再分别将这两路信道导入采样速率为 64GSa/s 的 DAC 中,两路电信号输出分别经过独立的线性放大器放大到功率约为 20dBm 后,驱动 IQ 调制器的 I 路和 Q 路。左边带位于 −10GHz 的 16Gbaud CAP4 信号的电谱,右边带位于 10GHz 的 16Gbaud CAP4 信号的电谱和包含两个独立边带的 16Gbaud CAP4 信号的电谱,如图 16-17 所示。

经过 IQ 调制器调制后的光信号含有两个独立的边带,再通过单模光纤传输至

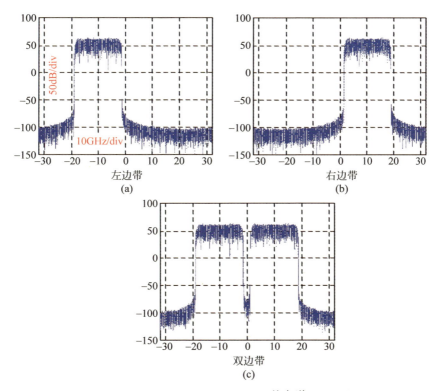

图 16-17 16Gbaud CAP4 的电谱
(a) 左边带;(b) 右边带;(c) 双边带

接收端。在接收端，使用两个中心载波和带宽可调的光滤波器对两个光边带分离，分离后分别使用带宽为 30GHz 的强度检测器进行光电转换。电信号直接送入一个有 80GSa/s 采样速率和 36GHz 电带宽的实时数字示波器（OSC）中。后续的数字信号处理流程如图 16-16(b) 所示，包括重采样、IF 下变频、镜像效应消除、相位噪声补偿、DD-LMS、QPSK 解码和 BER 计算。DD-LMS 可以用来对前一步联合的镜像效应消除和相位噪声补偿后的残留相位进行进一步补偿[1]。图 16-18 给出了经过不同算法处理后的星座图。图 16-18(a) 和 (b) 分别显示的是左边带和右边带没有经过镜像效应消除的星座图，图(c)和(d)分别给出的是经过镜像效应消除后的左边带和右边带信号的星座图，从图中可以看出，采用本节提出的算法后，系统的性能有极大的改善，可以实现无误码地对两个边带信号进行接收。

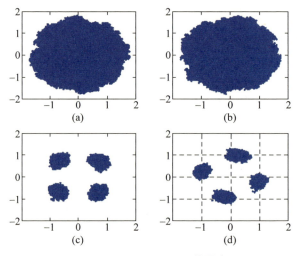

图 16-18　16Gbaud CAP4 的星座图

（a）左边带信号未经过镜像消除算法处理；(b) 右边带信号未经过镜像消除算法处理；(c) 左边带信号经过镜像消除算法处理；(d) 右边带信号经过镜像消除算法处理

16.5　小结

本章详细介绍了一种基于 IQ 调制器产生独立双边带信号，并在接收端分别架构直接检测的光接入系统，通过采用新型的镜像效应消除算法，可以成功实现基于两个独立边带的单载波 64Gbit/s CAP4 信号和多载波 300Gbit/s DFT-S OFDM 信号产生和检测。其中基于两个独立边带的 240Gbit/s 16QAM DFT-S OFDM 信号可以在单模光纤传输 160km，且不需要进行色散补偿，据我们所知，这是目前单偏振直接检测光通信系统中传输速率的最高记录,也是直接检测光通信系统中距离容量积的最高记录。

参考文献

[1] WANG Y,YU J,CHI N. Demonstration of 4 times 128Gbit/s DFT-S OFDM signal transmission over 320km SMF with IM/DD[J]. IEEE Photonics Journal,2016,8(2):1-9.

[2] LI F,LI X,ZHANG J,et al. Transmission of 100Gbit/s VSB DFT-S DMT signal in short-reach optical communication systems[J]. IEEE Photonics Journal,2015,7(5):1-7.

[3] OLMEDO M I,ZUO T,JENSEN J B,et al. Multiband carrierless amplitude phase modulation for high capacity optical data links[J]. Journal of Lightwave Technology,2014,32(4):798-804.

[4] RANDEL S,PILORI D,CHANDRASEKHAR S,et al. 100Gbit/s discrete-multitone transmission over 80km SSMF using single-sideband modulation with novel interference-cancellation scheme[C]. Optical Communication,2015.

[5] ZHONG K,ZHOU X,GUI T,et al. Experimental study of PAM4,CAP16 and DMT for 100Gbit/s short reach optical transmission systems[J]. Optics Express,2015,23(2):1176-1189.

[6] YU J,HUANG M F,QIAN D,et al. Centralized lightwave WDM-PON employing 16 QAM intensity modulated OFDM downstream and OOK modulated upstream signals[J]. IEEE Photonics Technology Letters,2008,20(18):1545-1547.

[7] CHAGNON M,OSMAN M,POULIN M,et al. Experimental study of 112Gbit/s short reach transmission employing PAM formats and SiP intensity modulator at 1.3μm[J]. Optics Express,2014,22(17):21018-21036.

[8] TANAKA T,NISHIHARA M,TAKAHARA T,et al. Experimental demonstration of 448Gbit/s + DMT transmission over 30km SMF[C]. Optical Fiber Communication Conference,2014.

[9] HU Q,CHE D,WANG Y,et al. Advanced modulation formats for high-performance short-reach optical interconnects[J]. Optics Express,2015,23(3):3245-3259.

[10] OKABE R,LIU B,NISHIHARA M,et al. Unrepeated 100km SMF transmission of 110.3Gbit/s/λ DMT signal[C]. Optical Communication,2015:1-3.

[11] ZHANG L,ZUO T,ZHANG Q,et al. Transmission of 112Gbit/s + DMT over 80km SMF enabled by twin-SSB technique at 1550nm[C]. Optical Communication,2015.

[12] WANG Y,WANG Y,CHI N,et al. Demonstration of 575Mbit/s downlink and 225Mbit/s uplink bi-directional SCM-WDM visible light communication using RGB LED and phosphor-based LED[J]. Optics Express,2013,21(1):1203-1208.

[13] YAN W,TANAKA T,LIU B,et al. 100 Gbit/s optical IM-DD transmission with 10G-class devices enabled by 65GSa/s CMOS DAC core[C]. Optical Fiber Communication Conference and Exposition and the National Fiber Optic Engineers Conference,2013.

[14] YING K,YU Z,BAXLEY R J,et al. Nonlinear distortion mitigation in visible light communications[J]. IEEE Wireless Communications,2015,22(2):36-45.

第 17 章

前向纠错码

17.1 引言

光载无线通信(radio over fiber,RoF)技术将光纤的高速率、高容量、高带宽和低成本性能与无线通信的移动灵活性结合在一起。在 RoF 系统中,传输的毫米波信号不仅受到光纤链路中的色度色散、偏振模色散和光纤非线性效应的损伤,还受到无线链路中多径衰落的影响。而 OFDM 技术不论是在无线通信系统中还是在光链路系统中都具有良好的性能,OFDM 技术在无线通信系统中具有高频谱效率、易实现、良好的抗多径衰落效应和干扰能力等优点,OFDM 技术在光纤传输系统中能有效对抗符号间干扰,频谱效率高,对抗光纤色散(CD)和偏振模色散影响,且系统复杂度和成本较低。但随着光网络传输速率和传输距离的不断增加,对光信噪比、色度色散、偏振模色散以及光纤非线性的要求越来越严格,OFDM 技术很难解决以上因素带来的影响。

因此需要采取一系列措施,减轻上述因素对高速光纤通信的影响。其中,在光纤通信信号中引入前向纠错技术是非常有效的方法之一。前向纠错技术通过在信号中加入少量的冗余信息来发现并纠正光传输过程中由色散和非线性等原因引起的误码,降低光链路中色散和非线性等因素对传输系统性能的影响,通过牺牲信号的传输速率来降低接收端的 OSNR 容限,从而获得编码增益、降低误码率和提高通信系统的可靠性。而 FEC 技术与 OFDM 技术结合应用在光纤通信系统中,更能提高光纤通信系统的传输性能[1-7]。FEC 技术中,通过对信息序列添加相关的特殊标识,使原来在信源端彼此互相独立的信息码元产生某种特定的相关性,在接收端解码这种特定相关性,就具备了一定的自动检错或者纠错的能力。在信道编码中,码字的选择一般都是针对特定信道情况,在信道条件比较复杂的情况下,一般码字很难满足系统需求。

从构造的方法上讲,纠错码可以分为分组码和卷积[8]。信道编码时,在长度为 k 的信息序列后面,按照一定的规则增加长度为 $n\sim k$ 位的校验码元所组成的 n 位序列称为码字。如果校验码元的产生只与本组的 k 个信息位有关,而与其他组的信息位无关,这种码称为分组码,用 (n,k) 表示分组码集合。如果本组校验码元的产生不仅与本组的信息位有关,还与此时刻之前输入编码器的信息位有关,译码时同样也要利用前面码组的有关信息,这种码称为卷积码,常用 (n,k,m) 表示卷积码的集合,m 为约束长度。

在前向纠错码中 Turbo 码和低密度校验(LDPC)码性能比较出色,近年来研究较多。与 Turbo 码相比,LDPC 码是一种线性分组码,其校验矩阵具有稀疏性,并且译码复杂度低,具有可以实现并行处理和译码延时短等优势。本章在介绍几种常用信道编码基本原理的基础上,将重点介绍 Turbo 码和 LDPC 码在 RoF 中的应用。

17.2 分组码

如果一个码字在传输过程中发生了错误,那么接收端就可以判断出误码。接收端一般按照最大似然算法进行译码,即选择距离最近的码元作为判断结果。一般来说,最小距离越大,码元的性能越好。对于一个普通的分组码,只要定义了信息和码字之间的映射关系,这个线性的编码方式就确定了。

对于线性分组码,信息位与校验位的映射关系可以通过一个矩阵来表示。线性分组码,就是把要编码的信息分成长度为 k 的信息码组,每组分别编码为长度为 n 的码字,一般情况下,$n>k$。其中,在一个长度为 k 的信息块中,共有 2^k 种组合,这些信息块所对应的码字称为许用码组。

本节主要介绍线性分组码的基本概念和基本原理。

17.2.1 线性分组码

一码长为 n 的分组码,其信息比特位数为 k,则称为 (n,k) 分组码,其监督码元位数为 $r=n-k$。一个分组码也称为一个码字,长度为 n 的码字有 $2n$ 种组合,从中选出 $2k$ 种组合作为许用码组。对于 (n,k) 分组码,其码率为 $R=k/n$。

1. 生成矩阵和奇偶校验矩阵

当 n 位分组码的码字与 k 位信息位成线性映射关系时,称为线性分组码。假设 k 位信息位为 $d_1,d_2,\cdots,d_k$,表示成 k 维向量:

$$d = (d_1, d_2, \cdots, d_k) \tag{17-1}$$

与之对应的码字使用 n 维向量表示：$c = (c_1, c_2, \cdots, c_k, c_{k+1}, \cdots, c_n)$。

在分组码中，n 维码字向量的前 k 位为信息位，即 $c_1 = d_1, c_2 = d_2, \cdots, c_k = d_k$。$r = n - k$ 位监督位由信息位线性产生：

$$\begin{cases} c_{k+1} = d_1 h_{11} + d_2 h_{21} + \cdots + d_k h_{k1} \\ c_{k+2} = d_1 h_{12} + d_2 h_{22} + \cdots + d_k h_{k2} \\ \vdots \\ c_n = d_1 h_{1n} + d_{2n} h_{2n} + \cdots + d_k h_{kn} \end{cases} \tag{17-2}$$

使用矩阵形式表示为

$$c = dG \tag{17-3}$$

其中，

$$G = \begin{bmatrix} g_{11} & \cdots & g_{1n} \\ \vdots & \ddots & \vdots \\ g_{k1} & \cdots & g_{kn} \end{bmatrix} \tag{17-4}$$

为 k 行 n 列生成矩阵。

由于线性分组码是一种系统码，生成码字 c 的前 k 个比特为信息比特，因此生成矩阵的前 k 列构成单位矩阵 I_k，后 $n-k$ 列为系数 g_{ik} 构成的加权矩阵，将其记为 P，则生成矩阵可以表示为

$$G = [I_k P] \tag{17-5}$$

$$P = \begin{bmatrix} h_{11} & \cdots & h_{r1} \\ \vdots & \ddots & \vdots \\ h_{1k} & \cdots & h_{rk} \end{bmatrix} \tag{17-6}$$

接收端使用奇偶校验算法对接收到的码字进行检错和纠错。由于发送码字的产生是基于生成矩阵的，即

$$c = dG = d[I_k P] = [dc_P] \tag{17-7}$$

c_P 为 $r = n - k$ 比特的奇偶校验位，如果接收端接收的码字正确，则有

$$c_P \oplus dP = 0 \tag{17-8}$$

即

$$[dc_P] \begin{bmatrix} P \\ I_{n-k} \end{bmatrix} = 0 \tag{17-9}$$

其中，$\oplus$ 表示模 2 加，I_{n-k} 表示 $(n-k)$ 阶单位矩阵。上式可以记为

$$cH^T = 0 \tag{17-10}$$

其中，

$$H^{\mathrm{T}} = \begin{bmatrix} P \\ I_{n-k} \end{bmatrix} \qquad (17\text{-}11)$$

$H = [P^{\mathrm{T}} \ I_{n-k}]$ 定义为监督矩阵，对于正确的码字 c，均有

$$cH^{\mathrm{T}} = 0 \qquad (17\text{-}12)$$

当码字在传输中发生差错时，接收端接收到的码字为

$$r = c \oplus e \qquad (17\text{-}13)$$

其中，e 表示差错向量，也称为差错图样，发生差错的比特位上为 1，其余位上为 0。使用监督矩阵进行校验，有

$$rH^{\mathrm{T}} = (c \oplus e)H^{\mathrm{T}} = eH^{\mathrm{T}} = S \qquad (17\text{-}14)$$

S 为 r 维向量，称为校验子。当 S 为非零向量时，表示有一位或多位码字发生差错，但 S 为零向量并不能表示没有差错，因为校验子无法检测出所有的错误图样。

假设传输码字的第 i 位发生了错误，则有

$$S = eH^{\mathrm{T}} = [h_{i1} h_{i2} \cdots h_{ik}]^{\mathrm{T}} \qquad (17\text{-}15)$$

此时校验子即 P 矩阵的第 i 列。

2. 线性分组码的最小码距

在一组码字中，两个码字对应位上数字不同的位数称为码距，又称为汉明距离（Hamming distance），衡量码字之间的差异程度，码组中各码字之间距离的最小值称为最小码距，又称最小汉明距离。

一种编码中最小码距 d_0 直接关系到编码的检错和纠错性能。为了能够检出 e 个错码，要求最小码距满足 $d_0 \geq e+1$。而为了纠正 t 个错码，最小码距需要满足 $d_0 \geq 2t+1$。

17.2.2 循环码

普朗格（Prange）在 1957 年发现循环码。循环码是线性码中应用最广泛的一类，它的码结构可以用代数方法来构造和分析，具有封闭性，任何许用码组的线性和还是许用码组，且最小码重就是最小码距。同时，由于其循环特质，使其可以通过简单的反馈移位寄存器实现编码和伴随计算。

1. 循环码定义

对于 (n, k) 线性码组的任意码矢 $C = (C_{n-1}, C_{n-2}, \cdots, C_1, C_0)$，不论是左移还是右移，也不论移多少位，其所得的矢量 $(C_{n-2}, C_{n-3}, \cdots, C_0, C_{n-1})$，$(C_{n-3}, C_{n-4}, \cdots, C_{n-1}, C_{n-2})$，$\cdots$ 仍然是一个码矢，则称 (n, k) 线性码组为循环码。

2. 循环码多项式

为了计算和表示的方便，通常将码矢的各分量作为多项式的系数，将码矢表示

为多项式,码矢 C_1 左移一位得到码矢 C_2,其表达式如下:

$$\begin{cases} C_1(x) = C_{n-1}x^{n-1} + C_{n-2}x^{n-2} + \cdots + C_1 x + C_0 \\ C_2(x) = C_{n-2}x^{n-1} + C_{n-3}x^{n-2} + \cdots + C_1 x^2 + C_0 x + C_{n-1} \end{cases} \quad (17\text{-}16)$$

对于 $C_1(x)$,两边乘以 x,再除以 $(x^n + 1)$,得

$$xC_1(x) = C_{n-2}x^{n-1} + C_{n-3}x^{n-2} + \cdots + C_1 x^2 + C_0 x + C_{n-1} + C_{n-1}(x^n - 1) \quad (17\text{-}17)$$

即

$$xC_1(x) = C_2(x) + C_{n-1}(x^n + 1) \quad (17\text{-}18)$$

可写成

$$C_2(x) = xC_1(x) \quad \mod(x^n + 1) \quad (17\text{-}19)$$

可以总结为循环一次的码多项式是原码多项式乘以 x 后再除以 (x^n+1) 的余式,那么循环码的码矢 i 次循环移位等效于将码多项式乘以 x^i 后再取模 (x^n+1) 的余式。

3. 生成矩阵和生成多项式

在 (n,k) 循环码 2^k 个码多项式中,取前 $k-1$ 位皆为 0 的码多项式 $g(x)$,然后经过 $k-1$ 次循环移位,得到 k 个码字:$g(x), xg(x), \cdots, x^{k-1}g(x)$。

因此这独立的 k 个码字就可以构成循环码的生成矩阵:

$$G(x) = \begin{bmatrix} x^{k-1}g(x) \\ x^{k-2}g(x) \\ \vdots \\ xg(x) \\ g(x) \end{bmatrix} \quad (17\text{-}20)$$

(n,k) 循环码由 (n,k) 次码多项式 $g(x)$ 确定,而 $g(x)$ 生成了 (n,k) 循环码,因此 $g(x)$ 称为码的生成多项式。

生成多项式:在 (n,k) 循环码的 2^k 个码字中,取一个前 $k-1$ 位皆为零的码字,此多项式应用一个次数最低,且为 $n-k=r$ 的多项式 $g(x)$,其他码字所对应的码多项式都是 $g(x)$ 的倍式,则 $g(x)$ 称为该码字对应的生成多项式。可见,生成多项式 $g(x)$ 具有如下特点:

$$g(x) = x^r + g_{r-1}x^{r-1} + \cdots + g_2 x^2 + g_1 x + g_0, \quad g_0 \neq 0, r = n - k$$

如果 $g(x)$ 为 (n,k) 循环码的最低次多项式,即生成多项式时,$xg(x)$,$x^2 g(x), \cdots, x^{k-1}g(x)$ 都是码字,这 k 个码字是独立的,故可作为码的一组生成基底,使得每个码多项式都是这一组基底的线性组合。因此,找到合适的 $g(x)$ 是构造循环码的关键。

4. 校验多项式和校验矩阵

生成多项式 $g(x)$ 必是 x^n+1 的因式，所以

$$x^n + 1 = g(x)h(x) \tag{17-21}$$

$h(x)$ 称为校验多项式，是一个 k 次多项式。假设校验多项式为

$$h(x) = h_k x^k + h_{k-1} x^{k-1} + \cdots + h_1 x + h_0 \tag{17-22}$$

那么该循环码的校验矩阵的第一行为校验多项式的反多项式 $h^*(x)$ 的系数加上 $n-k-1$ 个零组成，第二行为第一行向右平移 1 位，接下来的依此类推。所得矩阵为 $r \times n$ 阶。其中，$h^*(x) = h_k x^k + h_{k-1} x^{k-1} + \cdots + h_1 x + h_0$。

对长为 k 位的任意消息组 $M = (m_{k-1}, \cdots, m_1, m_0)$，其对应的消息多项式为

$$M(x) = m_{k-1} x^{k-1} + \cdots + m_1 x + m_0$$

可乘以 $g(x)$ 构成 $n-1$ 次的码多项式：

$$C(x) = M(x)g(x) = (m_{k-1} x^{k-1} + \cdots + m_1 x + m_0)g(x) \tag{17-23}$$

如要编成前 k 位是信息元，后 $r = n-k$ 位是监督元的 n 位系统码，可以先用 x^{n-k} 乘以消息多项式 $M(x)$，再用 $g(x)$ 去除，即

$$\frac{x^{n-k} M(x)}{g(x)} = q(x) + \frac{r(x)}{g(x)} \tag{17-24}$$

在检错时：

当接收码组没有错码时，接收码组 $R(x)$ 必定能被 $g(x)$ 整除，即

$$R(x)/g(x) = Q(x) + r(x)/g(x) \tag{17-25}$$

其中，余项 $r(x)$ 应为零；否则，有误码。

当接收码组中的错码数量过多，超出了编码的检错能力时，有错码的接收码组也可能被 $g(x)$ 整除。这时，错码就不能检出了。

在纠错时：

用生成多项式 $g(x)$ 除接收码组 $R(x)$，得出余式 $r(x)$；

按照余式 $r(x)$，用查表或计算的方法得出错误图样 $E(x)$；

从 $R(x)$ 中减去 $E(x)$，便得到已经纠正错码的原发送码组 $T(x)$。

17.2.3　BCH 编码

BCH（Bose-Chaudhuri-Hochquenghem）码是从 1959 年开始发展起来的一种能够纠正多位错误的循环码，它也是迄今为止所发现的一类最好的线性循环纠错码。它的纠错能力强，特别是在短码和中码的情形下，其性能接近香农（Shannon）理论值。它是由玻色（Bose）、乔杜里（Chaudhuri）以及霍克昆海姆（Hochquenghem）于 1960 年左右发现的。

由于其具有严格的代数结构，可以用生成多项式 $g(x)$ 的根描述，码的生成多

项式 $g(x)$ 与码的最小间距有关,很容易根据纠错能力要求来直接确定码的结构,因此构造方便、编码简单,是一类应用广泛的差错控制码。

它把信源待发的信息序列按固定的 K 位一组划分成消息组,再将每一消息组独立变换为长为 $n(n>K)$ 的二进制数字组,称为码字。如果消息组的数目为 M(显然 $M \geqslant 2$),由此所获得的 M 个码字的全体便称码长为 n、信息数目为 M 的分组码。把消息组变换成码字的过程称为编码,其逆过程称为译码。

对于任何正整数 m 和 $t(m \geqslant 3, t<2m-1)$,存在能纠正 t 个以内错误的 BCH 码,其参数如下。

码长:$n=2^m-1$;

监督元位数:$n-k=mt$;

最小码距:$d \geqslant 2t+1$。

其生成的多项式 $g(x)$ 为 $GF(2^m)$ 上最小多项式 $m_1(x), m_2(x), \cdots, m_{2t}(x)$ 的最小公倍式,即

$$g(x) = \text{LCM}[m_1(x), m_2(x), \cdots, m_{2t}(x)] \quad (17\text{-}26)$$

由于 $d=2t+1$,式(17-26)又可以表示为

$$g(x) = \text{LCM}[m_1(x), m_2(x), \cdots, m_d(x)] \quad (17\text{-}27)$$

其中,d 为纠错个数,$m_d(x)$ 为最小多项式,LCM 代表最小公倍式。

BCH 码是能够纠正多个随机错码的循环码。BCH 码可分为两类:如果 $g(x)$ 的 $d-1$ 个连续根中含有本原元,则称 $g(x)$ 生成的 BCH 码为本原 BCH 码;如果 $g(x)$ 的 $d-1$ 个连续根均为非本原元,则 $g(x)$ 生成的 BCH 码称为非本原 BCH 码。

非本原 BCH 码:码长 n 是 $(2m-1)$ 的一个因子,它的生成多项式 $g(x)$ 中不含有最高次数为 m 的本原多项式。

本原 BCH 码的构造步骤如下:

(1) 根据码长 $n=2m-1$ 确定 m,查表找出 m 次本原多项式 $p(x)$,构造扩域 $GF(2^m)$;

(2) 取本原元 ∂,根据设计纠错能力 t 确定 $g(x)$ 的根:$\partial, \partial^2, \partial^3, \cdots, \partial^{2t}$,查表找出根的最小多项式$[M_1(x), M_3(x), \cdots, M_{2t-1}(x)]$;

(3) 计算上述最小多项式的最小公倍式,得到生成多项式 $g(x)$。

非本原 BCH 码的构造步骤如下:

(1) 确定满足 $n=2m-1$ 的 m 的最小值,查表找出 m 次本原多项式 $p(x)$,构造扩域 $GF(2^m)$;

(2) 在 $GF(2^m)$ 中找一个 n 阶元 $\beta = \alpha^l$,其中 l 可取 $(2^m-1)/n$,根据设计纠错能力 t 确定 $g(x)$ 的根:$\partial^l, \partial^{2l}, \cdots, \partial^{2tl}$,查表找出根的最小多项式$[M_l(x), M_{3l}(x), \cdots, M_{(2t-1)l}(x)]$;

(3) 计算上述最小多项式的最小公倍式,得到生成多项式 $g(x)$。

设 $g(x)$ 是 (n,k,d) BCH 码的生成多项式,并且 $g(x)$ 以 $\beta^1, \beta^2, \cdots, \beta^{2t}$ 为连续根,$C(x) = c_{n-1}x^{n-1} + c_{n-2}x^{n-2} + \cdots + c_1 x + c_0$ 为该码的码多项式,则有 $C(x) = m(x)g(x)$。

因此,$\beta^1, \beta^2, \cdots, \beta^{2t}$ 也是 $C(x)$ 的根。

由 $HC^{\mathrm{T}} = 0$ 可得

$$H = \begin{bmatrix} \beta^{n-1} & \beta^{n-2} & \cdots & \beta & 1 \\ \beta^{2(n-1)} & \beta^{2(n-2)} & \cdots & \beta^2 & 1 \\ \vdots & \vdots & \vdots & \vdots & \vdots \\ \beta^{2t(n-1)} & \beta^{2t(n-2)} & \cdots & \beta^{2t} & 1 \end{bmatrix} \quad (17\text{-}28)$$

H 称为用生成多项式的根表示的校验矩阵。

由于 β^i 和 β^{2i} 属于一个共轭根系,因此校验矩阵 H 可简化为

$$H = \begin{bmatrix} \beta^{n-1} & \beta^{n-2} & \cdots & \beta & 1 \\ \beta^{3(n-1)} & \beta^{3(n-2)} & \cdots & \beta^3 & 1 \\ \vdots & \vdots & \vdots & \vdots & \vdots \\ \beta^{(2t-1)(n-1)} & \beta^{(2t-1)(n-2)} & \cdots & \beta^{2t-1} & 1 \end{bmatrix} \quad (17\text{-}29)$$

BCH 码的校验矩阵 H 中的元素为扩域 $GF(2^m)$ 上的元素,每个元素都可以表示成一个 m 重的列向量。该矩阵中只有 $n-k$ 行是线性无关的,这 $n-k$ 个线性无关的行向量即可构成 BCH 码的二进制表示的校验矩阵。

由于 BCH 码是循环码的一个子类,因此 BCH 码的编码可采用与循环码同样的方法。

实际应用中通常采用系统码形式。其编码方程为

$$C(x) = x^{n-k}m(x) + [x^{n-k}m(x)]_{\text{Mod}\,g(x)} \quad (17\text{-}30)$$

实际应用的 BCH 码通常为高码率码,实验中采用 $n-k$ 级编码电路,如图 17-1 所示。

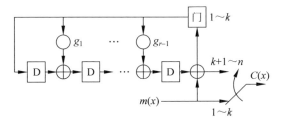

图 17-1 $n-k$ 级编码电路

BCH 码的译码方法可以分为时域译码和频域译码两类。频域译码是把每个码组看成一个数字信号,把接收到的信号进行离散傅里叶变换,然后利用数字信号

处理技术在"频域"内译码,最后进行傅里叶反变换得到译码后的码组。时域译码则是在时域直接利用用码的代数结构进行译码。BCH 的时域译码方法有很多,而且纠多个错误的 BCH 码译码算法十分复杂。常见的时域 BCH 译码方法有彼得松(Peterson)译码、迭代译码等。

1960 年,彼得松提出了二元 BCH 码译码;不久,戈伦斯坦(Gorenstien)和齐尔勒(Zierler)将其推广到多进制情况;1968 年,伯利坎普(Berlekamp)首次提出了迭代译码算法;1975 年,提出了欧几里得法译码等。

彼得松译码步骤可总结如下:
1) 根据 $R(x)$ 计算伴随式 $S(s_1,s_2,\cdots,s_{2t})$。
2) $S \rightarrow E(x)$。
(1) 错误位置多项式:
$$\sigma(x)=(1-x^1 x)(1-x^2 x)\cdots(1-x^e x)=1+\sigma^1 x+\sigma^2 x^2+\cdots+\sigma^e x^e$$
(2) 求解错误位置多项式的根 x_i, $i=1,2,\cdots,e$, 由 x^{i-1} 得到错误位置 $E(x)$。
3) $\widetilde{C}(x)=R(x)+E(x)$。

将求解错误位置转化为求解线性方程组的问题,但当设计纠错能力 t 较大时,要不断地对系数矩阵进行降阶处理,直到求得一个满秩的方阵为止,因此是非常复杂的运算,实际中较少应用,只在理论上解决了 $\sigma(x)$ 的求解问题。

伯利坎普于 1968 年提出了求解错误位置多项式的迭代算法,从根本上降低了 BCH 码译码算法的复杂度,得到了广泛的应用。

17.2.4　RS 码

RS 码是 Reed-Solomon 码的简称,是一类非二进制码。源于 1960 年麻省理工学院林肯(MIT Lincoln)实验室瑞德(Reed)和所罗(Solomon)的一篇论文[9]。它是一种最佳的线性分组码,同时,RS 码编译码简单,具有严谨的代数结构,适用于中等码长和短码,性能接近于理论值。

在 (n,k) RS 码中,每组包括 k 个符号,每个符号由 m 个比特组成。$GF(q)$ 上,码长 $n=q-1$ 的本原 BCH 码称为 RS 码。一个可以纠 t 个符号错误的 RS 码有如下参数。

码长: $n=2^m-1$ 符号, 或 $m(2^m-1)$ 比特;
信息段: k 符号, mk 比特;
监督段: $n-k=2t$ 符号, $m(n-k)$ 比特;
最小码距: $d=2t+1$ 符号, $m(2t+1)$ 比特。

RS 码非常适合于纠正突发错误。对于一个长度为 2^m-1 符号的 RS 码,每个符号都可以看成是有限域 $GF(2^m)$ 中的一个元素。而最小码距为 d 符号的 RS 码的生成多项式具有如下形式：
$$g(D) = (D+\alpha)(D+\alpha^2)\cdots(D+\alpha^{d-1}) \quad (17\text{-}31)$$

目前，针对 RS 编码器，主要有基于乘法形式的编码器、基于除法形式的编码器，以及基于校验多项式形式的编码器。

在基于乘法形式的编码器中，码字的表达式为
$$c(x) = m(x)g(x) \quad (17\text{-}32)$$

基于除法形式的编码器中，码字的表达式为
$$\frac{x^{n-k}}{g(x)} = b(x) + \frac{r(x)}{g(x)}$$
$$c(x) = x^{n-k}a(x) + r(x) \quad (17\text{-}33)$$

基于校验多项式 $h(x) = (2^n+1)/g(x)$ 的编码器，码字的表达式为
$$c_{n-k-1} = -\sum_{j=0}^{k-1} c_{n-i-j}h_j, \quad i = 1,2,3,\cdots,n-k$$

RS 码的译码算法中，由于 RS 是循环码的一个子类，所以任何对循环码的标准译码算法都适用于 RS 码。目前针对 RS 码的译码算法主要有 PGZ 算法、BM 算法和 Forney 算法。

PGZ 算法是解决 BCH 译码问题的通用算法，该方法易于理解且实现简单。其错误纠正过程分三步：①计算校正子(syndrome)；②计算错误位置；③计算错误值。

因为 RS 码是一个非二元的 BCH 码，所以只有求出多项式系数的具体值，才能完成错误多项式的构造实现纠错。该译码算法在求 $\varepsilon(x)$ 和 f_p 的时候，计算量很大，其计算量与系数矩阵阶数的三次方成正比，两种简化算法——BM 算法和 Forney 算法被提了出来。鉴于此，PGZ 算法主要适用于短码。

BM 译码算法的原理如下：根据第一个等式 $S_1 + \varepsilon_1 = 0$ 计算出 $\varepsilon^{(1)}$，将 $\varepsilon^{(1)}$ 代入第二个等式进行验证，若等式满足，则取 $\varepsilon^{(2)} = \varepsilon^{(1)}$，若不满足，则需要对 $\varepsilon^{(2)}$ 进行修正，随后将 $\varepsilon^{(2)}$ 代入第三个等式进行验证，直到得到 $\varepsilon^{(2t)}$，即错误位置的多项式。

1969 年，梅西(Massey)将迭代译码算法与序列的最短线性移位寄存器之间的关系进行了简化，此后这种算法称为 BM 迭代译码算法。较一般的译码算法，迭代译码算法具有计算简单、计算量不会增加等优点。

17.2.5 奇偶校验码

奇偶校验是一种简单有效的校验方法。这种方法通过在编码中增加一位校验位来使编码中 1 的个数为奇数(奇校验)或者偶数(偶校验)，从而使码距变为 2。采用奇校验(或偶校验)后，可以检测代码中奇数位出错的编码，但不能发现偶数位出错的情况，即当合法编码中奇数位发生了错误(编码中的 1 变为 0，或 0 变为 1)，则

该编码中1的个数的奇偶性就发生了变化,从而可以发现错误。采用何种校验是事先规定好的。奇偶校验能够检测出信息传输过程中的部分误码(1位误码能检出,2位及2位以上误码不能检出)。同时,它不能纠错。在发现错误后,只能要求重发。但由于其实现简单,仍得到了广泛使用。

一个二进制数位串 $C_7C_6C_5C_4C_3C_2C_1$,若将各位进行模2加运算,其和为1,则此二进制数位串是奇性串;若将各位进行模2加运算,其和为0,则此二进制数位串是偶性串。此时的奇偶性表示这个二进制位串自身固有的性质:奇性,说明此二进制数位串共有奇数个1,例如,1101101有5个1,呈奇性;偶性,说明此二进制数位串共有偶数个1或者没有1,例如,1101100有4个1,0000000没有1,呈偶性。

如何具体实现奇偶校验呢?最常用的方法是使用差错控制编码。数据信息位在向信道发送之前,先按某种关系附加上一定的冗余位,构成一个码字后再发送,这个过程称为差错控制编码过程。接收端收到该码字后,检查信息位和附加的冗余位之间的关系,以检查传输过程中是否有差错发生,这个过程称为检查过程。根据这个原理,发送方采取给二进制位串 $C_7C_6C_5C_4C_3C_2C_1$ 加一位冗余位 C_0 以供校验。

C_0 的产生方法有两种:第一种方法为 $C_0=C_7\oplus C_6\oplus C_5\oplus C_4\oplus C_3\oplus C_2\oplus C_1$;第二种方法为 $C_0=C_7\oplus C_6\oplus C_5\oplus C_4\oplus C_3\oplus C_2\oplus C_1+1$。$\oplus$ 是模2加符号。用第一种方法产生的 C_0 称为偶校验码,用第二种方法产生的 C_0 称为奇校验码。通过 C_0 的产生过程,可以发现 C_0 与二进制数位串 $C_7C_6C_5C_4C_3C_2C_1$ 的关系。

在第一种方法下,当二进制数位串 $C_7C_6C_5C_4C_3C_2C_1$ 呈奇性时,C_0 亦呈奇性,即 C_0 取1值,这时把 C_0 编入二进制数位串 $C_7C_6C_5C_4C_3C_2C_1$ 后的新二进制数位串为 $C_7C_6C_5C_4C_3C_2C_1C_0$,按各位模2加就是 $C_7\oplus C_6\oplus C_5\oplus C_4\oplus C_3\oplus C_2\oplus C_1\oplus C_0=0$;当二进制数位串 $C_7C_6C_5C_4C_3C_2C_1$ 呈偶性时,C_0 亦呈偶性,即 C_0 取0值,这时把 C_0 编入二进制数位串 $C_7C_6C_5C_4C_3C_2C_1$ 后的新二进制数位串为 $C_7C_6C_5C_4C_3C_2C_1C_0$,按各位模2加就是 $C_7\oplus C_6\oplus C_5\oplus C_4\oplus C_3\oplus C_2\oplus C_1\oplus C_0=0$。

在第二种方法下,当二进制位数串 $C_7C_6C_5C_4C_3C_2C_1$ 呈奇性时,C_0 反呈偶性,即 C_0 取值为0,这时把 C_0 编入二进制位数串 $C_7C_6C_5C_4C_3C_2C_1$ 后的新二进制数位串为 $C_7C_6C_5C_4C_3C_2C_1C_0$,按各位模2加就是 $C_7\oplus C_6\oplus C_5\oplus C_4\oplus C_3\oplus C_2\oplus C_1\oplus C_0=1$;当二进制数位串 $C_7C_6C_5C_4C_3C_2C_1$ 呈偶性时,C_0 反呈奇性,即 C_0 取值为1,这时把 C_0 编入二进制数位串 $C_7C_6C_5C_4C_3C_2C_1$ 后的新二进制位串为 $C_7C_6C_5C_4C_3C_2C_1C_0$,按各位模2加就是 $C_7\oplus C_6\oplus C_5\oplus C_4\oplus C_3\oplus C_2\oplus C_1\oplus C_0=1$。接收端收到二进制位串 $C_7C_6C_5C_4C_3C_2C_1C_0$ 后,检查信息位和附加的冗余位之间的关系,判断传输过程中是否有差错发生。

按第一种方法检查信息位 $C_7C_6C_5C_4C_3C_2C_1$ 和附加的冗余位 C_0 之间的关

系，看 $C_7 \oplus C_6 \oplus C_5 \oplus C_4 \oplus C_3 \oplus C_2 \oplus C_1 \oplus C_0$ 是否等于 0，不等于 0 说明出了错，这种检测方法称为偶校验；按第二种方法检查信息位 $C_7 C_6 C_5 C_4 C_3 C_2 C_1$ 和附加的冗余位 C_0 之间的关系，看 $C_7 \oplus C_6 \oplus C_5 \oplus C_4 \oplus C_3 \oplus C_2 \oplus C_1 \oplus C_0$ 是否等于 1，不等于 1 说明出了错，这种检测方法称为奇校验。

除了上述提到的一维奇偶校验码外，也有一些研究学者提出多维奇偶校验码的想法。多维奇偶校验码在一维检错的基础上，还具有纠错功能。文献[10]提出了一种具有较强纠错能力的多维奇偶校验码。该码组是一种具有独到规则的纠错码。它具有复数旋转理论、分组码的清晰特点、卷积码的关联特点、奇偶码的简易特点，并采用大数逻辑译码和最大似然译码。文献[11]构造了一种多维奇偶校验乘积码，该码在性能和码率上均有优势，性能与分量码码长、码率、维数等相关。在各分量码码长相同时，维数的增加会提高性能，但随之也降低了码率；当码率、维数相同时，选择不同码长所达到的性能相近；当码率相同，维数不同时，选择较高维数的乘积码，可以在相同的信息传输有效性的情况下，达到较好的性能。当然，维数的增加，会提高实际应用中的译码复杂性。对于奇偶校验码本身，译码复杂性低，随着硬件水平的逐步提高，运算速度的加快，译码复杂性不再是制约。关于其他种类的多维奇偶校验码的性能和分析，这里不再赘述。

17.3 Turbo 码

1993 年，贝劳（Berrou）等提出了 Turbo 码[12-14]，这使得信道编码理论进入了一个新纪元。他们将卷积码和随机交织器结合起来，同时采用软输出迭代译码算法来逼近最大后验概率译码，取得了超乎寻常的优异性能。

17.3.1 Turbo 码的编码

Turbo 码编码器原理如图 17-2 所示，Turbo 码编码器由两个卷积码 RSC1 和 RSC2、一个交织器、一个删余单元和一个复用单元组成[15-16]。

输入信息序列 $s = \{s_1, s_2, \cdots, s_N\}$，其中一路直接输入卷积码 RSC1，经过编码

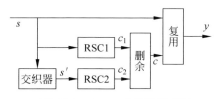

图 17-2　Turbo 码编码器原理

后生成校验序列 c_1，另一路经过交织后，输入卷积码 RSC2 生成校验序列 c_2。为了提高码率，删余器从两个检验序列中按照一定的格式删除一些校验位，从而得到更高的码率。删余后得到的序列与原始的信息序列复用成最终的发送序列 y。该方法对同一个编码器使用凿孔技术来获取不同的编码率。Turbo 码中采用了并行级联方式，不但可以得到更好的距离特性和重量谱特性，而且有利于全局译码。子编码器采用系统码形式，只需发送一个编码器的系统序列，这样就提高了码率。Turbo 码中交织器是对输入的信息序列进行随机置换位置后从前向后读出的。

  Turbo 码中交织器主要是将信号序列按某种方式重新进行排列得到一个新的序列，从而降低两个 RSC 编码器输入信息的相关性，编码过程互相独立。交织编码使码随机化和均匀化，对码重量分布起整形作用，交织编码的性能对 Turbo 码的性能影响很大。在译码过程中，如果其中一个子译码器发生不可纠正的错误事件，经过交织后在另一个译码器被分散，这样能纠正差错。从码的重量分布角度来说，交织的作用是把小重量序列重新排列，增加码字的汉明距离，交织的逆过程是解交织。交织方式主要有规则交织、不规则交织和随机交织三种。规则交织使用行写入、列读出，使用这种交织方式的效果相对较差。随机交织把信号的位置随机分配，对系统的效果最好，但是由于随机交织要将整个交织信息的位置信息传送给接收端的译码器，这样就降低了编码效率。工程应用中一般采用不规则交织，这种方式是先对信号进行分块，然后对信号块使用固定交织方式，但块与块之间的交织器结构不一样，这样就提高了译码效率。如果要获取高的编码增益，交织器的结构要优化，而且交织长度要适当增大。

17.3.2 Turbo 码的迭代译码

  Turbo 码的迭代译码原理如图 17-3 所示。Turbo 码迭代译码器包括译码器 1(DEC1)和译码器 2(DEC2)、一个交织器和一个解交织器。译码器（DEC1、DEC2）与 Turbo 编码器的 RSC1 和 RSC2 相对应。Turbo 码迭代译码器首先把接收到的信号 r_k 进行信号分离，与发送端复合器和删余器功能相反，将接收到的信号分成 x_k、y_{1k} 和 y_{2k} 信号序列，这个功能根据删余规律对接收的校验序列进行内插，在被删除的数据位补上 0，以保证序列的完整性。DEC1 和 DEC2 采用软输入和软输出译码，每次迭代有三路信息：一路信息码 x_k、两路校验码 y_{1k} 和 y_{2k}，还有外信息，软输出不仅包括本次译码对接收码字的硬估计，还包含这些估计值的可信度[16-18]。

  Turbo 译码过程：将信息序列 x_k 以及 RSC1 生成的校验序列 y_{1k} 送入软输出 DEC1，DEC1 生成的外信息序列 $L_1(d_k)$ 经过交织后的信息序列 $L_1(d_n)$ 作为软输出 DEC2 的输入序列；信息序列 x_k 经过交织器后输出到 DEC2，DEC2 的输入还有 RSC2 生成的校验序列 y_{2k}；DEC2 的输出外信息 $L_2(d_n)$ 经过解交织器后得到

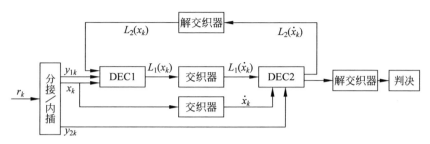

图 17-3　Turbo 码迭代译码原理

的信息序列 $L_2(d_k)$ 反馈输入到 DEC1；重复上述译码循环过程，直至译码输出结果的性能改善不明显或不改善，最后结果由 DEC2 输出后经解交织再判决输出信号。这种迭代译码中前后译码器除利用自己的信息比特和校验比特，还利用另外译码器提供的信息来进行处理，两个译码器联合处理从而提高整个译码结果的可信度。这种迭代译码过程复杂、译码时间长，在快速处理实时系统中受到一定限制。

Turbo 码译码算法有基于最大后验概率（MAP）算法和基于软输出维特比（SOVA）算法。在低 SNR 传输系统中，使用基于 MAP 算法比基于 SOVA 算法的系统性更佳，虽然在译码过程中要考虑所有路径，而且运算是乘法和指数运算，算法复杂度较高，但精度较好。

17.3.3　MAP 译码

MAP 译码过程如下。

先计算条件概率 $\lambda_k^i = \Pr\{x_k = i | r_1^N\}\ \forall k = 1, \cdots, N, \forall i = \{0, 1\}$，设接收序列为 $r_1^N = \{r_1, r_2, \cdots, r_N\}$。定义 N 长码块条件下第 k 位信息 x_k 的对数似然比（log likelihood ratio, LLR）[16-18]：

$$\Lambda(x_k) = \log\left(\frac{P(x_k = 1 | r_1^N)}{P(x_k = 0 | r_1^N)}\right) = \log\left(\frac{P(x_k = 1, r_1^N)/P(r_1^N)}{P(x_k = 0, r_1^N)/P(r_1^N)}\right)$$

$$= \log\left[\frac{\sum_{s'} P(s_{k-1} = s', x_k = 1, r_1^N)/P(r_1^N)}{\sum_{s'} P(s_{k-1} = s', x_k = 0, r_1^N)/P(r_1^N)}\right] \quad (17\text{-}34)$$

其中，$s_{k-1} = s'$ 表示 $k-1$ 时刻的状态为 s'，简化式（17-34）得到

$$\Lambda(x_k) = \log\left[\frac{\sum_{s'} P(s_{k-1} = s', r_1^N) P(x_k = 1, r_k, r_{k+1}^N/s_{k-1} = s', r_1^{k-1})/P(r_1^N)}{\sum_{s'} P(s_{k-1} = s', r_1^N) P(x_k = 0, r_k, r_{k+1}^N/s_{k-1} = s', r_1^{k-1})/P(r_1^N)}\right]$$

$$= \log \left[\frac{\sum_{s'} P(s_{k-1}=s', r_1^N) P(x_k=1, r_k, r_{k+1}^N / s_{k-1}=s') / P(r_1^N)}{\sum_{s'} P(s_{k-1}=s', r_1^N) P(x_k=0, r_k, r_{k+1}^N / s_{k-1}=s') / P(r_1^N)} \right] \quad (17\text{-}35)$$

由于 $P(x_1^N)$ 相同及

$$P(x_k=x, r_k, r_{k+1}^N = s') = P(r_{k+1}^N / s_{k-1}=s', x_k=x, r_k) P(x_k=x, y_k / s_{k-1}=s')$$

$$= P(r_{k+1}^N / s_{k-1}=s) P(x_k=x, r_k / s_{k-1}=s') \quad (17\text{-}36)$$

应用 BCJR 算法得到

$$\begin{cases} \alpha_k(s) = P(s_k=s, r_1^k) = \sum_{s'} \alpha_{k-1}(s') \gamma_k(s', s) \\ \beta_{k-1}(s') = P(r_k^N / s_k=s) = \sum_{s'} \beta_k(s') \gamma_k(s', s) \\ \gamma_k(s', s) = P(x_k=x, r_k / s_{k-1}=s') \\ \qquad = P(r_k / s_{k-1}=s', x_k=x) P(x_k=x / s_{k-1}=s') \end{cases} \quad (17\text{-}37)$$

其中，$\alpha_k(s)$ 为前向递归向量，s 为当前状态，$\beta_{k-1}(s')$ 为后向递归向量，s' 为前一时刻状态，$\gamma_k(s', s)$ 为状态 s' 到状态 s 的转移概率，把式(17-36)和式(17-37)代入式(17-35)得到

$$\Lambda(x_k) = \log \left[\frac{\sum_{x+} \alpha_{k-1}(s') \beta_k(s) \gamma_k(s', s)}{\sum_{x-} \alpha_{k-1}(s') \beta_k(s) \gamma_k(s', s)} \right] \quad (17\text{-}38)$$

Turbo 码编码分为信息码部分和校验码部分，通常表示为 $r_k=(r_k^s, r_k^p)$，r_k^s 为信息位，r_k^p 为校验位。在 $x_k=i$ 的条件下，r_k^s 和 r_k^p 是统计独立的，与信息位和状态没有关联，即

$$P(r_k / s_{k-1}=s', x_k=x) = P(r_k^s / x_k=i) P(r_k^p / x_k=i, x_k=s, s_{k-1}=s') \quad (17\text{-}39)$$

由式(17-37)、式(17-38)和式(17-39)得到

$$\Lambda(x_k) = L(x_k) + \log \frac{P(r_k^s \mid x_k=1)}{P(r_k^s \mid x_k=0)} +$$

$$\log \frac{\sum_s \sum_{s'} P(r_k^p \mid x_k=1, s_{k-1}=s) \alpha_{k-1}(s') \beta_k(s)}{\sum_s \sum_{s'} P(r_k^p \mid x_k=0, s_{k-1}=s) \alpha_{k-1}(s') \beta_k(s)} \quad (17\text{-}40)$$

译码结果为对 x_k 进行判决，由 $\Lambda(x_k)$ 符号的正负得到 Turbo 译码判决值，即

$$\hat{x}_k = \text{sign}[\Lambda(x_k)] = \begin{cases} 1, & \Lambda(x_k) \geqslant 0 \\ 0, & \Lambda(x_k) < 0 \end{cases} \quad (17\text{-}41)$$

而对数 MAP 算法(log-MAP)是把 MAP 算法中似然用对数似然来代替，这样 MAP 算法中乘法运算变成加法运算。同时对译码器的输入输出相应地改为对数似然比。还有最大值 log-MAP 算法，该算法将 log-MAP 加法式中的对数忽视，使似然加法变成最大数值进行运算，虽然简单，但损失了信息的精度。

17.3.4　Turbo 均衡技术

Turbo 均衡技术由多尼尔(Donillard)等于 1995 年提出，后来鲍奇(Bauch)和弗兰兹(Franz)等对其进行了完善。Turbo 均衡技术与 Turbo 迭代译码思想相似，只是 Turbo 均衡技术中的外部信息是串行获取，而不像 Turbo 迭代译码那样并行获取。Turbo 的均衡器迭代技术中均衡器和译码器在迭代过程中不能进行硬判决传输，而只是在迭代中止后对信息进行硬判决。它将均衡技术与 Turbo 迭代译码技术相结合，使 Turbo 中的均衡器具有处理输入先验信息与输出后验信息的功能。Turbo 中的均衡器与 Turbo 译码器进行信息交换，降低 Turbo 编码技术的算法复杂度。而且 Turbo 均衡技术保留了 Turbo 码的交织、译码和迭代等功能，在高速光传输系统中，Turbo 均衡技术将 Turbo 编译码技术与信道均衡技术结合起来，传输性能明显提高。而常规均衡器通常采用硬判决，使后级译码器只能采用硬输入译码，而 Turbo 均衡技术使用输入译码，最后译码系统的软输出数值又反馈到前面的均衡模块作为下一次迭代的先验信息，这样循环译码和均衡，每一次迭代获得的增益是递减的，到一定迭代次数后性能基本稳定。所以 Turbo 迭代译码技术的软输入与软输出性能要优于常规均衡器硬输入译码的。该技术能够减少光纤链路中由于色散和非线性效应对传输信号引起的符号间干扰，而且还可以减少光链路信道估计误差的影响[19-24]。

17.3.5　OFDM 信号 Turbo 迭代均衡

在通信系统中，为了提高传输系统的性能，可以使用编码和均衡技术结合的方法，利用编码技术和均衡技术各自的优点进行迭代编码均衡处理，使用均衡技术降低传输信道的 ISI 干扰，而编码技术是在信息中添加部分冗余信息，通过牺牲系统的传输速率来提高系统的传输性能。常规的编码技术和均衡技术都是独立处理的，这样可以减少系统的复杂度，常规 OFDM 系统结构如图 17-4 所示。但这种将编码技术和均衡技术独立分开的方法会对系统性能造成损伤。而 Turbo 迭代均衡技术把 Turbo 编译码技术和信道均衡技术结合起来，提高传输系统性能，通过采用合适的均衡技术降低 Turbo 迭代均衡技术的复杂度。

Turbo 均衡是将 Turbo 原理和均衡技术结合的方法。通过多次迭代，在均衡器和译码器之间充分交换外信息来获得系统性能的提高。Turbo 迭代均衡 OFDM 系统原理如图 17-5 所示。

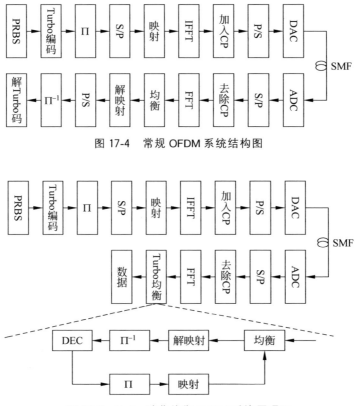

图 17-4 常规 OFDM 系统结构图

图 17-5 Turbo 迭代均衡 OFDM 系统原理图

Turbo 均衡的 OFDM 传输系统中，伪随机码序列先进行 Turbo 编码，Turbo 编码原理如 17.3.1 节所述，编码后的序列经过交织，然后对交织后的序列进行串并转换，再对信号根据传输系统需要进行信号映射，再进行 IFFT 处理，得到 OFDM 信号，在每一 OFDM 信号前加循环前缀，这样可以降低色散和非线性对 OFDM 信号的延时影响，再进行并串转换，得到的序列通过任意波形发生器发送到光调制器上形成光 OFDM 信号。光信号经过光纤传输后在接收端通过光电检测变成电信号，用实时示波器进行采样，对采样后的 OFDM 信号先进行串并转换，进行 FFT 处理，再进行 Turbo 均衡处理。

Turbo 迭代均衡技术由均衡器和译码器组成，均衡器和译码器通过迭代方式进行工作。均衡器和译码器使用软输入软输出方式，首先对经过 FFT 处理后的信号经均衡器后得到信息的软输出，经解映射和相应的处理得到信号的外信息，该信息经解交织后，得到均衡技术中译码器需要的先验信息，译码器利用解交织后的先验信息计算软输出的外部信息，经交织器后又可以得到均衡器的先验信息。而且均衡器可再次利用先验信息和接收信号进行相应的处理,又能获取外部信息,这样进行新的迭代处理。经过几次迭代处理后,系统性能基本稳定,从译码器判决输出信号结果。

17.3.6 基于 MIMO-CMA 均衡算法

在光纤传输系统中除受到色度色散影响外,还受到偏振模色散影响。色度色散会使传输的信号展宽,使信号失真;偏振模色散造成两个偏振态之间不同的群时延(DGD)与相移,而不同的群时延则造成两个分量上的光脉冲信号到达接收端的时间不同,使得在两个不同偏振态的信号传输速率不同,而影响光纤链路的传输性能。在偏振复用传输系统中,信号在光纤链路的传输过程中会受到来自偏振模色散和偏振相关损耗等一系列损伤,造成接收端两路信号之间存在相互串扰的情况,这成为影响偏振复用系统性能的主要因素。

1. 偏振复用 OOFDM 系统中基于 MIMO-CMA Turbo 均衡技术

在偏振复用 OOFDM(optical OFDM)系统中,OOFDM 信号通过偏振分束器(polarization beam splitter,PBS)将信号在任意偏振态下分为两个偏振方向上的 OOFDM 信号。MIMO-CMA 迭代均衡技术与线性最小均方误差均衡技术差不多,最小均方误差均衡系统中均衡器使用的是最小均方误差结构的滤波器,最小均方误差结构的滤波器只是对一路信号进行均衡,可以减少色散对信号的影响。而在偏振复用 OOFDM 系统中,光纤中的两个偏振态方向上都传输信号,这样系统受到的偏振模色散和偏振串扰比在光纤中单独传输一路信号受到的 PMD 信号大。根据前面讲的偏振复用信号的自适应均衡器技术,在偏振复用 OOFDM 系统中使用 MIMO-CMA 迭代均衡技术对偏振复用 OOFDM 系统中两路信号联合进行 CMA 均衡,也就是 MIMO-CMA 均衡。MIMO-CMA 均衡技术能补偿传输系统中偏振模色散和偏振串扰(CPI)对系统的损伤,而且算法比基于 MAP 均衡技术的复杂度要低,比最小均方误差均衡技术高,但对系统的改善性能比最小均方误差均衡技术好。

相比最小均方误差均衡技术,MIMO-CMA 迭代均衡技术中的均衡器是使用 CMA 结构的滤波器,而且是两路联合均衡,由四个滤波器组成。而最小均方误差均衡技术使用一个滤波器,所以基于最小均方误差均衡算法 OOFDM 系统原理图中,用 CMA 均衡器代替最小均方误差均衡器,迭代均衡原理就是把最小均方误差均衡器输出结果用 MIMO-CMA 均衡器输出结果代替,其他算法一样,在这里不进行详细介绍。最小均方误差均衡技术与 MIMO-CMA 均衡技术主要的不同是,最小均方误差均衡技术只对一路信号进行均衡处理,而 MIMO-CMA 均衡技术对两个偏振态上的信号进行联合均衡处理,考虑了传输系统中色度色散和偏振模色散对信号的影响,因此最小均方误差均衡技术考虑偏振模色散和偏振串扰对系统的影响不够。

图 17-6 是基于 MIMO-CMA Turbo 迭代均衡技术的偏振复用 DDO-OFDM 系统原理图。发送部分 OFDM 的产生与前面两种均衡技术 OFDM 信号的产生一样,不再详细介绍,在传输部分使用偏振分束器分成偏振态正交的两路,然后将两路信号通过偏振合束器(PBC)进行耦合,形成偏振复用 DDO-OFDM 信号。传输光纤后,在接收端对接收的信号进行处理。与传统的不使用偏振复用结构传输系统的信号处理不一样,不使用偏振复用结构传输系统的信号处理只是对一路信号进行处理,而偏振复用结构传输系统要对两个偏振态上的信号进行处理,即偏振解复用。由于偏振复用结构中存在色度色散和偏振模色散,在接收端使用 MIMO-CMA 均衡技术。

图 17-7 为 MIMO-CMA 均衡器原理结构图。MIMO-CMA 均衡技术是对偏振

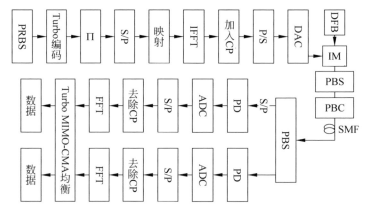

图 17-6 基于 MIMO-CMA Turbo 迭代均衡算法 DDO-OFDM 系统原理图

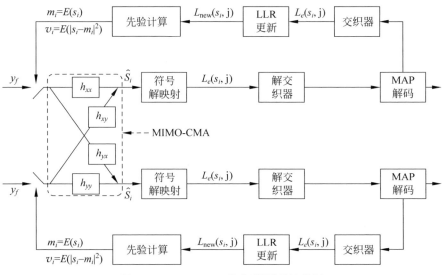

图 17-7 MIMO-CMA 均衡器原理结构图

复用系统中的两路信号分别接收和处理,两路信号进行串并转换后进行 FFT 处理和信道估计,得到两路信号序列,然后对这两路序列进行 MIMO-CMA 迭代均衡。通过 MIMO-CMA 迭代均衡,减少偏振复用结构中偏振模色散和偏振串扰对传输信号的影响。

2. 偏振复用 CO-OFDM 系统实验

图 17-8 所示为偏振复用 Turbo 迭代均衡 CO-OFDM 信号传输实验系统图。

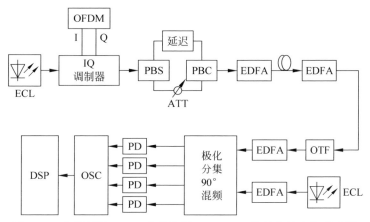

图 17-8　偏振复用 Turbo 迭代均衡 CO-OFDM 信号传输实验系统图

将经过 Turbo 编码的 I、Q 两路 OFDM 信号通过任意波形发生器发送到光正交调制器(IQ modulator)光载波的同相及正交分量上,产生光 CO-OFDM 信号。发送端 ECL 激光器产生 15dBm 功率、线宽少于 100kHz 的连续光信号,CO-OFDM 信号由偏振分束器分成偏振态正交的两路。延时其中一路,使两路信号数据不相关,然后将两路 CO-OFDM 信号通过偏振合束器进行耦合,形成偏振复用 CO-OFDM 信号。在传输 200km SSMF 光纤信道后,经 EDFA 放大,由带宽为 1nm 的可调谐光滤波器滤除信号带外噪声,再输入到偏振分集 90°光混频器(polarization diverse 90° hybrid)与本振激光混频。光混频器分离出两个正交的偏振态信号,随后通过 4 个相同的带宽为 10GHz 光检测器做单端接收。PD 输出的 4 路电信号通过带宽为 8GHz、采样速率为 20GSa/s 的实时示波器进行采样,对采样后的信号由计算机进行离线 DSP 和均衡分析。

图 17-9 为 Turbo 迭代均衡 CO-OFDM 信号产生的原理图,伪随机码序列经过 Turbo 编码器编译后,再经过交织(交织可以使连续突发信号分散,译码时可以减少系统误码性能),然后经过 16QAM 映射,插入导频和 IFFT 处理,通过加循环前缀减少色散和光纤非线性对 OFDM 信号时延的影响。OFDM 信号的 I 和 Q 两路信号分别加载到任意波形发生器,I 和 Q 两路信号通过光 IQ 调制器加载到光载

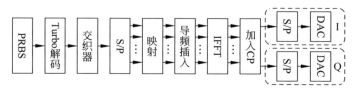

图 17-9 Turbo 迭代均衡 CO-OFDM 信号产生原理图

波的同相及正交分量上产生 CO-OFDM 信号。本实验系统中 CO-OFDM 信号的子载波为 256 个，其中 196 个有效子载波，8 个导频，56 个 0 数值位，32 个循环前缀。IQ 调制器的带宽为 8GHz。

图 17-10 所示为基于 MAP 或最小均方误差均衡技术的 Turbo 迭代均衡偏振复用 CO-OFDM 信号接收端 DSP 流程。经归一化处理后的两个偏振方向上的 CO-OFDM 信号先通过两个固定的数字滤波器补偿光纤色散。两个激光源的频率偏差通过相应的载波恢复算法来估计和消除，然后进行 Turbo 迭代均衡处理。Turbo 迭代均衡处理过程已经在前面几小节中进行了详细说明。CO-OFDM 系统中基于 MAP 的 Turbo 迭代均衡和基于最小均方误差的 Turbo 迭代均衡都是对偏振复用系统中两路信号单独进行均衡处理。

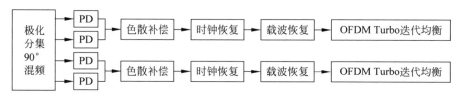

图 17-10 基于 MAP 或最小均方误差均衡 CO-OFDM 信号 DSP 流程图

3. 偏振复用 CO-OFDM 系统实验结果分析

图 17-11 为基于 MAP 均衡技术的 CO-OFDM 信号在传输 200km SSMF 光纤后的误码性能曲线。可以看出，使用 MPA 均衡的 Turbo 迭代均衡技术的 CO-OFDM 系统比没有使用该技术的纯 CO-OFDM 系统性能要好很多，而且随着迭代次数的增加，CO-OFDM 性能更好，但每次迭代后系统性能的改善是递减的，主要是基于 MAP 均衡的 Turbo 迭代技术每次迭代获得的增益也是递减的，迭代三次后系统性能基本稳定。图 17-11 插图为偏振复用结构中两个偏振态上在光信噪比为 25dB 时的 16QAM 信号星座图。

基于最小均方误差均衡和 MIMO-CMA 均衡的 Turbo 迭代均衡技术的 CO-OFDM 系统性能与基于 MAP 均衡 Turbo 迭代技术 CO-OFDM 系统性能趋势基本差不多。随着迭代次数的增加，系统性能也随之改善，但每次迭代后系统性能的改善是递减的，主要是因为基于最小均方误差均衡和 MIMO-CMA 均衡的 Turbo 迭代技术每次迭代获得的增益也是递减的，所以系统性能也相似，这里不再详细描述。

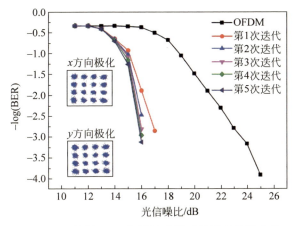

图 17-11 基于 MAP 均衡技术的系统误码性能曲线

图 17-12 是三种不同均衡技术在迭代 5 次后的 CO-OFDM 系统误码性能曲线,可以看出在相同迭代次数情况下,基于 MAP 均衡技术的系统性能最好,MIMO-CMA 均衡技术系统性能其次,最小均方误差均衡技术性能稍微差一点。主要是因为基于 MAP 均衡器迭代均衡系统中,均衡器使用 MAP 均衡,而 MAP 均衡算法采用的是最优准则,故性能最好。而 MIMO-CMA 均衡技术和最小均方误差均衡技术的算法复杂度比 MAP 均衡算法低很多,其系统性能要差一些。但是,随着迭代次数的增多,两者性能越来越逼近。MIMO-CMA 均衡技术系统性能比最小均方误差均衡技术性能要好,主要是因为 MIMO-CMA 均衡技术使用偏振态上两路信号联合均衡,消除偏振复用系统中偏振模色散和偏振串扰的干扰。而最小均方误差均衡技术只是对两个偏振态上的信号单独处理,所以基于最小均方误差均衡

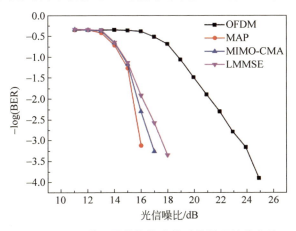

图 17-12 三种不同均衡技术的系统误码性能曲线

技术的 CO-OFDM 系统性能欠佳,接收灵敏度不如 MAP 和 MIMO-CMA 均衡技术。

在偏振复用传输系统中,使用 MIMO-CMA 均衡的 Turbo 迭代均衡方法消除 PMD 的影响。实验结果证实,基于 MIMO-CMA 均衡的 Turbo 迭代均衡技术的 CO-OFDM 系统能有效降低光传输系统中色度色散和偏振模色散的影响,提高 CO-OFDM 系统传输性能,而且该技术能同时对偏振态上两路信号进行处理,这样不但提高了系统性能,同时还降低了信号处理的计算量,适用于高速光实时传输系统。

17.4 LDPC 码

在前向纠错码中 Turbo 码和 LDPC 码性能比较出色,近年来研究较多。与 Turbo 码相比,LDPC 码是一种线性分组码,其校验矩阵具有稀疏性,并且译码复杂度低,具有可以实现并行处理和译码延时短等优势。2003 年,瓦世奇(Vasic)等将 LDPC 码和迭代译码方法应用到长距离光传输系统中,使系统的性能得到了改善[25]。2005 年,乔尔杰维奇(Djordjevic)等提出了 GLDPC(generalized low-density parity-check)码,并将 GLDPC 码应用到光通信系统中,同 LDPC 码的性能进行了比较[26]。2007 年,他们又提出了一种编码调制算法,将位交织编码调制与 LDPC 码相结合,在相干检测系统中实现超高速传输[27]。

17.4.1 LDPC 码的基本概念

LDPC 码是一种基于稀疏校验矩阵的线性分组纠错码,校验矩阵中绝大多数元素是 0,只有很少的一部分元素为 1,并且校验矩阵每行中 1 的个数远远小于校验矩阵的列数。按照 LDPC 码稀疏校验矩阵中每行或每列中 1 的个数是否相同,LDPC 编码分为 LDPC 规则码和 LDPC 不规则码。如果稀疏校验矩阵中每行或每列 1 的个数一样,称为 LDPC 规则码,如果不一样,则称为 LDPC 不规则码。LDPC 规则码对应的二分图中所有消息节点或比特节点的度是相等的,所有节点的度也是相等的,LDPC 的编码过程和译码过程都是通过稀疏校验矩阵 H 进行操作,稀疏校验矩阵 H 中 1 的排序和个数都是 LDPC 编码、译码复杂度和 LDPC 码性能的重要因素。LDPC 不规则码中节点的度变动范围大,选择较好的 LDPC 不规则码的校验矩阵,可以使不规则码获得比规则码更好的编译性能。

经 LDPC 编码得到信息位和校验位,设信息位长为 K,经 LDPC 编码后码长为 N,产生的校验位长为 $M=N-K$,即得到一个 (N,K) 线性分组码 C,并由其 $M \times K$ 阶的校验矩阵 H 唯一确定。校验矩阵 H 经过变换得到生成矩阵 G,再用信息 m 与 G 相乘,得到码字 $C=mG$。

LDPC 一般采用对数似然的 BP 算法（LLR-BP）进行译码，原理为：假设 LDPC 码编码器的输出序列 $\{x_k\}$ 经过二进制调制 $\{u_k = 2x_k - 1\}$ 后，通过信道进行传输，在接收端，假设译码器的输入端得到的信号序列为 $\{y_k = u_k + n_k\}$（其中 n_k 为噪声）[28]。

随机变量 U 的二进制 LLR 数值定义为 $L(U) = \log \dfrac{p(U=-1)}{p(U=1)}$。此对数似然比量值可以解释为：$L(U)$ 的正负号可判断随机变量 U 是 1 还是 -1，其绝对数值表示取 -1 和 1 的置信度，即 $L(U)$ 绝对值越大，说明为 -1 或 1 可能性越大。

定义：

$$\begin{cases} \lambda_{n \to m}(u_n) = \log \dfrac{q_{nm}(-1)}{q_{nm}(1)} \\ \Lambda_{m \to n}(u_n) = \log \dfrac{r_{mn}(-1)}{r_{mn}(1)} \end{cases} \quad (17\text{-}42)$$

其中，$\lambda_{n \to m}(u_n)$ 为变量节点 n 输出到校验节点 m 的置信度；$q_{nm}(-1)$ 为在除校验节点 m 外，信息节点 n 参与的其他校验节点提供的信息上，信息节点 n 在状态 -1 的置信度；$q_{nm}(1)$ 为在除校验节点 m 外，信息节点 n 参与的其他校验节点提供的信息上，信息节点 n 在状态 1 的置信度；$\Lambda_{m \to n}(u_n)$ 为校验节点 m 输出到变量节点 n 的置信度；$r_{mn}(-1)$ 为信息节点 n 状态为 -1 和校验节点 m 其他校验节点状态已知的条件下，校验节点 m 满足的概率；$r_{mn}(1)$ 为信息节点 n 状态为 1 和校验节点 m 其他校验节点状态已知的条件下，校验节点 m 满足的概率。

LDPC 译码过程如下。

（1）节点初始化。先给每一个信息节点 n 赋值，得到每一个信息节点 n 的后验 LLR 数值：

$$L(u_n) = \log\{p(u_n = \pm 1 \mid y_n)/p(u_n = -1 \mid y_n)\}$$

在等概率输入信道中，$L(u_n) = 2y_n/\sigma^2$，σ^2 为噪声方差。对 $H_{m,n} = 1$ 的每一对 (m, n) 进行初始化设置：$\lambda_{n \to m}(u_n) = L(u_n)$，$\Lambda_{m \to n}(u_n) = 0$。

（2）迭代过程。校验节点 m 更新，对每个 m 及 $n \in N(m)$，计算校验节点 m 输出到信息节点 n 的置信度：

$$\Lambda_{m \to n}(u_n) = 2\operatorname{arctanh}\left\{\prod_{n' \in N(m)\setminus n} \tanh[\lambda_{n' \to m}(u_n)/2]\right\}$$

变量节点 n 更新，对每个 n 及 $m \in N(n)$，计算信息节点 n 输出到校验节点 m 置信度

$$\lambda_{n \to m}(u_n) = L(u_n) + \sum_{m' \in N(n)\setminus m} \Lambda_{m' \to n}(u_n)$$

对每一个信息节点 n 计算：

$$\lambda_n(u_n) = L(u_n) + \sum_{m \in M(n)} \Lambda_{m \to n}(u_n) \quad (17\text{-}43)$$

对得到的输出结果进行判决,如果 $\lambda_n(u_n) \geqslant 0$,则 $\hat{x}_n=1$,如果 $\lambda_n(u_n)<0$,则 $\hat{x}_n=0$。LDPC 迭代译码结束的条件是 $\hat{X}H^T$ 的值是否为 0。如果 $\hat{X}H^T=0$,则译码停止,译码器输出 $\hat{X}$;如果 $\hat{X}H^T \neq 0$,则继续执行迭代译码过程,迭代译码不是无止境的,如果达到设置的迭代次数时还没有寻找到满足的码字,则译码失败。

17.4.2 60GHz LDPC-TCM OFDM 光毫米波信号传输系统原理

本系统为基于光双边带调制格式的 LDPC-TCM OFDM 信号的 60GHz RoF 系统,其实验传输系统如图 17-13 所示。在中心站使用抑制中心光载波技术产生 60GHz 光毫米波,把经过 LDPC 和 TCM 编码调制的 16QAM OFDM 信号调制到光毫米波上,产生 LDPC-TCM OFDM 光毫米信号,传输 20km 单模光纤后在接收端(即基站)通过带宽大于 60GHz 的 PD 管转换成电毫米波,电毫米波与 60GHz 的本振信号混频和低通滤波后得到基带 LDPC-TCM OFDM 信号。

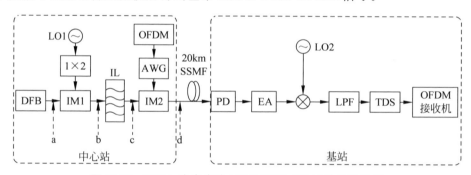

图 17-13　60GHz 光毫米波 LDPC-TCM OFDM 传输系统图

电 LDPC-TCM OFDM 信号产生过程如图 17-13 所示,实验中 LDPC 编码使用码长为 1024,码率为 1/2,围长为 8 的非规则 LDPC 码。TCM 编码调制使用码率为 3/4,16QAM 映射,16 状态。

发送的 LDPC-TCM OFDM 信号结构如图 17-14 所示,伪随机序列信号进行 LDPC 编码,编码后的信号序列经过串并转换后,先进行 16QAM TCM 编码调制,调制后的序列中插入作为信道估计的导频,然后对数据进行 IFFT 处理,得到相互正交的子载波序列,将 OFDM 的后部序列放在 OFDM 符号结构的头部作为循环前缀,用来克服光链路色散和非线性引起的时延。本实验中 OFDM 子载波数为 256,其中 192 个子载波传输信号数据,8 个导频数,其余 56 个为保护间隔,32 个为循环前缀。把电 LDPC-TCM OFDM 信号经过泰克任意波形发生器发送,通过光调制器加载到光链路上,产生光 LDPC-TCM OFDM 信号,电 OFDM 的峰峰电压值(V_{p-p})为 2V。

图 17-14　LDPC-TCM OFDM 信号编码调制原理图

在用户单元对接收到的基带 LDPC-TCM OFDM 信号进行相应的译码和解调处理,其接收处理过程如图 17-15 所示。对接收到的信号进行 OFDM 同步检测,通过训练序列的高相关性来确定 OFDM 信号的同步点,以此来确定 OFDM 信号数据的开始位置。将 OFDM 信号去除保护前缀,通过训练序列和导频序列来估计信道。再将 OFDM 信号进行 FFT 处理,TCM 译码处理和 LDPC 译码处理后恢复出传输的信号序列。将接收到的信号数据和发送端的信号数据进行比较,得到传输系统的误码率。LDPC-TCM OFDM 信号进行译码解调过程是 LDPC-TCM OFDM 信号编码调制的逆向处理过程。

图 17-15　LDPC-TCM OFDM 信号接收译码解调原理图

60GHz LDPC-TCM OFDM 光毫米波信号传输系统包括中心站和基站,中心站的功能是产生光毫米波,通过分布反馈式激光器(DBF-LD)产生光功率为 7dBm、波长为 1542.8nm 的连续光波作为光载波,其光谱如图 17-16(a)所示。而射频信号是由模拟射频信号发生器产生的电功率为 16dBm、频率为 14.5GHz 的正弦波信号,经电放大器放大射频信号功率,再经过二倍频器产生 29GHz 的射频(RF)信号。29GHz 射频信号加载到马赫-曾德尔单臂调制器上,马赫-曾德尔单臂调制器的 3dB 带宽大于 20GHz,消光比大于 25dB,半波电压为 7.8V。当光调制器的直流偏置电压设置为 2.9V 时,光调制器输出一阶边带间隔为 58GHz 的双边带调制信号,其光谱如图 17-16(b)所示。第一个马赫-曾德尔单臂调制器出来的光信号中包含中心载波和光一阶边带信号,使用 50/100GHz 的交叉复用器滤除中心载波,同时由于其他高阶边带功率很小,可以忽略其对系统的影响,最终得到频率间隔为 58GHz 的光毫米波,其光谱如图 17-16(c)所示。LDPC-TCM OFDM 信号使用离线产生,通过泰克任意波形发生器发送,经过第二个光强度调制器加载到光链路上产生 OFDM 光毫米波信号,AWG 发送速率为 2.5GSa/s,V_{p-p} 为 2V。第二个光强度调制器的直流偏置电压为 6.8V,输出信号的光谱如图 17-16(d)所示。携带 OFDM 信号的光毫米波经 EDFA 放大后入纤功率为 8dBm,然后经 20km 标准单模光纤传输后到达基站,标准单模光纤的损耗为 0.19dB/km,色散系数为 17ps/(nm·km)。

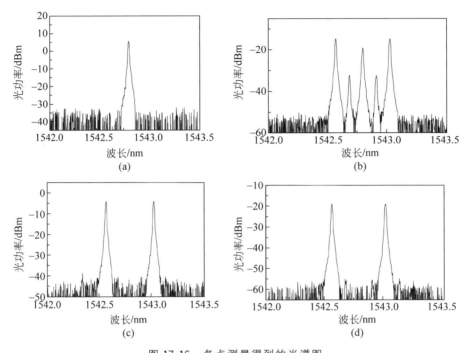

图 17-16　各点测量得到的光谱图

在基站中,光毫米波信号首先经 3dB 带宽大于 60GHz 的高速光电检测器转变成电毫米波信号,再经过 3dB 带宽为 60GHz 的电放大器放大,与 58GHz 的本振信号经过混频器(mixer)混频后,通过带宽为 7.5GHz 的低通滤波器得到基带 OFDM 信号,其中 58GHz 的本振信号由 14.5GHz 正弦波信号经过四倍频器倍频后产生。OFDM 基带信号再经过泰克 TDS6804B 实时数字示波器以 10GSa/s 进行采样,对采样后的 OFDM 信号进行相应的译码解调处理,得到的信号与发送的信号进行比较,得到传输系统的误码性能。后期 OFDM 译码解调处理是通过离线使用 MATLAB,根据图 17-16 对 LDPC-TCM OFDM 信号进行译码解调等处理。

17.4.3　实验结果及分析

在传输系统中,比较了三种信号:未编码的纯 OFDM 信号、LDPC 编码 OFDM 信号和 LDPC 级联 TCM 编码调制技术 OFDM 信号。LDPC 为非规则码,码率为 0.5,迭代译码次数为 8,校验矩阵为 PEG 构造,译码采用对数似然的 BP 算法。TCM 为 16 状态,码率为 3/4。在传输 20km 单模光纤且实验系统其他参数性能不变的条件下,通过改变基站接收的光功率来分析不同接收光功率条件下上述三种信号的误码性能,从而分析 LDPC 编码调制技术和 LDPC-TCM 编码调制技术分别与 OFDM 技术结合时,其在光纤链路的抗色散性能和传输性能。系统的误码性能图如图 17-17 所示。

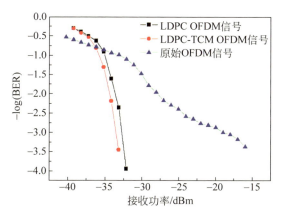

图 17-17 LDPC-TCM OFDM 系统误码性能图

由图 17-17 可知,在传输 20km SSMF 后,LDPC 级联 16QAM TCM 编码调制技术 OFDM 信号、16QAM 映射的 LDPC 编码 OFDM 信号和未编码的 16QAM OFDM 信号在 BER 为 1×10^{-3} 的情况下,接收光功率分别为 -33dBm、-32dBm 和 -17dBm。LDPC 级联 16QAM TCM 编码调制技术 OFDM 信号和 16QAM 映射的 LDPC 编码 OFDM 信号比未编码的纯 OFDM 信号分别提高系统的接收灵敏度 16dB 和 15dB。这一结论说明经 LDPC 编码和 TCM 编码调制技术的信号在光纤链路传输的性能优势,即以损失一定带宽以及增加一定算法复杂度的代价换取高质量信息传输。

由于 LDPC-TCM 是在 LDPC 编码的基础上再用 TCM 编码调制,对 LDPC 编码信号没有太大损伤,只是增加相邻 LDPC 信号映射的距离,不增加额外开销,但误码性能比仅使用 LDPC 编码的要好。这说明 LPDC-TCM OFDM 信号具有比 LDPC OFDM 信号更强的纠错能力,能较好地抵抗光纤传输中的色散以及非线性效应。

搭建 60GHz 的光载毫米波传输实验系统,使用载波抑制方法产生 60GHz 的光毫米波,并把 LDPC 级联 16QAM TCM 编码调制技术 OFDM 信号、16QAM 映射的 LDPC 编码 OFDM 信号和未编码的 16QAM OFDM 信号通过 RoF 系统进行传输,来验证 LDPC 编码结合 TCM 编码调制技术在 RoF 系统的性能。在经 20km SSMF 传输后,LDPC 级联 16QAM TCM 编码调制技术 OFDM 信号和 16QAM 映射的 LDPC 编码 OFDM 信号,比未编码的 16QAM OFDM 信号分别提高系统的接收灵敏度 16dB 和 15dB。实验结果表明,在 RoF 系统中使用 LDPC 编码技术和 LDPC-TCM 编码调制技术,能够有效地抑制 OFDM 子载波间互拍干扰的影响,并减少光纤色散带来的不利影响,而且 TCM 不降低信号频带和功率的利用率,还能获得系统编码增益,可以解决频带利用率不足的影响。如需进一步提高系统性能,可以使用大码长 LDPC 码,但在校验矩阵的选取及性能提高方面需要考虑的因素太多,构造高性能校验矩阵难度较大。

17.5 级联编码

对于有多次编码的系统,将各级编码看成是一个整体编码,就是级联码。级联码的最初想法是为了进一步改善渐近性能,但在实际系统中,它同样可以提高较低信噪比下的性能。当由两个编码串联起来构成一个级联码时,作为广义信道中的编码称为内码,以广义信道为信道的信道编码称为外码。由于内码译码结果不可避免地会产生突发错误。因此内外码之间一般都要有一层交织器。

级联编码器如图 17-18 所示。

图 17-18 级联编码器

常见的级联方式包括:卷积码为内码,RS 码为外码。这主要是为了充分利用卷积码的维特比译码,同时用软判决译码,而 RS 码又有较好的纠突发错误能力。

串行结构的级联码的编码关系为

$$C_1 = f(x), \quad 外码$$
$$C_2 = g(C_1), \quad 内码$$

但是,外码译码输出的关于符号 x 的信息并不能直接提供关于内码译码输入 C_2 的软信息。内码和外码均采用卷积码,特别是当内码译码可以输出软信息时,RS 码为外码可以满足对交织器的要求。对卷积分量码来说,如果用非递归卷积码作分量码,则交织器长度的增加不能改善码的性能。

级联译码器如图 17-19 所示。

图 17-19 级联译码器

如上所述,采用卷积码为内码的一个原因就是它可以进行软判决译码,从而提供 2~3dB 的软判决增益。进而可想到,如果内码译码输出也是一个软判决输出,则外码的译码也可以用软判决译码,从而提高整体性能。

从另一个角度来看,如果外码要用软判决译码,则一般也要采用卷积码,因此只能按纠正随机错误来设计。为此,在选择内码译码算法时,其准则就应该是输出误符号率最低,而不是输出误序列率最低。因此,此时维特比译码就不再是最优算法,而应采用逐符号译码算法。

级联码虽然大大地提高了纠错能力,但这个能力提高量中的大部分来源于编码效率的降低。如果从 E_b/N_0 的角度看,级联的好处并不太大,但有一个好处是显然的,即在信道质量稍好时,误码可以做到非常低。

此外,也可以将 BCH 码与交织技术相结合进行级联,提高短波信道的抗干扰能力,其交织级联编码系统如图 17-20 所示。

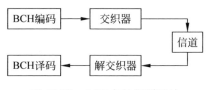

图 17-20 BCH 交织级联系统

交织级联系统的核心思想为:首先将信源码字进行编码,得到码字,再将码字进行交织,以提高码字的纠错能力,数字信号经过信道,然后再进行解交织、译码,得出码字。

2008 年,乔尔杰维奇等发表论文,将 LDPC 编码与 Turbo 均衡技术结合来减缓光传输系统中的非线性[29]。2009 年,米佐(Mizuochi T)等证明一个两位的基于软判决的 LDPC(9216,7936)和 RS(992,956)FEC 编码,当输出 BER 为 10^{-13}、传输速率为 31.3Gbit/s 时,其 NCG 可达 9.0dB[30]。基于级联编码和迭代译码的思想,一些学者又提出了一些其他结构的级联码,比如伊利斯(Mc Eliece)、金(Jin H)和迪夫萨拉尔(Divsalar)提出的重复累积码(repeat-accumulate codes)[31-35];李坪提出的级联树码(concatenated tree(CT)codes)[36]、级联 Zigzag 码(concatenated zigzag codes)[37]和级联 Zigzag-Hadamard 码(concatenated Zigzag-Hadamard codes)[38];理查森(Richardson)提出的多边形 LDPC 码(multi-edge type LDPC codes)[39]。

17.6 总结

本章介绍了 FEC 算法中常见的几种编码技术。重点介绍了 LDPC 编码级联 TCM 编码调制技术在 OFDM-ROF 系统中的应用,以及使用 Turbo 均衡技术降低光传输系统色散影响。FEC 技术通过在信号中加入少量的冗余信息来发现并纠正光传输过程中由色散和非线性等原因引起的误码,降低光链路中色散和非线性等因素对传输系统性能的影响,通过牺牲信号的传输速率来降低接收端的 OSNR 容限,从而获得编码增益、降低误码率和提高通信系统的可靠性。

参考文献

[1] 袁建国. 高速超长距离光通信系统中超强 FEC 码型的研究[D]. 重庆:重庆大学,2007.

[2] CAO Z Z, YU J J, XIA M M, et al. Reduction of inter-subcarrier interference and frequency-selective fading in OFDM-RoF systems[J]. Journal of Light wave Technology,2010,28(16):2423-2429.

[3] MIZUOCHI T. Recent progress in forward error correction and its interplay with transmission impairments[J]. IEEE Journal of Selected Topics in Quantum Electronics,2006,12(4):544-554.

[4] TYCHOPOULOS A, KOUFOPAVLOU O, TOMKOS I. FEC in optical communications—a tutorial overview on the evolution of architectures and the future prospects of out band and inland FEC for optical communications[J]. IEEE Circuits and Devices Magazine,2006,22(6):79-86.

[5] MORO P, CANDIANI D. 565Mbit/s optical transmission system for repeater less sections up to 200km[C]. International Conference on Conference Record,1991.

[6] YAMAMOTO S, TAKAHIRA H, TANAKA M, et al. 5Gbit/s optical transmission terminal equipment using forward error correcting code and optical amplifier[J]. Electronics Letters,1994,30(3):254-255.

[7] UNGERBOECK G. Channel coding with multilevel/phase[J]. IEEE Trans. Information Theory,1982,28(3):55-67.

[8] BLAHUT R E. Principles and practice of information theory[M]. MA:Addison-Wesley,1987.

[9] REED I S, SOLOMON G. Polynomial codes over certain finite fields[J]. Journal of the Society for Industrial & Applied Mathematics,1960,8(2):300-304.

[10] 靳蕃,罗文辉. 新型多维奇偶校验码的探讨[D]. 成都:西南交通大学,1985.

[11] 黄英,雷菁. 多维奇偶校验乘积码性能分析[J]. 电子科技大学学报,2010,39(2):214-218.

[12] BERROU C, GLAVIEUX A. Near optimum error correcting coding and decoding:Turbo-codes[J]. IEEE Trans. Comm.,1996,44(10):1261-1271.

[13] BERROU C, GLAVIEUX A, THITIMAJSHIMA P. Near Shannon limit error-correcting coding and decoding:turbo-codes[C]. Proc. of ICC,1993.

[14] HAGENAUER J. The Turbo principle:tutorial introduction and state of the art[C]. Proc. Int. Symp. Turbo Codes and Related Topics,1997.

[15] 赵晓群. 现代编码理论[M]. 武汉:华中科技大学出版社,2007.

[16] 韩双双. 无线通信系统中的迭代接收技术[D]. 济南:山东大学,2009.

[17] 罗天放. 通信系统中的 Turbo 码及 Turbo 均衡问题研究[D]. 哈尔滨:哈尔滨工程大

学，2003.

[18] 金奕丹. 移动通信系统 Turbo 迭代接收及关键技术研究[D]. 北京：北京邮电大学，2006.

[19] DOUILLARD C，JEZEQUEL M，BERROU C，et al. Iterative correction of intersymbol interference：Turbo equalization[J]. Eur. Trans. Telecommun，1995，6(5)：507-511.

[20] BAUCH G，KHORRAM H，HAGENAUER J. Iterative equalization and decoding in mobile communications systems[C]. IRG TATHBERICHT，1997.

[21] PROAKIS J G. Digital Communications[M]. 5th ed. New York：McGraw-Hill，2007.

[22] SIKORA M，DANIEL J，COSTELLO J. A new SISO algorithm with application to Turbo equalization [C]. IEEE Proceedings International Symposium on Information Theory，2005.

[23] VOGELBRUCH F，HAAR S. Receded complexity Turbo equalization by means of hard output channel decoding. Signals[C]. Conference on Systems and Computers，2001.

[24] WOERZ T，HAGENAUER J. Multistage coding and decoding for an M-PSK system [C]. Multistage Coding and Decoding for an M-PSK System，1990.

[25] VASIC B，DJORDJEVIC I B，KOSTUK R K. Low-density parity check codes and iterative decoding for long-haul optical communication systems[J]. IEEE/OSA Lightwave Technology，2003，21：438-446.

[26] DJORDJEVIC I B，MILENKOVIC O，VASIC B. Generalized low-density parity-check codes for optical communication systems[J]. IEEE/OSA Lightwave Technology，2005，23(16).

[27] DJORDJEVIC I B，CVIJETIC M，XU L，et al. Using LDPC-coded modulation and coherent detection for ultra-high-speed optical transmission[J]. IEEE /OSA Lightwave Technology，2007，25：3619-3625.

[28] 张忠培，史治平，王传丹. 现代编码理论与应用[M]. 北京：电子工业出版社，2007.

[29] DJORDJEVIC I B，MINKOV L L，BATSHON H G. Mitigation of linear and nonlinear impairments in high-speed optical networks by using LDPC-coded Turbo equalization[C]. LEOS Summer Topical Meetings，2008.

[30] MIZUOCHI T，KONNISHI Y，MIYATA Y，et al. Experimental demonstration of concatenated LDPC and RS codes by FPGAs emulation[J]. IEEE Photonics Technology Letters，2009，21(18)：1302-1304.

[31] DIVSALAR D，JIN H，MCELIECE R J. Coding theorems for "Turbo-like" codes[C]. Proc. 36th Allerton Conf. on Communication，Control and Computing，1998.

[32] JIN H，KHANDEKAR A，MCELIECE R J. Irregular repeat-accumulate codes[C]. Proc. 2nd International Symposium on Turbo Codes，2000.

[33] BRINK S T，KRAMER G. Design of repeat-accumulate codes for iterative detection and decoding[J]. IEEE Trans. Signal Process，2003，51(11)：2764-2772.

[34] YUE G，WANG X. Optimization of irregular repeat accumulates codes for MIMO systems with iterative receivers[J]. IEEE Trans. Wireless Commun.，2005，4(6)：2843-2855.

[35] ABBASFAR A, DIVSALAR D, YAO K. Accumulate repeat accumulate codes[C]. IEEE Proc. of Globecom, 2004.

[36] LI P, WU K Y. Concatenated tree codes: a low complexity, high performance approach[J]. IEEE Trans. Inform. Theory Special Issue on Codes on Graphs, 2001, 47(2): 791-799.

[37] LI P, HUANG X, PHAMDO N. Zigzag codes and concatenated zigzag codes[J]. IEEE Trans. Inform. Theory Special Issue on Codes on Graphs, 2001, 47(2): 800-807.

[38] LEUNG W K, YUE G, LI P, et al. Concatenated zigzag hadamard codes[J]. IEEE Trans. Inform. Theory, 2006, 52(4): 1711-1723.

[39] RICHARDSON T J. Multi-edge type LDPC codes[C]. The workshop honoring Prof. Bob Mc Eliece on his 60th birthday, California Institute of Technology, 2002.

第 18 章

高频谱效率光四维调制基本原理与关键技术

18.1 引言

21世纪以来,信息科学和技术方兴未艾,是经济持续增长的主导力量。我国97%以上的信息量是通过极具宽带传输能力的光通信系统传递的,因此光传输系统已成为国家信息基础设施中不可替代的信息传输和交换承载平台。通信技术的迅猛发展与新业务的不断涌现致使全球信息量呈几何级数增长,对骨干网的传输带宽提出了更高的要求。据统计,从1990年到2010年,全球光通信容量增加了10万倍,而频带利用率(spectral efficiency,SE)从1990年的0.25bit/(s·Hz)提高到2010年的2bit/(s·Hz),预计将在2024年达到20bit/(s·Hz)。可见,实现超宽带大容量的光传输技术已成为当前全球信息领域的迫切需求。从国际上看,欧美日等主要发达国家非常重视超宽带大容量骨干网传输技术的发展。美国政府积极推行宽带激励计划以实现全美范围内大容量骨干网的建设,将其列为经济刺激计划的重点;欧盟通过第七框架计划(7th Framework Programme,FP7)持续关注该领域的研究,并以此为契机推进欧洲大容量传输技术的探索与发展。日本通过制定"新一代宽带计划2010"和"i-Japan战略2015"等国家级计划以进一步完善和建立大容量宽带骨干网的基础设施。在全球化的背景下,我国紧紧把握超宽带大容量骨干网传输技术更新换代的历史机遇,提出"宽带中国"的国家战略,并将其作为未来国家信息领域发展的主要着眼点。由此可见,超宽带大容量光传输技术已成为国家信息发展战略的重中之重。

为了增加网络整体容量,有三个自然的或者直接的选择:增加符号传输速率、增加载波数或者使用更高频谱效率的调制方式,如图18-1所示。简单增加符号传输速率不是较好的选择,因为频谱效率并没有发生改变。而且,更快的符号传输速

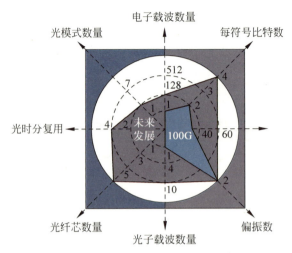

图 18-1 提高光通信系统容量的技术手段

率增加了对光和电相关器件传输速率的要求,尤其是对数/模转换器和模/数转换器以及相应的电信号处理元器件的要求。另外一个选择是使用多载波而不是单载波。在给定的目标传输速率和传输距离条件下,可以根据调制格式和可调参量选择载波的数目,以优化整体网络容量。与奈奎斯特滤波或正交频分复用技术相结合,多载波传输可以非常接近或等于码元速率,形成所谓的"超级信道"。该信道具有高的频谱效率和低的波分复用串扰。最后一个选择是使用更高阶的调制格式,比如 16QAM,因为这种方式会增加频谱效率。比如,单载波 50Gbaud PM-16-QAM 方式,可以实现 400Gbit/s 传输速率。但是,增加调制阶数是以更高的光信噪比为代价的,因为每个星座点之间的最小距离减小了。除了使用正交幅度调制方式,使用优化的四维调制方式是另外一种选择。在这些格式中,光场的所有四个维度(两个偏振态的振幅和相位)都被用于调制。这与偏振复用格式略有不同,其中振幅和相位只在一个偏振中联合调制,而偏振用于复用两个独立的偏振支流。优化的四维调制保证了比传统偏振复用(PM)格式更好的噪声容限[1]。

因此,无论是从光通信容量提升的角度还是从科学研究的角度来看,对高频谱效率的光四维调制的研究都极具科学价值和实用意义,而这也是国际国内学术竞争的焦点和制高点。

18.2 二维、三维恒模调制的星座点分布与性能分析

在数据传输中通常需要关注的问题就是如何更有效地利用传输信道。在现有的信号功率、带宽、失真和噪声的限制下,需要高数据率和低误码率的信号,并且其

复杂度和价格也要合理。为提高容量,可提高调制阶数,而为保证误码率,需保证 $d_{\min}$ 不变,因为错误概率本质上取决于星座图中两两星座点间的距离。若要保持 $d_{\min}$,则需增大信号发送功率,但高功率、高峰值-平均功率比会造成系统对光纤非线性的容忍度降低,传输距离急剧下降。

使用光放大器(optical amplifier,OA)的相干光通信系统可以很好地近似为加性高斯白噪声信道[2-4]。假定传输过程中无符号间干扰,可从接收向量最佳估计发送向量,ML接收机(maximum likelihood receiver)会根据哪个星座点到接收信号点的欧几里得距离最小进行符号判决。有时判决区域十分复杂,导致精确计算误符号率(SER)很困难,可以用联合界(union bound)近似 SER[5]。

$$\mathrm{SER} \leqslant \frac{1}{M} \sum_{k=1}^{M} \sum_{\substack{j=1 \\ j \neq k}}^{M} \frac{1}{2} \mathrm{erfc}\left(\frac{d_{kj}}{2\sqrt{N_0}}\right) \tag{18-1}$$

其中,d_{kj} 是星座点 k 和星座点 j 间的距离,erfc(·)是互补误差函数。在式中,含 $\mathrm{erfc}\left(\dfrac{d_{\min}}{2\sqrt{N_0}}\right)$ 的一项起决定性作用,其中 $d_{\min} = \min_{j \neq k}\{d_{kj}\}$ 是星座图最小距离。

简单起见,考虑恒模调制的维度、调制阶数以及 $d_{\min}$ 的关系(图18-2,图18-3)。

在图18-2和图18-3中,每个星座点到原点的距离都是1(外接圆、外接球的半

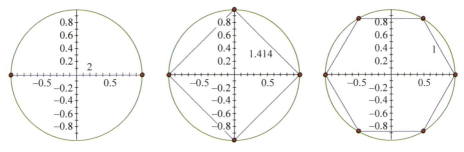

图 18-2 二维恒模调制星座图

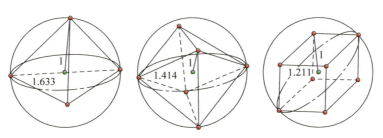

图 18-3 三维恒模调制星座图

径均为1),故信号平均符号能量$E_s=1$。

在二维和三维调制中,许多系统使用幅度、相位或频率调制中的一种,但是考虑到信息传输的需要,人们想到了组合的幅度和相位调制。考虑到一个二维空间的信号具有峰值或平均传输功率的限制,文献[4]设计使用四维欧几里得空间的矢量表示信号,在信号的总功率固定的情况下同时考虑两个幅度和两个相位的变量,并且引入四元数来表示信号向量,使用四元数的代数来定义信号矢量之间的距离和信号符号之间的等价表示。

文献[4]设计的信号符号结构基于常规的四维多面体,使用两类相位调制信号作为参考码元,并且通过计算距离分布和误码概率假设最佳相关检测来进行符号的评估。通过评估发现,群码比最佳相位调制码在平均功率上优化了1.3～3.4dB,由此证明了四维调制的优越性。

计算表明:当调制阶数M增加时,星座点间的$d_{\min}$会随着调制维数(number of dimension)N的增加减小得更慢,如图18-4所示。

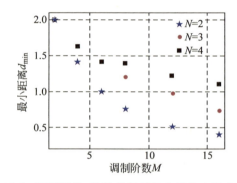

图18-4 不同维数、阶数的恒模星座图最小距离$d_{\min}$

结果显示,为实现高速率传输且依旧让信号的发送功率处于合理的水平,可以尝试增加信号的调制维数N。

从上面的分析来看,有两个关键的问题摆在面前:

(1) 怎样创造高维(四维)空间来进行高维调制?

(2) 如何在不减小$d_{\min}$的条件下,设计出一个星座图使平均符号能量E_s最低?

同时,为比较在相同传输速率R_B下不同阶数的调制格式,将式(18-1)改写为

$$\mathrm{erfc}\left(\sqrt{\gamma\frac{P}{R_B N_0}}\right)=\mathrm{erfc}\left(\gamma\frac{E_b}{R_B N_0}\right) \tag{18-2}$$

引入参数

$$\gamma = \frac{d_{\min}^2}{4E_b} \tag{18-3}$$

其中,

$$E_b = \frac{P}{R_B} = \frac{E_s}{\log_2 M} \tag{18-4}$$

是平均比特能量。

参数 γ 以 dB 为单位,称为渐近功率效率(asymptotic power efficiency),因为在趋近高 SNR 时,为达到指定的 SER,所需功率正比于 $\frac{1}{\gamma}$。也可以把 γ 理解为使用相同传输速率传输数据时,某种调制格式比起 BPSK 的灵敏度增益(sensitivity gain),因为二进制相移键控、正交相移键控、双极化正交移相键控(DP-QPSK)的 $\gamma = 0$dB。事实上,比起 BPSK,许多常见的调制格式都会有一定的功率代价。因此,需要考虑对于给定的 N、M 及渐近 SNR,哪种星座图的 γ 最高。

至此,人们对高速率光纤通信系统的要求与光纤非线性对低功率的限制这二者间的矛盾,可以通过提高信号调制的维数来解决。上述两个问题将在下文逐一回答。

18.3 四维多阶调制的原理与实现

上文指出,提高调制维数 N 是有好处的。下面回答第一个问题,即"怎样创造高维(四维)空间来进行高维调制?"本节首先描述电磁场的基本性质,以及如何把它解释为一个四维信号;接着介绍四维多阶调制的实现方式,最后举例给出四维调制码字。

18.3.1 四维多阶调制基本原理

电磁场在两偏振分量有两个正交态,因此,其共有跨越了四维信号空间的 4 个自由度,光波的电场振幅可以写成

$$\boldsymbol{E} = \begin{bmatrix} E_{x,r} + iE_{x,i} \\ E_{y,r} + iE_{y,i} \end{bmatrix} = \begin{bmatrix} \|E_x\| e^{i\varphi_x} \\ \|E_y\| e^{i\varphi_y} \end{bmatrix} \tag{18-5}$$

其中,x 和 y 分别表示偏振分量,r 和 i 分别表示该字段的实部和虚部。相位 φ_x 和 φ_y 的取值范围为 $[\pi, -\pi]$。电场可以等效地描述它的相位、振幅和偏振态(后者是 x 和 y 场分量之间的相对相位和振幅),为

$$\boldsymbol{E} = \|\boldsymbol{E}\| \exp(i\varphi_a) \boldsymbol{J}$$

$$= \|\boldsymbol{E}\| \exp(\mathrm{i}\varphi_a) \begin{bmatrix} \cos\theta \exp(\mathrm{i}\varphi_r) \\ \sin\theta \exp(-\mathrm{i}\varphi_r) \end{bmatrix} \qquad (18\text{-}6)$$

其中，$\|\boldsymbol{E}\|^2 = |E_x|^2 + |E_y|^2$，$\theta = \arcsin(|E_y|/\|\boldsymbol{E}\|)$，$\boldsymbol{J}$ 表示琼斯向量，该向量通常归一化。注意磁场绝对相位 $\varphi_a = (\varphi_x + \varphi_y)/2$ 与场矢量分量之间相对相位 $\varphi_r = (\varphi_x - \varphi_y)/2$ 的区别。相对相位 $\varphi_r \in (-\pi, \pi]$，描述偏振态的椭圆度，特殊情况下，$\varphi_r = 0, \pm\pi/2, \pi$ 表示线偏振，$\varphi_r = \pm\pi/4, \pm 3\pi/4$ 表示圆偏振，其他的情况称为椭圆偏振。$\theta \in [0, \pi/2]$，通常称为方位角，因为它描述了线偏振态的 xy 平面的方位，或者更一般地说是椭圆偏振的长轴。

最后，可将信号用实数表示为四维形式：

$$\boldsymbol{S} = \begin{bmatrix} E_{x,\mathrm{r}} \\ E_{x,\mathrm{i}} \\ E_{y,\mathrm{r}} \\ E_{y,\mathrm{i}} \end{bmatrix} = \begin{bmatrix} \|\boldsymbol{E}\|\cos\varphi_x \sin\theta \\ \|\boldsymbol{E}\|\sin\varphi_x \sin\theta \\ \|\boldsymbol{E}\|\cos\varphi_y \cos\theta \\ \|\boldsymbol{E}\|\sin\varphi_y \cos\theta \end{bmatrix} \qquad (18\text{-}7)$$

传输的光功率为 $P = \|\boldsymbol{S}\|^2 = \|\boldsymbol{E}\|^2 = E_{x,\mathrm{r}}^2 + E_{x,\mathrm{i}}^2 + E_{y,\mathrm{r}}^2 + E_{y,\mathrm{i}}^2$。注意四维向量不应与偏振态的斯托克斯矢量的描述混淆，这是一种完全不同的方式和强度比例，而不是线性的。20 世纪 90 年代，三维（斯托克斯）空间被用作偏振移位键控调制的信号空间[6-13]。然而，由于绝对相位描述的缺乏，使得星座点具有不同的绝对相位，但在斯托克斯空间中存在相同的偏振重合点，因此在加性噪声的相干通信系统中信号空间是不太有用的。然而，在讨论不同调制格式的偏振特性时，光场的斯托克斯空间描述是有用的[5]。

18.3.2 四维多阶调制的实现

1. 电域四维调制的实现

人们早已对"如何创造出四维星座空间进行四维调制"进行了研究，且常用两个不同载波或两个不同时隙来实现四维空间。这里简要说明用双载波实现的情况[3-4]。文献[3]根据置换码（permutation codes）设计了四维信号，并通过与二维的幅度和相位调制（2D APK）的信号对比，说明了对于给定的信息速率，四维调制能比二维调制节省 1dB 的平均功率。文献[4]借助对规则四维多胞形（regular four-dimensional polytopes）的研究结果，为联合相位和幅度调制的信号设计了编码，且采用四元数（quaternion）表示法来表示信号，通过引入四元数的运算法则计算信号点之间的距离。文献[3]提出的信号有许多能量量阶，而文献[4]提出的仅有一个量阶，这是文献[4]方法相较于文献[3]方法的优势。

r_1 和 r_2 是两个幅度变量，ϕ_1 和 ϕ_2 是两个相位变量。在一个时间周期 T 内，发送信号可表示为

$$s(t) = r_1\sqrt{\frac{2}{T}}\sin(\omega_1 t + \phi_1) + r_2\sqrt{\frac{2}{T}}\sin(\omega_2 t + \phi_2) \tag{18-8}$$

为了让式(18-8)中等号右边的两项正交,$\frac{\omega_1 T}{2\pi}$ 和 $\frac{\omega_2 T}{2\pi}$ 需是两个不同的整数。展开可得

$$s(t) = a_1\sqrt{\frac{2}{T}}\sin\omega_1 t + b_1\sqrt{\frac{2}{T}}\cos\omega_1 t + a_2\sqrt{\frac{2}{T}}\sin\omega_2 t + b_2\sqrt{\frac{2}{T}}\cos\omega_2 t \tag{18-9}$$

这是一个正交基中各向量的线性组合,组合系数为 a_1, b_1, a_2, b_2。把发送信号写成向量的形式,即 $\mathbf{s} = (a_1, b_1, a_2, b_2)^T$,而写成四元数的形式,即 $\boldsymbol{\sigma} = a_1\mathbf{e} + b_1\mathbf{j} + a_2\mathbf{k} + b_2\mathbf{l}$。

2. 光域四维调制编码

虽然在电域里实现四维调制有些许复杂,但幸运的是,光通信系统有着得天独厚的优势。由于相干光通信系统允许使用两个相互正交的偏振方向,每个方向上的同相和正交分量来传输数据,因此,这已形成 4 个自由度(degree of freedom,DOF)。下面给出光域四维调制编码的方法。

在信号的总功率固定的情况下同时考虑两个幅度和两个相位的变量,将信号表示为一个四维欧几里得空间 V_4 的矢量 $\mathbf{s}$,即一个信号码元 M 是 V_4 中单位长度的矢量的有限集合 $\mathbf{s}_i$ 或者等价于球体空间 S^3 中一系列的点。为了找到较好的信号编码,在 V_4 空间中使用称为多胞形的规则几何图形。在文献[14]和[15]的基础上总结如下。

首先为四元数定义运算 H。在运算 H 中四元数的相加是分量相加,乘法由如下规则决定:

$$\begin{cases} e \cdot \sigma = \sigma \cdot e = \sigma, \quad \forall \sigma \in H \\ j^2 = k^2 = l^2 = -e \\ jk = -kj = l, \quad kl = -lk = l, \quad lj = -jl = k \end{cases} \tag{18-10}$$

元素 e 是 H 的单位元素,相当于实数 1。元素 j 相当于 $\sqrt{-1}$。一个四元数可以写作

$$\sigma = z_1 k + z_2 k = (z_1, z_2) \tag{18-11}$$

其中,$z_1 = a_1 + jb_1, z_2 = a_2 + jb_2$,也可定义为 $z_1 = r_1\exp\{j\phi_1\}, z_2 = r_2\exp\{j\phi_2\}$。规则式(18-11)四元数代数运算是不可交换的。令四元数 $\tau = u_1 + u_2 k$,则

$$\sigma \cdot \tau = (z_1 u_1 - z_2 \bar{u}_2) + (z_1 u_2 + z_2 \bar{u}_1)k \tag{18-12}$$

定义 σ 的复数共轭 $\bar{\sigma} = a_1 e - b_1 j - a_2 k - b_2 l = \bar{z}_1 - \bar{z}_2 k$,则有

$$\sigma \cdot \bar{\sigma} = \bar{\sigma} \cdot \sigma = z_1 \bar{z}_1 + z_2 \bar{z}_2 = r_1^2 + r_2^2 \tag{18-13}$$

引入符号 $N(\sigma) = \sigma \cdot \bar{\sigma}$。由于 $\sigma\sigma^{-1} = \sigma^{-1}\sigma = 1$，$H$ 中的每个元素 σ 有一个独立的逆 $\sigma^{-1} = \bar{\sigma}/N(\sigma)$。满足 $N(\sigma) = 1$ 的 σ 对应于四维向量空间 V_4 中单位圆上的点。

定义两个四元数 σ 和 τ 之间的欧几里得距离为[16-18]

$$d^2(\sigma, \tau) = N(\sigma - \tau) \tag{18-14}$$

由以上计算可知，$N(\sigma^{-1}) = N(\sigma)^{-1}, N(\sigma \cdot \tau) = N(\sigma)N(\tau)$。

定义两个映射 $h_1(\sigma)$ 和 $h_2(\sigma, \mu)$：

$$h_1(\sigma): \tau \to \sigma\tau\sigma^{-1} \tag{18-15}$$

$$h_2(\sigma, \mu): \tau \to \sigma\tau\mu^{-1} \tag{18-16}$$

其中，$\tau \in H, \sigma, \mu \in S^3$。这些变换提供了从原始集 $\{\tau_1, \cdots, \tau_m\}$ 到转换后的集的距离特性。对于一个有限向量集 $\{s_i\}, s_i \in V_4$，当所有的向量的长度都相同即 $\|s_i\| = 1$ 时，称该向量集为一个信号码元。文献[19]和[20]研究了规则的四维多胞形，并使用四维空间中的对称和旋转将它们进行分类。如果两个码元 C 和 C' 的距离分布相同的话，就认为这两个码元是相同的。前文提到的两个映射 $h_1(\sigma)$ 和 $h_2(\sigma, \mu)$ 都保留了距离，因此可以使用它们来分别构建等价码元 $h_1(\sigma)C$ 和 $h_2(\sigma, \mu)C_1$ 的类。

下面，以双环码元为例来看如何产生码元。对于 $\mu = \cos\alpha \cdot j + \sin\alpha \in S^3$ 应用转换 $h_1(\mu)$，结果为

$$\sigma = \begin{cases} \left(\cos\dfrac{\pi v}{p} + \cos2\alpha\sin\dfrac{\pi v}{p} \cdot j, \sin2\alpha\sin\dfrac{\pi v}{p} \cdot j\right), & v = 0, 1, \cdots, 2p-1 \\ \left(-\cos\dfrac{\pi v}{p} + \sin2\alpha\sin\dfrac{\pi v}{p} \cdot j, -\cos2\alpha\sin\dfrac{\pi v}{p} \cdot j\right), & v = 2p, 2p+1, \cdots, 4p-1 \end{cases}$$

当 $\alpha = 0, v = 0, 1, \cdots, 2p-1$ 时，信号是相位调制的信号，当 $v = 2p, \cdots, p-1$ 时，是幅度调制的信号。当 $\alpha = \pi/4, \sigma_1, \cdots, \sigma_{2p-1}$ 时，信号是幅度调制，当 $\alpha = \sigma_{2p}, \cdots,$ σ_{4p-1} 时，在 z_1 平面是相位调制，在 z_2 平面为零。选择其他的 μ 值可以在两个时间间隔产生具有幅度和相位调制的信号。

在码元的分类方面，将码元元素记为 m，并根据码元元素将多胞形的分类直接转换成信号码元的分类。这些类是有部分重叠的，因此一个码元可能属于多个类。对于任何一个码元，所有信号向量对于另外的向量都有相同的距离分布，因此所有的码元都是规则的。

1）晶体图形规则的码元，如 $m = 5, 8, 16, 24$

对于单层结构编码 $m = 5$ 时（图 18-5），选择以下码元：

$$\sigma_1 = (1, 0), \sigma_2 = (u, v), \sigma_3 = (u, -v), \sigma_4 = (\bar{u}, \bar{v}), \sigma_5 = (\bar{u}, -\bar{v}),\text{且 } u = -\frac{1}{4}$$

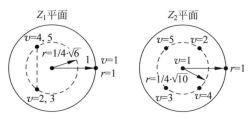

图 18-5　$m=5$ 时单层码

$+\mathrm{j}\frac{\sqrt{5}}{4}, u=\frac{5}{4}+\mathrm{j}\frac{\sqrt{5}}{4}$。每个向量到另外一个向量间的距离都是相等的，$d=\sqrt{5/2}$。

对于 16 胞体 $G(8), m=8$ 时，最简单的表示这种多胞形的方法是使用 $\pm e$，$\pm j, \pm k, \gamma l$，这些元素组成称为四元数组 $G(8)$ 的组。向量信号如图 18-6 所示，码元生成一组双正交的信号。距离分布如下：

$$d: \quad \sqrt{2} \quad 2$$
$$数目: \quad 6 \quad 1$$

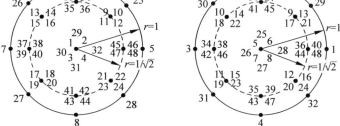

图 18-6　群码 $G(8)$，元素从 1 到 8；群码 $G(24)$，元素从 1 到 24；群码 $G(48)$，元素从 1 到 48

对于立方体结构的编码，$m=16$ 时（图 18-7），16 个顶点的坐标可以通过将所有正负符号的基向量相加获得

$$\frac{1}{2}(\pm e \pm j \pm k \pm l) = \frac{1}{2}(\pm 1 \pm j, \pm 1 \pm j)$$

距离分布如下所示：

$$d: \quad 1 \quad \sqrt{2} \quad \sqrt{3} \quad 2$$
$$数目: \quad 4 \quad 6 \quad 4 \quad 1$$

2）双棱镜码元，$m=p^2, p=3,4,\cdots$

对于双棱镜（相位）编码，当 $m=p^2, p=3,4,\cdots$ 时，一个 $m=p^2$ 的码元中的元

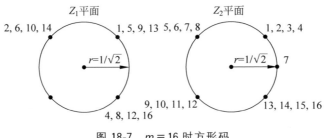

图 18-7 $m=16$ 时方形码

素可以表示为 $\sigma(\mu,v)=\left(\dfrac{1}{\sqrt{2}}e^{\mu},\dfrac{1}{\sqrt{2}}e^{v}\right);\mu,v=0,1,\cdots,p-1$,其中 $e=\{j2\pi/p\}$。这只是对于两个载波都有独立相位值的相位调制。令 $p=4$,则结果为与立方体等价的码元,它的距离分布是双环群码的简单修改。

3) 群码,$m=p,2p,4p,24,48,120,p=2,3,\cdots$

由于性能和代数特性,群码码元是我们最关注的分类。一些晶体图形规则的码元也是群码,群码可以再分为如下五个子类。

(1) 循环群码:$m=2,3,4,\cdots$

对于循环群:$m=2,3,4,\cdots$,群码的产生器是 $\sigma=(e,0),e=\exp\{j2\pi/m\}$,并且群组中的元素可以记作 $\sigma_v=(e^v,0),v=0,1,\cdots,m-1$。这是一个信号矢量退化到二维的子空间的情况,此时信号是纯相位调制。

(2) 双环群码:$m=4p,p=2,3,\cdots$

这类群码组成一个循环群码的拓展:

$$\sigma_v=\begin{cases}(e^v,0),& v=0,\cdots,2p-1\\(0,e^v),& v=2p,2p+1,\cdots,4p-1\end{cases}$$

且 $e=\exp\{j2\pi/2p\}$。产生的元素是 $\sigma=(\varepsilon,0)$,以及 $\tau=(0,\varepsilon)$。当 $p=2$ 时,是一种特殊情况。σ_1 到 σ_4 的四个元素是 $\pm e,\pm j$,另外四个元素是 $\pm h,\pm l$,因此 $m=8$ 的双环群码与四元码组 $G(8)$ 等价。距离分布如下:

$$k:\quad 1,2,\cdots,p-1$$
$$d:\quad 2\sin\dfrac{k\pi}{2p}\quad 2\quad \sqrt{2}$$
$$数目:\quad 2\quad 1\quad 2p$$

传输的信号可以描述成一个相位调制信号。

(3) 二进制四面体群码:$m=24$

对于二进制四面体组,当 $m=24$ 时,在四元数组 $G(8)$ 中添加元素 ω:

$$\omega = \frac{1}{2}(e+j+k+l) = \frac{1}{2}(1+j, 1+j)$$

结果为二进制四面体组 $G(24)$，它由 $G(8)$ 和陪集 $\omega G(8)$、$\omega^2 G(8)$ 组成，注意到 $\omega^3 = (-1,0)$。当 $e=1/2(1+j)$，$G(24)$ 中的元素如下：

$$\pm e, \pm j, \pm k, \pm l \equiv G(8)$$
$$(\pm e, \pm e), (\pm \bar{e}, \pm \bar{e}) \equiv \omega G(8)$$
$$(\pm \bar{e}, \pm e), (\pm e, \pm \bar{e}) \equiv \omega^2 G(8)$$

可以看到，每个结合了幅度和相位调制的载波，使用的幅度值是 $0, 1/\sqrt{2}$ 和 1，并且使用的相位值是 8 个等距离的。所以存在一个晶体图形规则的码元与 $G(24)$ 等价。

距离分布如下：

d：	1	$\sqrt{2}$	$\sqrt{3}$	2
数目：	8	6	8	1

(4) 二进制八面体群码：$m=48$

对于二进制八面体组，当 $m=48$ 时，在 $G(24)$ 中添加元素 $\omega_1 = \frac{1}{\sqrt{2}}(e+j) = \frac{1}{\sqrt{2}}(1,1)$。新的组 $G(48)$ 可以描述为 $G(24)$ 和陪集 $\omega_1 G(24)$。对于 $G(48)$ 和 $G(24)$，使用幅度调制的幅度值是 $0, 1/\sqrt{2}$ 和 1，并且使用 8 个等距离的相位值。距离分布如下：

d：	$\sqrt{2-\sqrt{2}}$	1	$\sqrt{2}$	$\sqrt{3}$	$\sqrt{2+\sqrt{2}}$	2
数目：	6	8	18	8	6	1

(5) 二进制二十面体群码：$m=120$

对于二进制二十面体组，当 $m=120$ 时，组 $G(120)$ 有如下产生元素：

$$\sigma_1 = \frac{1}{2}(\gamma e + \gamma^{-1} j + l) = \frac{1}{2}(\gamma + \gamma^{-1} j, j)$$
$$\sigma_2 = \frac{1}{2}(e + \gamma^{-1} k + \gamma l) = \frac{1}{2}(1, \gamma^{-1} + \gamma j)$$
$$\sigma_3 = 1 = (0, j)$$

其中，$\gamma = (\sqrt{5}+1)/2$。距离分布如下：

d：	$\sqrt{2-\gamma}$	1	$\sqrt{3-\gamma}$	$\sqrt{2}$	$\sqrt{1+\gamma}$	$\sqrt{3}$	$\sqrt{2+\gamma}$	2
数目：	12	20	12	30	12	20	12	1

当一个相位平面上出现了三个幅度时，码元向量如下[14]：

$(e^{2\mu+!},0)$	$\mu=0,1,\cdots,9$	顶点数量：10
$(e^{2\mu}\cos\lambda,e^{2v}\sin\lambda)$	$u+v$ 是偶数	顶点数量：50
$(e^{2\mu}\sin\lambda,e^{2v}\cos\lambda)$	$u+v$ 是偶数	顶点数量：50
$(0,e^{2v+!})$	$\mu=0,1,\cdots,9$	顶点数量：10

其中，$e=\exp\{j\pi/10\}$，$2\lambda=\arctan 2$。

4）由有限酉群生成的码元。

5）由有限旋转群生成的码元。

6）由有限的单一组生成的码元：$m=ns$。码元的元素为

$$\frac{1}{\sqrt{2}}(e_1^{qv+\mu} \cdot e_2^{-(qv'+d\mu)},e_1^{qv+\mu} \cdot e_2^{qv'+d\mu})$$

其中，$e_1=\exp(j\pi/n)$；$e_2=\exp(j\pi/r)$；$v=0,1,\cdots,p-1$；$v'=0,1,\cdots,s-1$；$\mu=0,1,\cdots,q-1$ 且 $2n=q\cdot p$，$2r=qs$，d 必须与 q 互质。这些码元在本质上与双相位码有相同的结构，但是在相位值上同样具有更大的自由度。在文献[15]中展示了这一类码元如何转换为具有相位和幅度调制的类。

3. 四维编码实例

一种简单的四维调制方式是使用 X-pol 和 Y-pol 两个偏振态，在每个偏振态上各传递二维星座点，如 PM-16QAM，此时 PM-16QAM 效率为 8bit/symbol。

科埃略（Coelho）和哈尼克（Hanik）[17]首先在四维调制中引入 Ungerboeck 的集合划分（SP）方法[17]，用以发送 PM-16QAM 信号，他们称为 32-level 集合划分 QAM（32-SP-QAM）和 128-level set-partitioning QAM（128-SP-QAM）。SP 方法简单地说就是一种集合分割原则，将 QAM 星座点看作集合元素，每次将一个集合分为两个子集，使得子集中元素减少一半，且相邻星座点欧几里得距离变为原来的 $\sqrt{2}$ 倍。SP-QAM 方法相比传统 PM-QAM 方法在稍微牺牲频谱效率的同时，换来了能量效率的显著提升。

SP-QAM 方法的另一优势是可以利用传统 PM-QAM 信号的硬件结构，只需稍微调整即可，不需要额外的成本，图 18-8 说明了 PM-16QAM 和 128-SP-QAM 信号的发送原理图。

这里 PM-16QAM 和 128-SP-QAM 由于使用 X-pol 和 Y-pol 两个偏振态，可以看作四维调制信号，采用类似的发送结构，SP-128QAM 最后 1 位比特是其他 7 位的异或（XOR），视作校验比特，PM-16QAM 效率为 8bit/symbol，128-SP-QAM 效率为 7bit/symbol。

128-SP-QAM 解码时（图 18-9）需要考虑比特校验，当比特校验位发现有错误时，需要调制判决星座点，将星座点移入邻近位置，由于四维调制，考虑四元组星座

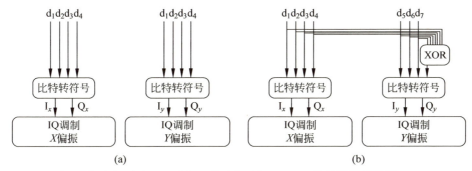

图 18-8 （a）PM-16QAM 和（b）128-SP-QAM 信号发送原理图

点 (X_1, X_2, X_3, X_4)，其中 $X_i \in \{\pm 1, \pm 3\}$，当解码校验时发现有错误比特，此时在误差最大的位置重新调制星座点，再重新解码。具体算法参照文献[18]。

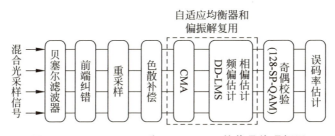

图 18-9　128-SP-QAM 和 PM-16QAM 的信号处理框图

这里采用 MATLAB 等效基带模型蒙特卡罗仿真，信道为 AWGN 信道，图 18-10 是 PM-16QAM 和 128-SP-QAM 仿真曲线结果。可以看出，由于 128-SP-QAM 的欧几里得距离是常规 256QAM 距离的 $\sqrt{2}$ 倍，并且考虑比特校验以及星座点的纠错，从而使得误码率降低。

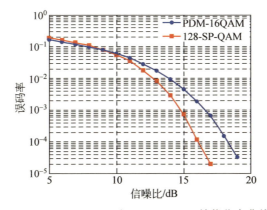

图 18-10　PM-16QAM 和 128-SP-QAM 性能仿真曲线

18.4 多维多阶调制星座图的设计依据

在成功实现四维调制编码之后,开始解决上文提出的第二个问题,即"如何在不减小 d_{min} 的条件下,设计出一个星座图使平均能量 E_s 最低?"此时我们需要考虑对于给定的维数 N、调制阶数 M 及渐近 SNR,哪种星座图的 γ 最高。这便是第二个问题的核心。这一问题可等价于一个物理问题,即 M 个 N 维球体的最密填充问题(sphere-packing problem),也称开普勒猜想(Kepler conjecture),或等价于牛顿数问题(kissing-number problem)。

此处的"最密"二字,可理解为球心到原点的最大距离最小化,或所有球心到原点的均方距离最小化。在球体填充问题中,把前者称为"簇形"(cluster,聚集成的团或堆)问题,把后者称为"球形"(ball,实际上是空心的球面)问题。在给定的 N 维空间中找到 M 阶最优星座图很困难,一个已知的"最优"星座图通常没有形式化的数学证明,且它常来自于经验,即还没找到比这个更优的星座图。由于解析方法相当困难,故常用数值方法来设计"最优星座图"。事实上,人们通常是创造成千上万的星座图,从中选出最好的一个来当作"最优"的星座图。

18.4.1 "簇形"问题

"簇形"可理解为,如何放置 M 个球才能占据最小的空间。根据文献[8],密度(density)定义为

$$\Delta \stackrel{\text{def}}{=} 球占据空间的比例 = \frac{球的体积}{基本区域的体积} = \frac{球的体积}{\sqrt{\det \Lambda}} \tag{18-17}$$

Λ 表示晶格(lattice),详细介绍可参见文献[6]。

(1) 一维情形。如图 18-11 所示,很明显,一条线段能获得

$$\Delta(1) = 100\% \tag{18-18}$$

这些球心形成了一维晶格 $\mathbb{Z}$。

图 18-11 一维簇形最密填充

(2) 二维情形。这是平面上的开普勒问题。"正六边形(hexagonal)排列法是平面上密度最高的装球法"这一结论常被称作图厄(Axel Thue)定理,如图 18-12 所示。平面的"簇形"问题已得到充分的研究,而设计的最优星座图常是 M 个圆围绕原点按正六边形排布。

图 18-12　图厄定理图示

按图 18-13 的排列方式,可获得二维的最密填充:

$$\Delta(2) = \frac{\pi}{2\sqrt{3}} = 0.9069 \tag{18-19}$$

(3) 三维情形。这正是"开普勒猜想"(图 18-14),即假如在你面前放着一堆小球,怎么摆放才能最节约空间？凭经验和直觉断定,把上一层交错地放到下一层彼此相邻的凹处,比直接一个叠一个更合理。

图 18-13　二维簇形最密填充

图 18-14　开普勒猜想图示

在箱子里堆放大小一样的球,用"面心立方体"(face-centered cubic,fcc)的堆积方式(上层圆球安放在下一层圆球中间的各个凹处)可使空间利用率最高[6],其密度为

$$\Delta(3) = \frac{\pi}{3\sqrt{2}} = 0.7405 \tag{18-20}$$

(4) 四维情形。棋盘晶格(checkerboard lattice)$\mathcal{D}_4$是四维空间中最密的排列,其密度为

$$\Delta(4) = \frac{\pi^2}{16} = 0.6169 \tag{18-21}$$

18.4.2　"球形"问题

"球形"可理解为把 M 个单位尺寸的球填入一个更大的球,而这个大球的半径

越小越好。这样的描述,可能会使人对球形问题造成误解。"球形"结构和前面的"簇形"结构很相似,但又有不同之处。"簇形"一定需要满足"占据空间最小"这一条件,这就对信号星座图的 E_s 提出要求,即要求 E_s 最小。而"球形"并不一定要求占据的空间最小,而是要求离原点最远的球心到原点的距离在所有指定 N 和 M 的星座图中最小,即对信号星座图的 $E_{s,\max}$ 提出要求。读者可从后文中逐渐体会二者的差异。

对于"球形"结构,二维情形下许多最优结果可以在文献[11]中找到答案。而我们更关心高维的情形。对于 $N \geqslant 3$,可利用球形编码(spherical coding)的结果,构造出"可能是"最优的星座图[12]。在球形编码中,所有的点到原点的距离都相等,且这个距离是最小的。这可以理解为牛顿数问题。二维的牛顿数 $\mathcal{K}_2=6$,三维的牛顿数 $\mathcal{K}_3=12$,四维的牛顿数 $\mathcal{K}_4=24$。同样,牛顿数问题证明起来也相当困难。对二维(图18-15)、三维(图18-16)和四维牛顿数的猜想已有很长的历史,其证明在近期才得以完成[6]。

图 18-15　二维牛顿数图示

图 18-16　三维牛顿数图示

18.5　典型多维多阶星座图性能分析

根据"球体填充问题"和"牛顿数问题"的结论,我们在这里分析一些典型星座图的性能指标。先分析二维情形,再分析四维情形。约定在 N 维空间中,若 M 个点的星座图形成"簇形"结构,用 $\mathcal{C}_{N,M}$ 来表示,"球形"结构用 $\mathcal{B}_{N,M}$ 来表示,并将所有星座图的最小距离均设为 $d_{\min}=2$,这样,需打包的那些球面均是单位球面。因此,式(18-3)可以写为

$$\gamma = \frac{d_{\min}^2}{4E_b} = \frac{2^2}{4\dfrac{E_s}{\log_2 M}} = \frac{\log_2 M}{E_s} = 10\log_{10}\left(\frac{\log_2 M}{E_s}\right)\text{dB} \qquad (18\text{-}22)$$

18.5.1 $N=2$

1. $M=2,3,4$

这些最优星座图正是我们熟知的 BPSK、3-PSK、QPSK，见表 18-1。

表 18-1　BPSK、3-PSK、QPSK 星座点分布与基本性能指标

调制格式名称	$M=2$	$M=3$	$M=4$
	BPSK	3-PSK	QPSK
星座图			
$E_{s,\max}$	1	$\frac{4}{3}=1.333$	2
E_s	1	$\frac{4}{3}=1.333$	2
SE/(bits/symbol)	1	$\log_2 3=1.5850$	2
γ/dB	0	$\frac{3}{4}\log_2 3 \to 1.1888$	0

2. $M=6,7$

$M=7$ 是二维情形的牛顿数问题，
$$\mathcal{B}_{2,7}=\mathcal{C}_{2,7}=\{(0,0),(\pm\sqrt{3},\pm 1),(0,\pm 2)\}$$

当 $M=6$ 时，"球形"结构的星座图去掉了 $M=7$ 的星座图中位于中心的星座点，而"簇形"结构的星座图则去掉周围任意一个星座点，并重新调整了星座图的中心。不妨去掉 $(0,-2)$ 这个点。为找到星座图新的中心 $\mathcal{O}'$ 使 E_s 最小，设 $\mathcal{O}'$ 点坐标为 (x,y)，如图 18-17 所示。

则
$$\begin{aligned} E_s &= E_s(x,y) \\ &= \frac{1}{6}\times\{[(x-0)^2+(y-0)^2]+[(x+\sqrt{3})^2+(y-1)^2]+ \\ &\quad [(x-\sqrt{3})^2+(y-1)^2]+[(x+\sqrt{3})^2+(y+1)^2]+ \\ &\quad [(x-\sqrt{3})^2+(y+1)^2]+[(x-0)^2+(y-2)^2]\} \end{aligned} \tag{18-23}$$

令

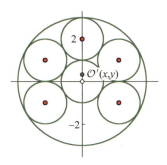

图 18-17 寻找 $M=6$,簇形结构的中心 $\mathcal{O}'$

$$\frac{\partial E_s(x,y)}{\partial x} = \frac{12x}{6} = 0 \qquad (18\text{-}24)$$

$$\frac{\partial E_s(x,y)}{\partial y} = \frac{12y-4}{6} = 0 \qquad (18\text{-}25)$$

求得 $\left(0,\dfrac{1}{3}\right)$ 为函数的唯一驻点。通过黑塞矩阵(Hessian matrix)可进一步验证该驻点是函数的极小值点,也是最小值点。因此 $\mathcal{O}'$ 的坐标为 $\left(0,\dfrac{1}{3}\right)$,且 $E_s = E_s\left(0,\dfrac{1}{3}\right) = 29/9 = 3.22$(表 18-2)。

表 18-2 $N=2, M=6,7$ 的星座点分布与基本性能指标

	$M=6$		$M=7$
	簇形	球形	
星座图			
$E_{s,\max}$	4		
E_s	$\dfrac{29}{9} = 3.22$	$\dfrac{24}{6} = 4$	$\dfrac{24}{7} = 3.43$
SE/(bits/symbol)	$\log_2 6 = 2.5850$		$\log_2 7 = 2.8074$
γ/dB	$\log_2 6/E_s \to -0.96$	$\log_2 6/E_s \to -1.90$	$\log_2 7/E_s \to -0.87$

3. $M=19$

图 18-18 和图 18-19 可以很好地说明"簇形"结构与"球形"结构之间细微的区别。当 $M=19$ 时,这两种结构都具有正六边形的对称性,中间是一个 $\mathcal{B}_{2,7}$ 结构。"簇形"结构最外面一圈的球形成一个正六边形,为的是满足所占据的空间最小,即 E_s 最小;"球形"结构最外面一圈球形成一个圆,为的是满足离原点最远的球心到原点的距离在指定 N 和 M 的所有星座图中最小,即 $E_{s,\max}$ 最小。图 18-18 和图 18-19 的虚线圆周一样大,说明"簇形"结构星座图的 $E_{s,\max}$ 更大。

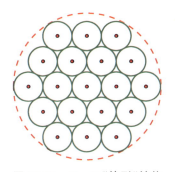
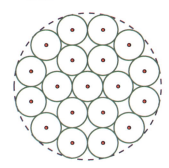

图 18-18 $M=19$ "簇形"结构　　　图 18-19 $M=19$ "球形"结构

18.5.2 $N=4$

由于我们视觉的局限性,四维情形的星座图很难视觉化。

不过可以用一些代数的方法来表示四维情形,如用四维向量 (a_1,a_2,a_3,a_4) 表示星座点,或用四元数 $\sigma=a_1e+a_2j+a_3k+a_4l$ 来表示。其中,四元数表示法就像在平面上用复数 $z=x+yi$ 来表示星座点。同样,也可以用一些几何的方法来描述四维情形,如用两个正交的平面分别来表示二维(图 18-20,图 18-21),或用投影来表达四维空间里的物体(就像在一张平面的纸上画出一个立体的正方体的投影)。

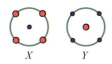

图 18-20　两个正交的偏振方向上 PS-QPSK 星座图

大点表示 QPSK 在 X 极化面上传播,在 Y 极化面上为零;小点表示 QPSK 在 Y 极化面上传播,在 X 极化面上为零

图 18-21 两个正交的偏振方向 DP-QPSK 星座图

1. $M=8$(PS-QPSK)

$\mathcal{C}_{4,8}$ 是满足平均比特能量最低要求的最优四维星座图[7],且由于它所有星座点都位于四维球面上,所以 $\mathcal{B}_{4,8}=\mathcal{C}_{4,8}$,其八个星座点遵循双正交的形式:$\mathcal{B}_{4,8}=\mathcal{C}_{4,8}=\{(\pm\sqrt{2},0,0,0),\cdots,(0,0,0,\pm\sqrt{2})\}$。这种结构称为交叉多面体(cross-polytope)。把 PS-QPSK 的绝对相位旋转 45°后,可得另一种坐标形式:$\mathcal{C}'_{4,8}=\{(\pm1,\pm1,0,0),(0,0,\pm1,\pm1)\}$。$\mathcal{C}'_{4,8}$ 表明 PS-QPSK 仅能在 X 或 Y 之间的一个方向上形成 QPSK,而不像 DP-QPSK 可以在两个偏振方向上同时存在分量。因此,这种调制格式称为 PS-QPSK(polarization-switched QPSK)。

PS-QPSK 只用到 DP-QPSK 一半的点,故 SE 减少为每符号 3 比特。但由于它的 d_{min} 是 DP-QPSK 的 $\sqrt{2}$ 倍,导致 γ 提高 1.76dB。

文献[7]详细地讨论了 PS-QPSK 的整体性能、编码方式,文献[5]和文献[7]介绍了 PS-QPSK 的发送机、接收机,以及如何进行比特-符号映射(bit-to-symbol mapping)。

2. $M=16$(DP-QPSK)

DP-QPSK 的星座点坐标是 $\mathcal{D}_{4cube}=\{(\pm1,\pm1,\pm1,\pm1)\}$,其星座点形成了一个立方体。虽然不论从 $E_{s,max}$ 最小化还是 E_s 最小化来说,它都不是最优的,但由于其对称性很容易产生和检测,因此是目前相干系统中非常流行的调制格式。

3. $M=24$(6P-QPSK),25

$M=25$ 是四维情形下的牛顿数问题,$\mathcal{B}_{4,25}=\mathcal{C}_{4,25}=\mathcal{B}_{4,24}\bigcup\{(0,0,0,0)\}$。它的球心形成了 $\mathcal{D}_4$ 晶格的子集。

对于 $M=24$,为了保证星座图的对称性,可去掉(0,0,0,0)。星座点是 $\mathcal{B}_{4,24}$ 的调制方式称为 6P-QPSK。$\mathcal{B}_{4,24}$ 的定义为四维正多面体的 24 个顶点。四维正多面体称为二十四胞体(24-cell,icositetrachoron),是四维空间中唯一的正多面体。$\mathcal{B}_{4,24}$ 有两种表示形式。第一种是 $\mathcal{B}_{4,24}=\mathcal{D}_{4cube}\bigcup\sqrt{2}\mathcal{B}_{4,8}=\{(\pm1,\pm1,\pm1,\pm1),(\pm2,0,0,0),\cdots,(0,0,0,\pm2)\}$,这表明 DP-QPSK 可扩展为有 24 个星座点,E_s 和 d_{min} 却不变的一种新型调制方式 6Pol-QPSK。第二种是 $\mathcal{B}'_{4,24}=\{\sqrt{2}(\pm1,\pm1,0,$

$0),\cdots,\sqrt{2}(0,0,\pm 1,\pm 1)\}$。文献[5]和[8]介绍了用 9 比特映射为两个相邻符号的方法实现 $\mathcal{B}_{4,24}$,其 γ 值比 DP-QPSK 提高了 0.59dB。

通常,光场是椭圆极化(elliptically polarized)的,但有三种重要的幅度、相位组合的情况,称为退化的极化状态(degenerate polarization state)。第一种是线水平/垂直极化光(linearly horizontal/vertical polarized light,LHP/LVP),第二种是线 $\pm 45°$ 极化光(L+45P/L－45P),第三种是右/左圆极化光(right/left circularly polarized light,RCP/LCP)。它们在数学上满足的式子及每种情况对应的图示见表 18-3。

表 18-3 退化的极化状态[9]

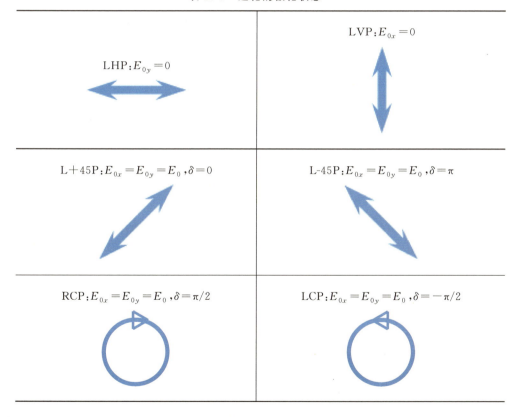

星座点构成 $\mathcal{B}_{4,24}$ 的调制方式,其极化刚好就是上述三种退化的极化状态,故称作 6P-QPSK。关于场、偏振等内容的详细介绍,可见文献[9]。$\mathcal{C}_{4,24}$ 可以通过去掉 $\mathcal{C}_{4,25}$ 的一个非零点,平移星座图获得,它的 γ 值比 DP-QPSK 高了 0.79dB。现列出了光四维调制格式的一些典型代表:PS-QPSK、DP-QPSK 和 6P-QPSK。对以上几种典型四维调制星座图的总结见表 18-4。

表 18-4　PS-QPSK、DP-QPSK 和 6P-QPSK 星座点分布与基本性能指标

调制格式名称	$M=8$ PS-QPSK	$M=16$ DP-QPSK	$M=24$ 6P-QPSK
投影表示	交叉多面体	立方体	正 24 胞体
$E_{s,\max}$	2	4	4
E_s	2	4	4
SE/(bit/symbol)	3	4	$\log_2 24 = 4.5850$
γ/dB	$3/2 \to 1.76$	0	$\log_2 24/E_s \to 0.59$
坐标	$\mathcal{B}_{4,8} = \mathcal{C}_{4,8} = \{(\pm\sqrt{2}, 0, 0, 0), \cdots, (0, 0, 0, \pm\sqrt{2})\}$ $\mathcal{C}'_{4,8} = \{(\pm 1, \pm 1, 0, 0), (0, 0, \pm 1, \pm 1)\}$	$\mathcal{D}_{4\text{cube}} = \{(\pm 1, \pm 1, \pm 1, \pm 1)\}$	$\mathcal{B}_{4,24} = \mathcal{D}_{4\text{cube}} \cup \sqrt{2}\,\mathcal{B}_{4,8} = \{(\pm 1, \pm 1, \pm 1, \pm 1), (\pm 2, 0, 0, 0), \cdots, (0, 0, 0, \pm 2)\}$ $\mathcal{B}'_{4,24} = \{\sqrt{2}(\pm 1, \pm 1, 0, 0), \cdots, \sqrt{2}(0, 0, \pm 1, \pm 1)\}$

目前，随着 EDFA 的广泛部署，光纤容量不太受低光功率的影响，而类似自相位调制(SPM)和交叉相位调制(XPM)的非线性逐渐成为限制因素。忽略色散(dispersion)，单独研究 SPM 和 XPM 对信号的损伤表明，SPM 通常与等幅格式关系不大，而 XPM 引入的相移正比于在所有波分复用信道中的瞬时功率。γ 值高的格式允许降低发送功率，因此引入更小的非线性误差。当传输速率相等时，PS-QPSK 所需要的功率比 DP-QPSK 小 1.76dB，一些研究还表明 PS-QPSK 对 XPM 非线性的容忍度好于 DP-QPSK。

值得注意的是，因为 SPM 和 XPM 取决于瞬时功率，所以非线性现象明显时，最小化 $E_{s,\max}$ 比最小化平均符号功率 E_s 好，即"球形"星座图表现得更好。从 $E_{s,\max}$ 考虑，许多"簇形"星座图的表现要差很多，而"球形"星座图在 $E_{s,\max}$ 和 E_s 方面的表现都不错。反过来，在 E_s 受限时，使用"球形"星座图需要的代价要比在 $E_{s,\max}$ 受限时使用"簇形"星座图小。因此，当 $E_{s,\max}$ 和 E_s 都受限时，对于绝大多数非线性损伤，"球形"结构的星座图稳健性要好。

18.6　总结与展望

为满足对高速光通信系统日益增长的需求,可以采用更高 SE、更高阶的调制方式来提高系统容量,但受光纤非线性的影响,信号发射功率不能过大。为保证稍大的最小星座距离 d_{min},可提高调制信号的维数。本章简要回顾了在电域用双载波、光域考虑偏振方向实现四维调制的方法,在给定维数 N 和调制阶数 M 的情况下,设计出满足 E_s 和 $E_{s,max}$ 最小条件的最优星座图等价于最密球体填充的开普勒问题。本章总结了 $N=2$ 时,$M=2,3,4,6,7,19$,以及 $N=4$ 时,$M=8,16,24,25$ 的最优星座图,对比它们的渐近功率效率,讨论了四维调制对光纤非线性的容忍度及稳健性。

人们对多维多阶调制方式的青睐,使得这一课题成为研究者们关注的热点。无论从光通信容量提升的角度还是从科学研究的角度来看,对高频谱效率的光四维调制的研究都极具科学价值和实用意义,而这也是国内外学术竞争的焦点和制高点。随着研究的不断深入,我们必须转变观念,从以前想当然地设计所谓的最优星座图,过渡到综合考虑传输速率、波特率、谱效率、功率效率、功率代价、对非线性的忍耐度和稳健性等因素,设计出真正适合某一特定通信系统的调制格式。选择正确的、合适的调制格式,是建立一个灵活的、低成本、高容量的通信系统的关键。相信本书采用的思路能为日后深入研究和探讨多维多阶调制格式的整体性能、综合分析和设计某一具体的调制方式提供一定参考。

参考文献

[1] SCHUBERT C,FISCHER K,SCHMIDT-LANGHORST C,et al. New trends and challenges in optical digital transmission systems[C]. Optical Communications,2012.

[2] BETTI S,CURTI F,MARCHIS G D,et al. Exploiting fibre optics transmission capacity: 4-quadrature multilevel signaling[J]. Electron. Lett.,1990,26(14):992-993.

[3] WELTI G,LEE J. Digital transmission with coherent four-dimensional modulation[J]. IEEE Trans. Inf. Theory,1974,IT-20(4):497-502.

[4] ZETTERBERG L,H BRANDSTROM. Codes for combined phase and amplitude modulated signals in a four-dimensional space[J]. IEEE Trans. Commun.,1977,COM-25(9):943-950.

[5] AGRELL E,KARLSSON M. Power-efficient modulation formats in coherent transmission systems[J]. Lightwave Technology,2009,27(22):5115-5126.

[6] CONWAY N,SLOANE J A. Sphere packings,lattices and groups[M]. New York:Springer-Verlag,1999.

[7] KARLSSON M,AGRELL E. Which is the most power-efficient modulation format in

optical links[J]. Opt. Exp., 2009, 17(13): 10814-10819.

[8] DING D, ZHANG J N. Investigation of a novel modulation scheme of 6 Pol-SK-QPSK signal in high-speed optical transmission system[C]. 8th International ICST, 2013.

[9] COLLETT E. Field guide to polarization[M]. Washington: SPIE Press, 2005.

[10] KARLSSON M, AGRELL E. Spectrally efficient four-dimensional modulation[C]. OFC, 2012.

[11] SPECHT E. The best known packings of equal circles in the unit circle[EB/OL]. [2009] http://hydra.nat.uni-magdeburg.de/packing/cci/cci.html.

[12] KARLSSON M, AGRELL E. Power-efficient modulation schemes[C]. OFCR, 2011.

[13] BENEDETTO S, POGGIOLINI P. Theory of polarization shift keying modulation[J]. IEEE Trans. Commun., 1992, 40(4): 708-721.

[14] BRIINDSTROM H, ZETTERBERG L H. Four-dimensional amplitudephase modulation based on Lie groups[R]. Technical report No. 103, Telecommunication Theory, Royal Inst. of Techn, Stockholm, Sweden, 1975.

[15] BRANDSTROM H. Classification of codes for phase and amplitude modulated signals in four dimensional base space[R]. Technical report No. 105, Telecommunication Theory, Royal Inst. of Techn., Stockholm, Sweden, 1976.

[16] COELHO L, HANIK N. Global otimization of fiber-optic communication systems using four-dimensional modulation formats[C]. European Conference and Exhibition on Optical Communication, 2011.

[17] UNGERBOECK G. Channel coding with multilevel / phase signals[J]. IEEE Trans. Inf. Theory, 1982, 28: 55-67.

[18] CONWAY J, SLOANE N. Fast quantizing and decoding and algorithms for lattice quantizers and codes[J]. IEEE Trans. Inf. Theory, 1982, 28: 227-232.

[19] COXETER H S M. Regular complex polytopes[M]. Cambridge: Cambridge University Press, 1974.

[20] DUVAL P. Homographies, quaternions and rotations[M]. New York: Oxford University Press, 1964.

光通信系统中的机器学习算法

19.1 引言

高频谱效率调制格式和数字信号处理技术是现代光通信网络中的基石。数字信号处理算法可以灵活地补偿线性系统里的各种损伤,如色度色散、偏振膜色散和激光的相位噪声[1]。通信服务提供商、内容提供商和研究学者们也致力于提升现有光纤系统的传输容量(达到 1Tbit/s),以支撑数据中心互联、云计算、物联网等各类应用。不幸的是,尽管近年来数字信号处理技术发展快速,光网络的传输性能依然受限于克尔(Kerr)非线性效应。最先进的后向传播(DBP)技术仅可以部分解决噪声干扰引起的非线性效应、色度色散和偏振膜色散[2]。因此,光纤非线性效应仍是限制系统容量的基础性因素。

除了先进调制格式和高速信号处理收发机,光纤通信系统的网络架构依然经历着重大的变革,朝着复杂化、透明化和动态化方向发展。对动态网络中的各种信道损伤的实时估计,即光网络性能监测(OPM),对于可靠复杂网络来说不可或缺[3]。OPM 也是弹性光网络(EON)中的关键技术。弹性光网络依赖 OPM 及时了解网络状态,并自适应调整各种网络参数,例如调制格式、数据速率、频谱规划、前向纠错码等[4]。不幸的是,独立、及时、低成本地监测各种信道损伤参数是极其困难的任务,因为网络中的各种损伤常常混叠在一起,并且在物理上不可区分[5]。弹性光网络的另一项要求是能够在接收机上自动识别发送信号的调制格式,因为接收机的解调算法可以与信号调制格式相关。

这些都需要一种全新的信号处理技术解决光网络中非线性损伤和各种信道参数的准确估计。基于此,机器学习技术被视作解决光通信系统中上述挑战的新方向。在过去十年中,机器学习技术已成功应用于解决预测、分类、模式识别和数据挖掘等诸多问题,并在计算机视觉、语音识别、医疗领域显示出巨大潜力[6]。同时,对于物理和数学领域等难以准确描述或分析的问题,机器学习算法有时也会表示出卓越的性能,如图 19-1 所示。

机器学习领域提供了许多强大的技术:从噪声数据中估计参数,确定输入和输出数据之间的复杂映射,推断概率分布,从历史输入数据中预测输出并执行分类[6-7]。选择正确的机器学习算法很大程度上取决于需要解决的问题。

非线性抑制:最近,有一些研究将机器学习算法应用于解决非线性损伤。这些方法从接收信号中学习非线性损伤的各种特征,并建立概率模型来补偿或量化各种损伤。文献[8]提出,随机后向传播在抑制非线性相位噪声(NLPN)方面优于传统的后向传播算法。类似地,在文献[9]中,提出使用支持向量机(SVM)算法学习最优判决区域,从而抑制非线性相位噪声。其他用于降低非线性效应的机器学习算法还包括期望最大化算法(EM)[10]、极限学习算法(ELM)[11]和高阶统计均衡器[12]、聚类算法[13]。尽管这些算法在单信道中显示出性能提升,但在长距离 WDM 系统中多信道光纤非线性补偿问题依然具有挑战性。

光网络性能监测:机器学习算法已成功应用于光网络中的损伤监测问题。这些算法包括人工神经网络(ANNs)[14-15]、深度神经网络[16]、支持向量机[17]、主成分分析(PCA)[18-19]和各类核方法[20]。但是目前这些工作主要集中于色散管理系统。对于无色散系统的性能监控还有待研究。

调制格式识别(MFI):在相干接收机中识别出信号的调制格式,对于盲均衡阶段选择合适的载波恢复模块很有必要。并且,OPM 设备中的调制格式信息可以帮助选择合适的光信噪比/色散/偏振模色散检测技术[3]。传统机器学习算法已经被用于解决调制格式识别问题,例如 K-means[21]、人工神经网络[22-23]、主成分分析[18-19]和可变贝叶斯期望最大化算法(VBEM)[24]等。在文献[25]中,一种基于信号幅度分布的特征学习方法被提出,用于解决数字相干接收机中的调制格式识别问题。

其他应用:机器学习算法也被用于载波同步[26]、基于 EM 算法降低激光线宽效应[10]和基于贝叶斯滤波的激光相位噪声消除[27]等领域。本章将介绍一些将机器学习算法应用于光通信领域的初步尝试,希望在光通信领域探索机器学习技术的更多潜能。

第 19 章 光通信系统中的机器学习算法

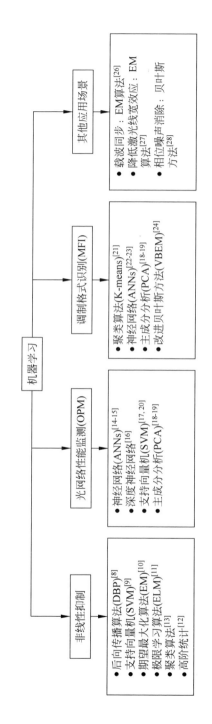

图 19-1 部分已经应用于光通信领域的经典机器学习算法

19.2 支持向量机

支持向量机方法是20世纪90年代初,瓦普尼克(Vapnik)等根据统计学习理论提出的一种新的机器学习算法,它以结构风险最小化原则为理论基础,通过适当地选择函数子集及子集中的判别函数,使学习机器的实际风险达到最小,有限样本训练得到的最小误差分类器,对独立测试集的测试误差仍然较小。

支持向量机的基本思想是:在线性可分情况下,在原空间寻找两类样本的最优分类超平面;在线性不可分的情况下,加入松弛变量进行分析,通过使用非线性映射将低维输入空间的样本映射到高维属性空间,使其变为线性情况,从而使得在高维属性空间采用线性算法对样本的非线性进行分析成为可能,并在该特征空间中寻找最优分类超平面,如图19-2所示。

图 19-2 线性可分样本

19.2.1 间隔与支持向量

对于给定训练样本集 $D=\{(x_1,y_1),(x_2,y_2),\cdots,(x_m,y_m)\}$, $y_i\in\{-1,+1\}$, 分类器的基本思路是基于训练集在特征空间中找到一个分离超平面,能够将不同的样本尽量地区分开。划分超平面对应如下线性方程:

$$w^\mathrm{T}x+b=0 \tag{19-1}$$

其中,w 为法向量,决定了超平面的方向,b 为截距,决定了超平面与原点之间的距离。超平面可由法向量 w 和截距 b 确定。假设超平面能够将训练样本正确分类,即对于 $(x_i,y_i)\in D$,若 $y_i=1$,则有 $w^\mathrm{T}x_i+b>0$;若 $y_i=-1$,则有 $w^\mathrm{T}x_i+b<0$。令

$$\begin{cases} w^\mathrm{T}x_i+b\geqslant+1, & y_i=+1 \\ w^\mathrm{T}x_i+b\leqslant-1, & y_i=-1 \end{cases} \tag{19-2}$$

如图19-3所示,距离超平面最近的训练样本点使式(19-2)等号成立,它们被称为"支持向量"(support vector),两个异类支持向量距离超平面的和为

$$\gamma=\frac{2}{\|w\|} \tag{19-3}$$

称为间隔(margin)。

要找到具有最大间隔的划分超平面,也就是满足

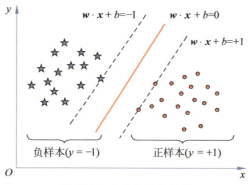

图 19-3　支持向量与间隔

$$\max_{w,b} \frac{2}{\|w\|}$$
$$\text{s.t.} \quad y_i(w^T x_i + b) \geqslant 1, \quad i=1,2,\cdots,m \tag{19-4}$$

注意到最大化 $\frac{2}{\|w\|}$ 和最小化 $\frac{1}{2}\|w\|^2$ 是等价的，于是得到线性可分支持向量机的最优化问题：

$$\min_{w,b} \frac{1}{2}\|w\|^2$$
$$\text{s.t.} \quad y_i(w^T x_i + b) \geqslant 1, \quad i=1,2,\cdots,m \tag{19-5}$$

这就是支持向量机的最基本模型[28]。这是一个凸二次规划问题。

19.2.2　对偶问题

可以通过拉格朗日乘子法得到"对偶问题"，其中拉格朗日乘子 $\alpha_i \geqslant 0$，

$$\max_{\alpha} \sum_{i=1}^{m} \alpha_i - \frac{1}{2}\sum_{i=1}^{m}\sum_{j=1}^{m} \alpha_i \alpha_j y_i y_j x_i^T x_j$$
$$\text{s.t.} \quad \sum_{i=1}^{m} y_i \alpha_i = 0 \tag{19-6}$$
$$\alpha_i \geqslant 0, \quad i=1,2,\cdots,m$$

其中，$\alpha = (\alpha_1, \alpha_2, \cdots, \alpha_m)$。解出 α 后，即可得到模型：

$$f(x) = w^T x + b = \sum_{i=1}^{m} \alpha_i y_i x_i^T x + b \tag{19-7}$$

19.2.3　核函数

对于非线性问题，可以通过非线性交换转化为某个高维空间中的线性问题，在

变换空间求最优分类超平面。这种变换可能比较复杂,因此这种思路在一般情况下不易实现。但是可以看到,在上面对偶问题中,不论是寻优目标函数式(19-6)还是分类函数式(19-7)都只涉及训练样本之间的内积运算$(x_i \cdot x_j)$。设有非线性映射$\Phi: R^d \to H$将输入空间的样本映射到高维(可能是无穷维)特征空间H中,当在特征空间H中构造最优超平面时,训练算法仅使用空间中的点积,即$\varphi(x_i) \cdot \varphi(x_j)$,而没有单独的$\varphi(x_i)$出现。因此,如果能够找到一个函数$K$使得

$$K(x_i \cdot x_j) = \varphi(x_i) \cdot \varphi(x_j) \tag{19-8}$$

这里的$K(x_i \cdot x_j)$就是核函数。这样在高维空间实际上只需进行内积运算,而这种内积运算是可以用原空间中的函数实现的,我们甚至没有必要知道变换中的形式。根据泛函的有关理论,只要一种核函数$K(x_i \cdot x_j)$满足默塞尔(Mercer)条件,它就对应某一变换空间中的内积。因此,在最优超平面中采用适当的内积函数$K(x_i \cdot x_j)$就可以实现某一非线性变换后的线性分类,而计算复杂度却没有增加。此时目标函数式(19-6)变为

$$\sum_{i=1}^{n} \alpha_i - \frac{1}{2} \sum_{i,j=1}^{n} \alpha_i \alpha_j y_i y_j K(x_i \cdot x_j) \tag{19-9}$$

而相应的分类函数也变为

$$f(x) = \sum_{i=1}^{m} \alpha_i y_i K(x_i \cdot x_j) + b \tag{19-10}$$

算法的其他条件不变,这就是核函数形式的SVM。概括地说,SVM就是通过某种事先选择的非线性映射将输入向量映射到一个高维特征空间,在这个特征空间中构造最优分类超平面。

19.2.4 基于SVM的调制格式识别

SVM可以利用核函数操作高维数据特征,这种思路可以应用于调制格式识别中。文献[29]提取了调制信号的8种特征,利用SVM进行调制格式识别。将信号10倍上采样,并分为50帧,每帧80000符号。通过接收端观察到的眼图,在眼图中张开处A点和闭合处B点分别计算均值和方差,得到4组特征。另外4组特征分别为A点和B点整体均值、方差之差、方差之比以及最后一帧均值。选取的这些特征都与调制格式相关。通过不同的调制信号训练SVM分类器,最终使得调制器学习到数据特征到调制格式的映射函数。

在训练过程中,将特征的八维向量以及调制格式标签加入SVM分类器。希望在降低训练误差的同时,对新的数据特征具有良好的泛化能力。

图19-4显示了在特征空间中调制格式识别结果。选取特征5和特征8的原

因是这两个特征对于调制格式具有最好的区分能力。从图中可以看出,仅仅利用这两个特征无法区分 16QAM 和 64QAM 信号,只有完整地利用 8 维特征向量,才可以很好地区分上述各种调制格式。

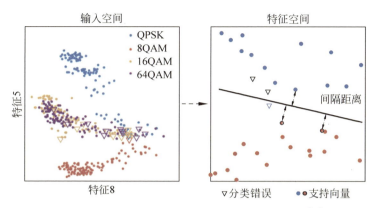

图 19-4　基于特征 5 和特征 8 调制格式识别结果[29]

19.3　BP 神经网络

BP(back propagation)神经网络,在 1986 年由以莱因哈特(Rinehart)和麦克莱兰(McClelland)为首的科学家小组提出,是一种按误差逆传播算法训练的多层前馈网络,是目前应用最广泛的神经网络模型之一。BP 网络能学习和存储大量的输入-输出模式映射关系,而无需事前揭示描述这种映射关系的数学方程。它的学习规则是使用最速下降法,通过反向传播不断调整网络的权值和阈值,使网络的误差平方和最小。如图 19-5 所示,BP 神经网络模型拓扑结构包括输入层(input)、隐层(hidden layer)和输出层(output layer)。

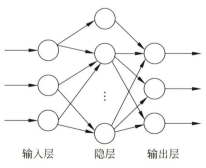

图 19-5　BP 神经网络结构图

19.3.1 BP 神经元

图 19-6 给出了第 j 个基本 BP 神经元(节点),它只模仿了生物神经元所具有的三个最基本也是最重要的功能:加权、求和与转移。其中,$x_1, x_2, \cdots, x_i, \cdots, x_n$ 分别代表来自神经元 $1, 2, \cdots, i, \cdots, n$ 的输入;$w_{j1}, w_{j2}, \cdots, w_{ji}, \cdots, w_{jn}$ 则分别表示神经元 $1, 2, \cdots, i, \cdots, n$ 与第 j 个神经元的连接强度,即权值;b_j 为阈值;$f(\cdot)$ 为传递函数(transfer function);y_j 为第 j 个神经元的输出。第 j 个神经元的净输入值为

$$S_j = \sum_{i=1}^{n} w_{ji} \cdot x_i + b_j = \boldsymbol{W}_j \boldsymbol{X} + b_j \tag{19-11}$$

其中,$\boldsymbol{X} = [x_1, x_2, \cdots, x_n]^T$,$\boldsymbol{W}_j = [w_{j1}, w_{j2}, \cdots, w_{jn}]^T$,若视 $x_0 = 1$,$w_{j0} = b_j$,即令 $\boldsymbol{X}$ 及 $\boldsymbol{W}_j$ 包括 x_0 及 w_{j0},则

$$\boldsymbol{X} = [x_0, x_1, x_2, \cdots, x_n]^T, \quad \boldsymbol{W}_j = [w_{j0}, w_{j1}, w_{j2}, \cdots, w_{jn}]^T$$

于是节点 j 的净输入 S_j 可表示为

$$S_j = \sum_{i=0}^{n} w_{ji} \cdot x_i = \boldsymbol{W}_j \cdot \boldsymbol{X} \tag{19-12}$$

净输入通过传递函数 $f(\cdot)$ 后,便得到第 j 个神经元的输出:

$$y_j = f(s_j) = f\left(\sum_{i=0}^{n} w_{ji} \cdot x_i\right) = f(\boldsymbol{W}_j \cdot \boldsymbol{X}) \tag{19-13}$$

其中,$f(\cdot)$ 是单调上升函数,而且必须是有界函数,因为细胞传递的信号不可能无限增加,必有一最大值。

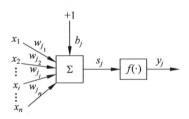

图 19-6 BP 神经元

19.3.2 BP 网络

BP 算法由数据流的前向计算(正向传播)和误差信号的反向传播两个过程构成。正向传播时,传播方向为输入层→隐层→输出层,每层神经元的状态只影响下一层神经元。若在输出层得不到期望的输出,则转向误差信号的反向传播流程。通过这两个过程的交替进行,在权向量空间执行误差函数梯度下降策略,动态迭

代搜索一组权向量,使网络误差函数达到最小值,从而完成信息提取和记忆过程。

设 BP 网络的输入层有 n 个节点,隐层有 q 个节点,输出层有 m 个节点,输入层与隐层之间的权值为 v_{ik},隐层与输出层之间的权值为 w_{jk},如图 19-7 所示。隐层的传递函数为 $f_1(\cdot)$,输出层的传递函数为 $f_2(\cdot)$,则隐层节点的输出为(将阈值写入求和项中)

$$z_k = f_1\left(\sum_{i=0}^{n} v_{ki} x_i\right), \quad k = 1, 2, \cdots, q \tag{19-14}$$

输出层节点的输出为

$$y_j = f_2\left(\sum_{k=0}^{q} w_{jk} z_k\right), \quad j = 1, 2, \cdots, m \tag{19-15}$$

至此,BP 网络就完成了 n 维空间向量对 m 维空间的近似映射。

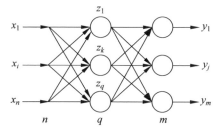

图 19-7　三层 BP 神经网络

19.3.3　基于 BP 神经网络的 OSNR 估计器

文献[29]中提出了一种基于前馈神经网络的非线性回归模型用于 OSNR 估计,具体结构如图 19-8 所示。这种神经网络可以看作是一系列加权输入经过非线性激活函数 $h(\cdot)$,再加权输出的过程。这里非线性激活函数为 $\tanh(\cdot)$。图 19-8 中单隐层结构神经网络输出表达式为

$$y(x, w) = \sum_{j=1}^{3} w_{1j}^{(2)} h(w_{j1}^{(1)} x) \tag{19-16}$$

其中,x 为输入变量,如从信号眼图中得到的方差;$w = [w_{11}^{(1)}, w_{21}^{(1)}, w_{31}^{(1)}, w_{11}^{(2)}, w_{12}^{(2)}, w_{13}^{(2)}]$ 为权值向量,上标代表网络的层数。这些权值是自适应的,通过优化算法不断调整系数。

如图 19-8 所示,为了得到最佳的权值向量 w,神经网络需要在监督学习模式下训练。考虑 N 个观察量组成的数据集 $S = \{(\sigma_n^2, \text{OSNR}_n) | n = 1, \cdots, N\}$,每一个测试集由眼图得到的方差 σ_n^2 和信噪比 OSNR_n 组成。为了进行回归分析,假设

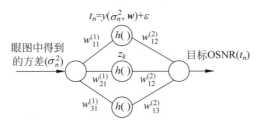

图 19-8 基于神经网络的 OSNR 估计器

目标值 $t_n = \text{OSNR}_n$ 符合高斯分布,其输出表达式为

$$t_n = y(\sigma_n^2, w) + \varepsilon \tag{19-17}$$

其中,ε 为零均值方差,为 β^{-1} 的高斯随机变量,使用最大似然估计参数 w。考虑数据集 $X = [\sigma_1^2, \cdots, \sigma_N^2]$ 和目标 $t = [t_1, \cdots, t_N]$,神经网络关于权值向量 w 的最大似然函数为

$$p(t \mid X, w, \beta) = \prod_{n=1}^{N} \frac{1}{\sqrt{2\pi\beta^{-1}}} e^{\frac{\beta}{2}(y(\sigma_n^2, w) - t_n)^2} \tag{19-18}$$

为了得到最优化参数向量 w,需要最大化似然函数,通过整理等价为最小化平方误差函数:

$$E(w) = \frac{1}{2} \sum_{n=1}^{N} \{y(\sigma_n^2, w) - t_n\}^2 \tag{19-19}$$

因为无法得到准确的误差函数表达式,替代方法是通过梯度下降法不断修正权值向量,最终使得误差函数降低到期望阈值以下。

19.4 聚类算法

物以类聚,人以群分。每个事物找到和自己相似的作为一类就是聚类。聚类算法是研究(样品或指标)分类问题的一种统计分析方法,同时也是人工智能领域的一个经典算法。常见聚类算法包含 K-means、K-medoids、GMM、DBscan 等。在应用于通信领域之前,聚类算法在新闻分类、用户分组、商品分类等很多场景中都有广泛的应用。

19.4.1 K-means 聚类算法原理

K-means 算法是一种无监督的学习,被称为 K-means 是因为它可以自发地将很多样本聚成 k 个不同的类别。每一个类别即为一个簇,并且簇的中心是由簇中所有点的均值计算得出的。

给定样本集 $D=\{x_1,x_2,\cdots,x_n\}$，x_i 是一个 m 维的向量，代表样本集中的每一个样本，其中 m 表示样本 x 的属性个数。

聚类的目的是将样本集 D 中相似的样本归入同一集合。将划分后的集合称为簇，用 G 表示，其中 G 的个数用 k 来表示。每个簇有一个中心点，即簇中所有点的中心，称为质心，用 u_k 表示。

因此，K-means 算法可以表示为将 $D=\{x_1,x_2,\cdots,x_n\}$ 划分为 $G=\{G_1,G_2,\cdots,G_k\}$ 的过程，每个划分好的簇中的各点到质心距离的平方和称为误差平方和，即 SSE(sum of squared error)：

$$\text{SSE}=\sum_{i=1}^{k}\sum_{x\in G}\|x-\mu_k\|^2 \qquad (19\text{-}20)$$

因此，K-means 算法应达到 $G_1,G_2,\cdots,G_k$ 内部的样本相似性大，簇与簇之间的样本相似性小的效果，即尽可能地减小 SSE 的值。

输入：样本集 D，簇的数量 k。

输出：$G=\{G_1,G_2,\cdots,G_k\}$，即 k 个划分好的簇。

19.4.2 算法流程

(1) 选定 k 的值。

(2) 在样本集 D 中，随机选择 k 个点作为初始质心，即 $\{\mu_1,\mu_2,\cdots,\mu_k\}$。

计算 D 中每个样本 x_i 到每个质心 μ_j 的距离，计算距离的公式如下：

$$l_i=(x_i-\mu_j)^2 \qquad (19\text{-}21)$$

(3) 若 l_i 的距离最小，则将 x_i 标记为簇 G_j 中的样本，即 $G_j=\{x_i\}$。

将所有样本点分配到不同的簇后，计算新的质心，即 G_j 中所有点的平均值，并计算误差平方和，其中，平均值计算公式为

$$\mu_j'=\frac{1}{|G_j|}\sum_{x\in G_j}x \qquad (19\text{-}22)$$

(4) 比较前后两次误差平方和的差值和设定的阈值，若大于阈值，则重复步骤 (3)~(5)。

(5) 若误差平方和的变化小于设定的阈值，说明聚类已完成。

19.4.3 算法展示与分析

为了便于展示，将采用一个常用的二维数据集——4k2_far(一个公开机器学习数据集)作为测试样本，样例见表 19-1。

表 19-1　测试样本集的部分样例

x_1	x_2
7.1741	5.2429
6.914	5.0772
7.5856	5.3146
6.7756	5.1347
⋮	⋮

其中，x_1，x_2 表示数据集中样本的属性。数据集的大致分布如图 19-9 所示。

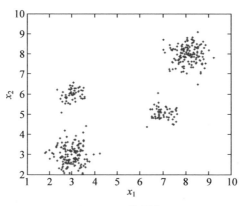

图 19-9　数据集

除此之外，一些经典数据集，例如 Iris、Wine、Glass 等，也适用于作为聚类算法的测试数据。图 19-10 为仿真结果图。

从图 19-10 中观察发现，随着不断迭代，质心也不断地接近每个簇的中心位置。

K-means 的优点主要体现在算法简单、容易实现等方面。而在实际情况中，K-means 有一些明显的缺点需要注意。

（1）k 值的选择

由于 k 值需要用户自己设定，因此，在高维属性的数据集中，难以确定数据集应该被聚为几类，而 k 值的选择会对聚类效果造成很大的影响。

在通常情况下，一般会采用多次变化 k 值，观察其聚类效果。但此方法不适用于大型数据集。

（2）质心的选择

在初始质心的选择上，一般采用随机的方法，这同样会对聚类的效果造成影响。若随机选择的质心过于偏离，甚至会出现空簇的现象。

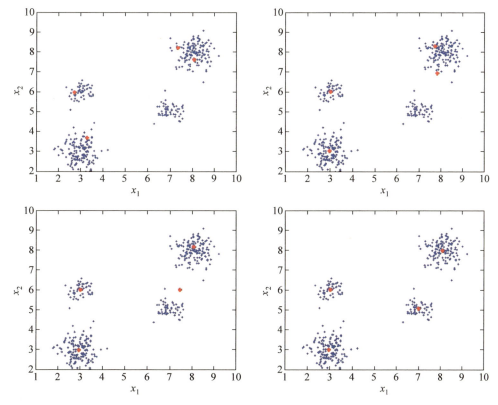

图 19-10 K-means 迭代过程

处理选取初始质心问题的一种常用技术是：多次运行，每次使用一组不同的随机初始质心，然后选取具有最小 SSE 的簇。这种策略虽然简单，但是很耗时，并且效果可能不好，这取决于数据集和寻找的簇的个数。

19.5 聚类算法在抗非线性中的应用

19.5.1 应用原理

一般来说，通信系统是一些相互作用的子系统的组合。光通信系统的非线性，包括光纤信道中的克尔非线性，光电检测器、发射器驱动电路和放大器存在的非线性现象等。因此，有的研究中使用机器学习中的聚类算法对直调直检的光通信系统中存在的综合非线性现象进行补偿[13]。

基于聚类算法的感知决策模型（clustering algorithm-based perception decision，CAPD）适用于使用归纳而不是扣除的失真信号的补偿。机器学习模型包括回归模型、分类模型和聚类模型。考虑到系统的特点和实用性,机器学习中的聚类模型更为合适。

采用 K-means 的聚类感知决策模型是一种仅考虑接收数据本身的统计规律的集群算法,并不关心系统的哪一部分导致非线性效应的产生。算法流程图如图 19-11 所示,包括如下 3 个步骤。

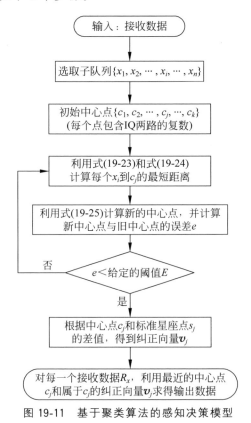

图 19-11 基于聚类算法的感知决策模型

(1) 从接收的数据 r_x 中选择指定长度的子序列作为训练序列集$\{x_1, x_2, \cdots, x_i, \cdots, x_n\}$,如果系统具有慢变特性,子序列可以在不影响系统性能的前提下极大地降低复杂度。

(2) 通过 K-means 聚类算法对 IQ 的信号进行聚类,具体步骤为:

初始化中心点$\{c_1, c_2, \cdots, c_j, \cdots, c_k\}$(每个点是包含 IQ 两路的复数),其中 k 等于调制阶数,如 CAP16 系统中 $k=16$;

利用式(19-23)和式(19-24)计算每个 x_i 到 c_j 的最短距离:

$$d^i = \arg\min_j f(\boldsymbol{x}^i, c_j) \tag{19-23}$$

其中，每一个 $\boldsymbol{x}^i$ 是 IQ 两路二维向量 $[x_i(n), x_q(n)]$，c_j 为当前的聚类中心点，$f(x,c)$ 是距离函数，可以被定义为欧几里得距离（Euclidean distance）、曼哈顿距离（Manhattan distance）或者马哈拉诺比斯距离（Mahalanobis distance）等。在本书中以欧几里得距离举例，如式（19-24）所示：

$$f(\boldsymbol{x}^i, c_j) = |\boldsymbol{x}^i - c_j|^2 \tag{19-24}$$

在代价函数 e 值没有超过预设的阈值 E 时，重复迭代式（19-23）～式（19-25）。其中，更新中心点的迭代式（19-25）如下所示：

$$c_j \rightarrow \frac{\sum_{i=1}^{m} 1\{d^i = j\} \boldsymbol{x}^i}{\sum_{i=1}^{m} 1\{d^i = j\}} \tag{19-25}$$

计算纠正向量 v_j：

$$\boldsymbol{v}_j = s_j - c_j \tag{19-26}$$

其中，c_j 是聚类中心点，s_j 是标准星座点；对每一个接收数据 R_x，利用最近的中心点 c_j 和属于 c_j 的纠正向量 v_j，通过 IQ 信号分别与纠正向量 v_j 的实部和虚部相乘，求得补偿数据，并输出。

19.5.2 结果分析

如图 19-12 所示，原始星座点经过 CAPD 的纠偏，性能有了明显提高。为了进一步测试 CAPD 的反非线性，文献[13]比较了 CAPD 和沃尔泰拉均衡器。严格来说，CAPD 是一种决策方法，而不是均衡器。由于复杂度高，沃尔泰拉均衡器仅在实验中实现了二阶或三阶[7]，拟合性能在更复杂的非线性中受到限制。对于非线性补偿，CAPD 表现优于沃尔泰拉均衡器。

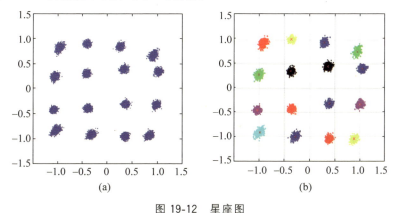

图 19-12 星座图

(a) 接收端原始星座图；(b) k 均值聚类算法结果（不同的簇由不同的灰度表示）；
(c) 由 CAPD 算法校正的最终数据

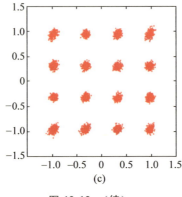

图 19-12 （续）

表19-2 比较了沃尔泰拉均衡器和CAPD的复杂性。其中,N是非线性均衡器的抽头,L是训练序列的长度,I是迭代次数,试验中,I通常为3～7。同样,CAPD不需要数据辅助,与盲均衡器相同。一般来说,CAPD复杂度低于沃尔泰拉均衡器。

表19-2 抗非线性算法中沃尔泰拉与CAPD的复杂性对比

该比较以CAP16系统为例	沃尔泰拉均衡器（二阶）	沃尔泰拉均衡器（三阶）	CAPD
乘法器	$2N^2$	$3N^3+2N^2$	$L^2/2$
加法器	N^2-1	N^3+N^2-2	L
比较器	0	0	32
迭代	所有Rx data	所有Rx data	$I*L(L=2000\sim3000)$
是否需要训练序列	否	否	否

参考文献

[1] IP E, LAU A P T, BARROS D J F, et al. Coherent detection in optical fiber systems[J]. Opt. Exp., 2008, 16(2): 753-791.

[2] IP E, KAHN J M. Compensation of dispersion and nonlinear effects using digital back propagation[J]. J. Lightwave Technol., 2008, 26(20): 3416-3425.

[3] KHAN F N, DONG Z, LU C, et al. Optical performance monitoring for fiber-optic communication networks[M]// ZHOU X, XIE C. Enabling Technologies for High Spectral-Efficiency Coherent Optical Communication Networks. New York: Wiley, 2016.

[4] DONG Z, KHAN F N, SUI Q, et al. Optical performance monitoring: a review of current and future technologies[J]. J. Lightwave Technol., 2016, 34(2): 525-543.

[5] LU C, LAU A P T, KHAN F N, et al. Optical performance monitoring techniques for

high capacity optical networks[C]. Int. Symp. on Commun. Systems Networks and Digital Signal Processing, 2010.

[6] BISHOP C M. Pattern recognition and machine learning [M]. New York: Springer, 2006.

[7] GHAHRAMANI Z. Probabilistic machine learning and artificial intelligence[J]. Nature, 2015, 521(7553): 452-459.

[8] JIANG N, GONG Y, KAROUT J, et al. Stochastic back propagation for coherent optical communications[C]. Proc. European Conf. on Optical Commun., 2011.

[9] LI M, YU S, YANG J, et al. Nonparameter nonlinear phase noise mitigation by using M-ary support vector machine for coherent optical systems[J]. IEEE Photonics Journal, 2013, 5(6): 7800312-7800312.

[10] ZIBAR D, WINTHER O, FRANCESCHI N, et al. Nonlinear impairment compensation using expectation maximization for dispersion managed and unmanaged PDM 16 QAM transmission[J]. Opt. Exp., 2012, 20(26): B181-B196.

[11] SHEN T S R, LAU A P T. Fiber nonlinearity compensation using extreme learning machine for DSP-based coherent communication systems[C]. Proc Opto Electronics and Communications Conference, 2011.

[12] AKINO T K, DOAN C, PARSONS K, et al. High-order statistical equalizer for nonlinearity compensation in dispersion-managed coherent optical communications[J]. Opt. Exp., 2012, 20(14): 15769-15780.

[13] LU X, WANG K, QIAO L, et al. Nonlinear compensation of multi-CAP VLC system employing clustering algorithm based perception decision[J]. IEEE Photonics Journal, 2017, 9(5): 1-1.

[14] KHAN F N, SHEN T S R, ZHOU Y, et al. Optical performance monitoring using artificial neural networks trained with empirical moments of asynchronously sampled signal amplitudes[J]. IEEE Photon. Technol. Lett., 2012, 24(12): 1041-1135.

[15] KHAN F N, YU Y, TAN M C, et al. Simultaneous OSNR monitoring and modulation format identification using asynchronous single channel sampling [C]. Proc. Asia Communications and Photonics Conf., 2015.

[16] TANIMURA T, HOSHIDA T, RASMUSSEN J C, et al. OSNR monitoring by deep neural networks trained with asynchronously sampled data[C]. Proc. Opto Electronics and Communications Conference, Niigata, 2016.

[17] SKOOG R A, BANWELL T C, GENNETT J W, et al. Automatic identification of impairments using support vector machine pattern classification on eye diagrams[J]. IEEE Photon. Technol. Lett., 2006, 18(22): 2398-2400.

[18] TAN M C, KHAN F N, AL-ARASHI W H, et al. Simultaneous optical performance monitoring and modulation format/bit-rate identification using principal component analysis[J]. Optical Communications and Networking, 2014, 6(5): 441-448.

[19] KHAN F N, YU Y, TAN M C, et al. Experimental demonstration of joint OSNR monitoring and modulation format identification using asynchronous single channel

sampling[J]. Opt. Exp. ,2015,23(23): 30337-30346.

[20] ANDERSON T B,KOWALCZYK A,DODS S,et al. Multi impairment monitoring for optical networks[J]. J. Lightwave Technol. ,2009,27(16): 3729-3736.

[21] GONZALEZ N G,ZIBAR D,MONROY I T. Cognitive digital receiver for burst mode phase modulated radio over fiber links[C]. Proc. European Conf. on Optical Commun. ,Torino,2010.

[22] KHAN F N, ZHOU Y, LAU A P T, et al. Modulation format identification in heterogeneous fiber-optic networks using artificial neural networks[J]. Opt. Exp. ,2012,20(11): 12422-12431.

[23] KHAN F N, ZHOU Y, SUI Q, et al. Non-data-aided joint bit-rate and modulation format identification for next-generation heterogeneous optical networks[J]. Optical Fiber Technology,2014,20(2): 68-74.

[24] BORKOWSKI R, ZIBAR D, CABALLERO A, et al. Stokes space-based optical modulation format recognition in digital coherent receivers[J]. IEEE Photon. Technol. Lett. ,2013,25(21): 2129-2132.

[25] KHAN F N, ZHONG K, AL-ARASHI W H, et al. Modulation format identification in coherent receivers using deep machine learning[J]. IEEE Photon. Technol. Lett. ,2016,28(17): 1886-1889.

[26] ZIBAR D, HECKER D C,CARVALHO L H, et al. Joint iterative carrier synchronization and signal detection employing expectation maximization[J]. J. Lightwave Technol. ,2014,32(8): 1608-1615.

[27] ZIBAR D, CARVALHO L H, PIELS M, et al. Bayesian filtering for phase noise characterization and carrier synchronization of up to 192Gb/s PDM 64 QAM[C]. Proc. European Conf. on Optical Commun. ,Cannes,2014.

[28] 周志华. 机器学习[M]. 北京:清华大学出版社,2016.

[29] ZIBAR D, THRANE J, WASS J, et al. Machine learning techniques for optical performance monitoring from directly detected PDM-QAM signals[J]. Journal of Lightwave Technology,2017,35(4): 868-875.

第 20 章

KK算法原理与应用

20.1 引言

本章将介绍和分析克拉默斯-克勒尼希(Kramers-Kronig,KK)接收机的原理及其在直接检测系统中的应用[1-5]。由于诸如城域网、移动前传网络、接入网和数据中心互联(data center interconnection,DCI)等光互联网络中流量的指数增长,对超高数据速率的需求也不断增长。如今,随着诸如云计算、物联网、人工智能、增强和虚拟现实等新应用的迅速发展,研究人员已将更多的注意力集中在 DCI 中的短距离链路上,其距离范围从几百米到 80~100km[6-7]。由于电气工程师学会[8]已将 400Gbit/s 以太网(400GbE)标准化,因此提出了 4-λ100Gbit/s WDM,并将 400GbE 标准认为是有前途的解决方案[9-12]。近年来,四电平脉冲幅度调制(PAM4)主要用于实现 400Gbit/s 或更高的传输速度。但是,利用 PAM4 的方案需要基于大带宽设备或复杂的数字信号处理系统。在这样一个带宽匮乏的时代,使用 PAM4 的主要限制是,即使使用奈奎斯特整形方法,可实现的最大频谱效率也仅为 4bit/(s·Hz)。对于 800GbE 甚至 1.6TbE 的下一代光网络,PAM4 的使用必须采用更大带宽的设备和更复杂的 DSP 系统,从而导致成本和延迟的大幅增加,这与短距离数据中心应用的成本要求不一致[6,17]。因此,应用高阶调制格式(例如具有更高 SE 的高阶 QAM)对于超过 800GbE 标准化的未来是一个充满希望的研究方向。与相干检测相比,直接检测(direct detection,DD)由于具有较低的成本、较低的功耗和较小的空间,是典型数据中心应用的首选[13-17]。为了减轻在常规的双边带 DD 系统中由色散引起的频谱选择性衰落失真,单边带信号被广泛应用于 DD 光学系统中,并且使 SE 倍增[18-20]。基于 MZM 的 IQ 调制器或双驱动

MZM(dual-arm MZM,D-MZM)均可用于生成 SSB 信号。由于成本较低,采用 D-MZM 颇具吸引力,但是使用基于 MZM 的 IQ 调制器会产生更好的 SSB 信号[18]。由平方律检测引起的信号之间拍频引起的干扰(signal-signal beat interference,SSBI)严重降低了系统性能。为了解决这个问题,人们提出并展示了许多有效的技术,例如迭代 SSBI 估计和抵消方案[21]、单级线性化滤波器[22]、两级线性化滤波器[23]、迭代线性化滤波器[24]、沃尔泰拉滤波器[25],以及希尔伯特叠加抵消和改进的单级线性化滤波器[26]。最近,提出了 KK 接收机[14]这种有前途的方法,该方法可以通过在满足最小相位条件时从光检测幅度重建复杂光场来固有地去除 SSBI。与上述 SSBI 缓解方案相比,应用 KK 接收机还可以实现接收器侧数字 CD 补偿和更低的 DSP 复杂度[27]。DSP 复杂度的降低表明 KK 接收机在未来 DCI 应用中的潜力。因此,将 KK 接收机与高阶 QAM 相结合,可以实现超过 800GbE 标准化的未来数据中心应用。

近年来,通过仿真和实验已证明使用 KK 接收机的出色性能。在参考文献[20]和[28]中展示了在 240km 的 SSMF 上的四频段 28Gbaud 16QAM(112Gbit/s)和在 80km 的 SSMF 上具有 35GHz 信道间隔的 28Gbaud 64QAM(168Gbit/s),证实了 KK 接收机去除 SSBI 的卓越能力。但是,在这些演示实验中,净 SE 的理论上限仅为 4.61bit/(s·Hz)。此外,在文献[29]中展示了在 125km 的 SSMF 上利用 DFB 激光进行的 30Gbaud 64QAM(180Gbit/s)SSB KK 传输。文献[30]提出了通过 KK 检测和概率整形(probabilistics shaping,PS)离散多音调制 256QAM 在 100km 的 SSMF 上的净数据传输率为 279.4Gbit/s。在高阶 QAM 系统中应用 KK 接收机需要更多的光信号噪声比、数/模转换器和模/数转换器的有效位数(effective number of bits,ENOB),它对非线性更加敏感。到目前为止,尚未研究在高于 256QAM 的系统中使用 KK 接收机的主要局限性。在文献[16]中提出了一种简化的基于交流耦合光电探测的 KK 接收机,并在 D-MZM PAM 系统中进行了验证。与直流耦合的 PD 相比,交流耦合的 PD 具有避免直流漂移,减少量化噪声和增加电压增益的优势[16,31-32]。

在文献[33]中通过实验证明了在 25GHz 网格中采用基于 AC 耦合 PD 的 KK 接收机在 20km 的 SSMF 上的单道 20Gbaud 128QAM(140Gbit/s)和 256QAM(168Gbit/s)的传输。与单信道传输相比,WDM 传输有望实现更高的数据速率,但是它具有更高的总光功率,这可能导致更高的非线性,并且可能会受到信道间干扰的影响。因此,在单信道系统和 WDM 系统中应用具有更高阶 QAM 的 KK 接收机的性能可能会有所不同。因此,在下面的部分中,将通过仿真和实验演示来探索高阶 QAM 和 PS KK 接收机的系统性能,并给出单信道系统和 WDM 系统之间的性能比较。使用相同的仿真和实验设置,对 128QAM、256QAM 和 512QAM 格式进行了全面的系统性能评估。使用具有足够的 OSNR 的 AC 耦合 PD、DAC 和 ADC 的 ENOB 以及线性系统，成功实现了 25GHz 间隔的 4×140Gbit/s WDM 128QAM 和 4×160Gbit/s WDM 256QAM SSB KK 在 20km 的 SSMF 上的传输。接下来的部分还分析了用 KK 接收机实现 512QAM 的主要局限性。

20.2　KK 接收机原理

基带 QAM 信号上变频到中频，产生 SSB 信号。为了满足 KK 接收机的最小相位条件，需要一个振幅大于 SSB 信号振幅的光学音调。生成用于 SSB 传输的光学音调的最常见方法是在用 SSB 信号驱动调制器时抵消 IQ 调制器的偏置，如图 20-1 所示。因此，在入射到 PD 之前，发射信号的复光场包络可以表示为

$$E(t) = E_0 + s(t) e^{j\pi f_i t} \tag{20-1}$$

$$f_i = \alpha \times f_s \tag{20-2}$$

其中，E_0 是光载波的幅度，$s(t)$ 是基带 QAM 信号，f_i 是中频，f_s 是符号率，α 是确定信号和光载波之间的频率间隙的间隙因子。由 PD 检测到的没有直流阻塞的信号 $I(t)$ 可以写为

$$I(t) = E_0^2 + E_0 s(t) e^{j\pi f_i t} + E_0 s^*(t) e^{-j\pi f_i t} + |s(t)|^2 \tag{20-3}$$

其中，$s^*(t)$ 是共轭项，$E_0 s(t) e^{j\pi f_i t}$ 是可以通过滤波获得的有用信号，$|s(t)|^2$ 是 SSBI 分量，是应用 KK 接收机并重建的光学场。多年来，缓解 SSBI 的算法已成为研究的热点。KK 方案是解决此问题的最有效方法之一。

检测信号的 DC 分量包括 E_0^2 和 $|s(t)|^2$ 项的 DC 分量，如果使用 AC 耦合的 PD，则几乎为零。DC 耦合的 PD 和 AC 耦合的 PD 可用于实现 KK 检测。根据文献[31]中指出的，很明显会存在一些低速波动，是由于具有高发射功率的设备的缺陷所致，此问题可以称为直流漂移，并且添加了直流滤波步骤以稳定信号序列。如果使用交流耦合的 PD，并且可以更好地抑制 DC 周围的低频分量，则可以跳过此步骤。因此，我们将交流耦合的 PD 应用于 KK 检测。由交流耦合的 PD 检测到的信号定义为 $I'(t)$。因此，应将充当虚拟 DC 分量的正值添加到 $I'(t)$，可以将其表示为

$$I_{DC}(t) = \beta \times |I'(t)|_{\max} + I'(t) \tag{20-4}$$

其中，β 是比例因子，该因子大于 0 以调整虚拟 DC 分量的值。信号的相位可以作为

$$\phi(t) = H[\ln\sqrt{I_{DC}(t)}] \tag{20-5}$$

其中，H[·] 是希尔伯特变换运算符，ln(·) 是对数运算符。因此，重建的 SSB 信号

$E_{KK}(t)$可以写为

$$E_{KK}(t) = \sqrt{I_{DC}(t)}\, e^{j\phi(t)} \tag{20-6}$$

KK接收机的框图如图20-1所示。要获得KK接收机，需要三个必要条件，第一个是具有足够功率以满足最小相位条件的光学音调。换句话说，需要足够大的CSPR：

$$\mathrm{CSPR} = 10\log(|E_0|^2/|s(t)|^2) \tag{20-7}$$

在仿真和实验演示中，通过打开/关闭射频信号以获得信号功率P_S/载波功率P_C来测量CSPR，因此CSPR可以计算[34]：

$$\mathrm{CSPR} = 10\log(P_C/P_S) \tag{20-8}$$

其次，由于KK方案中的平方根和对数运算，足够高的数字上采样速率对于应对频谱扩展很重要。根据最近的实验结果，最佳的上采样数值是4～6[35]。在KK检测之后，对随后的DSP程序进行下采样。第三个条件，发送的信号应该是SSB信号。

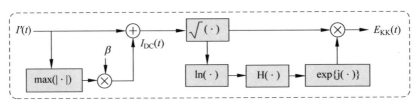

图20-1　KK接收机框图

20.3　仿真设置和结果

20.3.1　仿真设置

首先进行单信道仿真以测试KK方案的系统性能。图20-2是模拟设置，表20-1显示了仿真设置的关键参数。使用VPI Design Suite 9.8和MATLAB R2018b进行仿真。在发送端部分，位序列由MATLAB的随机函数生成，用于仿真和实验演示。然后将该序列映射到具有20Gbaud符号速率的216个长度为128/256/512QAM的符号中，并以4的倍数进行上采样。然后，信号通过带有滚降的根升余弦（RRC）脉冲整形滤波器，滚降系数为0.01，并上转换为中频fi，α为0.51。MATLAB生成信号的实部和虚部随后被加载到具有80GSa/s采样速率和20GHz带宽的DAC中，ENOB设置为5。DAC设置的参数值见实验演示。然后，将输出信号用于驱动偏置在零点以上的IQ调制器。IQ调制器的半波DC和RF电压设置为5V，工作温度为25℃。通过更改IQ调制器的偏置点，可以进一步控制 CSPR 值。连续波是由外腔激光器产生的,其在 1552.52nm 处的线宽为 100kHz。噪声系数为 4dB 的掺铒光纤放大器用于增加光信号的发射功率。20km 的标准单模光纤在 1552.52nm 处色散系数为 16ps/(nm·km)的,衰减系数为 0.2dB/km,色散斜率 0.08ps/(nm^2·km),有效面积 80μm^2。

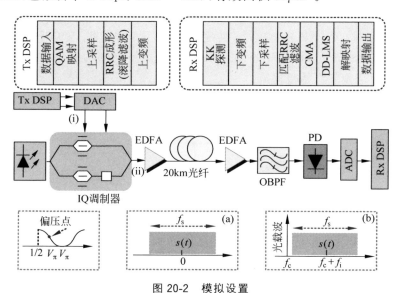

图 20-2　模拟设置

(a) 基带 QAM 信号;(b) 传输的光信号

表 20-1　仿真设置中的关键参数

参量	值	参量	值
DAC 采样速率	80GSa/s	DAC ENOB	5
ECL 波长	1552.52nm	ECL 线宽	100kHz
ECL 平均功率	1mW	V_πRF	5V
V_πDC	5V	消光比	90dB
工作温度	25℃	EDFA 噪声系数	4dB
EDFA 噪声带宽	4THz	色散	16ps/(nm·km)
色散斜率	0.08ps/(nm^2·km)	核面积	80μm^2
衰减系数	0.2dB/km	非线性指标	2.6×10^{-20}
最大步幅	50km	平均步幅	50km
OBPF 传输函数	高斯形状	OBPF 带宽	25GHz
OBPF 动态噪声	3dB	OBPF 高斯阶数	1
OBPF 噪声分辨率	5GHz	PD 灵敏度	1A/W
PD 热噪声	10pA/Hz$^{0.5}$	PD 带宽	50GHz
ADC 采样速率	80GSa/s	ADC ENOB	5

在接收器端,使用 EDFA 将接收的光功率调整为 0dBm。25GHz 带宽的高斯型光学带通滤波器(optical bandpass filter,OBPF)用于模拟 25GHz 的信道间隔。然后,通过具有 1.0A/W 响应度的 50GHz PD 检测经过滤波的信号,再通过具有 80GSa/s 采样速率,33GHz 带宽和 5 位 ENOB 的 ADC 进行检测。这些参数也可以根据实验设备进行设置。完成所有这些步骤后,脱机的 MATLAB 程序将处理接收到的电信号。在 KK 检测之后,执行下变频,下采样和匹配的 RRC 滤波,恒定模量算法(constant module algorithm,CMA)和决策定向的最小均方。然后,在 QAM 解映射后恢复原始数据流。

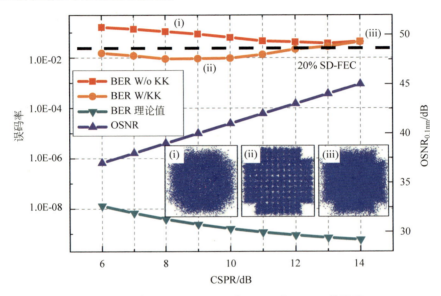

图 20-3 对于 128QAM,BER 和 OSNR 与 CSPR 的关系
接收到的 128QAM 星座图(i)不使用 KK 接收机,8dB CSPR;
使用 KK 接收机,(ii)8dB CSPR 和(iii)14dB CSPR

20.3.2 仿真结果与讨论

图 20-3 显示了 128QAM KK 检测仿真系统的误码率、OSNR 性能与载波信号功率比的关系。假设加性高斯白噪声的理论 BER 结果标记为如图 20-3 所示的理论误码率。理论误码率与模拟误码率之间的差距是由实际仿真系统中存在的限制因素引起的,例如 ENOB 与 DAC 和 ADC 的采样速率,SSMF 的非线性和色散,热噪声和 PD 的响应度。256QAM 和 512QAM 的 BER 结果与 CSPR 的关系分别如图 20-4(a)和(b)所示。根据结果,很明显证明了应用 KK 方案可以显著提高系统性能。可以通过遍历 CSPR 值来实现最佳系统性能。通过从零点调整 IQ 调制器的偏置点以获得更高的 CSPR 值,发送的光信号功率也会增加。因此,OSNR 随着

CSPR 的增加而增加。可以看出，对于所有三种 QAM 格式，KK 接收机的最佳 CSPR 约为 8dB。使用 KK 接收机比不使用 KK 接收机的 CSPR 值小 4~5dB。例如，对于没有 KK 接收机的 128QAM 系统，最佳 CSPR 为 13dB；但是由于使用 KK 接收机，最佳 CSPR 降低到 8dB。也就是说，相对较小的 CSPR 可以与 KK 接收机结合使用，以实现良好的系统性能，从而降低系统功耗。在 SSBI 和过大的光载波功率之间需要权衡。CSPR 较小时，系统性能会受到 SSBI 的限制，因此，使用 KK 接收机可以提高系统性能。但是当进一步提高 CSPR 时，系统性能会受到过大的光载波功率的限制。因此，即使使用 KK 接收机也无法再提高系统性能。这个结论也

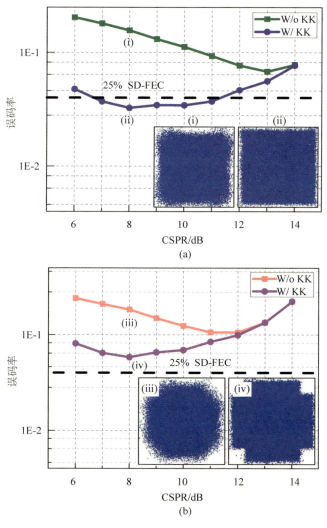

图 20-4　BER 与 CSPR 及 ENOB 的关系

(i)不使用和(ii)使用 KK 接收机接收到的 256QAM 星座图；512QAM(iii)不使用和(iv)使用 KK 接收机星座图；512QAM(v)使用 KK 接收机，ENOB 为 5 和(vi)使用 KK 接收机，ENOB 为 9 星座图

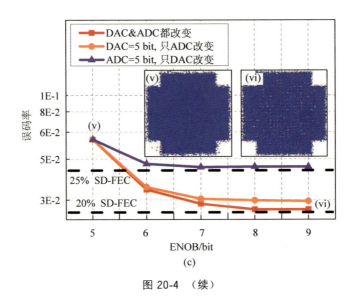

图 20-4 （续）

可以通过图 20-5 来验证。对于 128QAM、256QAM 和 512QAM，采用最佳 CSPR，BER 分别从 0.1108 降低到 0.0091，从 0.1562 降低到 0.0326，从 0.1837 降低到 0.0583。即使具有最佳 CSPR，最低 BER 仍高于 512QAM 的 25% SD-FEC（soft-decision forward error correction）阈值 0.04。

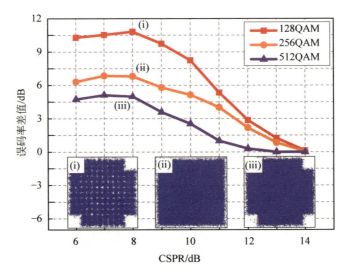

图 20-5 使用和不使用 KK 接收器的 BER 差值变化与 CSPR 的关系

最佳 CSPR 为 8dB 时使用 KK 接收机的（i）128QAM、（ii）256QAM 和（iii）512QAM 的星座图

因此，如图 20-4（c）所示，进一步研究了 BER 与 ENOB 的关系，以探索 DAC 和 ADC ENOB 对 512QAM 系统性能的影响。CSPR 设置为 8dB，以获得使用 KK

接收机的最佳系统性能,相应地测得 OSNR 为 39dB。红线表示通过同时更改 DAC 和 ADC 的 ENOB 来实现 BER 性能变化。另外两条代表 BER 变化与 DAC/ADC 的 ENOB 的关系,并将 ADC/DAC 的 ENOB 固定为 5 位。如果 ADC 的 ENOB 高于 6,则 BER 低于 25%SD-FEC 阈值 0.04;如果 DAC 和 ADC 的 ENOB 都高于 8,则 BER 接近 20%SD-FEC 阈值 0.024。也就是说,在实际实验演示中, DAC 和 ADC 的 ENOB 可能是实现基于 KK 接收机的 512QAM 传输系统的主要障碍,因为在以下实验部分中使用的 DAC 和 ADC 的 ENOB 只有 5。DAC 和 ADC 的 ENOB 对系统性能有较大影响。由于 ADC 的 ENOB 不应小于 DAC 的 ENOB,否则,无法进一步提高系统性能。对于高阶 QAM 系统,有无 KK 接收机的 BER 差值变化与 CSPR 的关系如图 20-5 所示。使用 KK 接收机时,总体有所改进,当 CSPR 太低无法完全满足最小相位条件,接收机性能改善不明显。一旦满足最小相位条件,KK 接收机带来的改进将在一定范围内保持稳定。在此范围之外,由于过大的光学载波功率已成为系统的主要限制,因此改进会迅速降低。

20.4 实验装置和结果

20.4.1 实验装置

图 20-6 显示了使用基于 AC 耦合 PD 的 KK 接收机进行 WDM 高阶 QAM 传输的实验装置。WDM 奇数和偶数信道是由两个带宽为 30GHz 的 IQ 调制器生成的,这些调制器由四个 ECL 驱动而成,这些 ECL 结合使用两个光耦合器,且在 1551.88nm、155.08nm、1552.28nm 和 1552.48nm 处线宽小于 100kHz。在 Tx DSP 中,首先生成四个不同的 20Gbaud 128/256/512QAM 基带信号,然后基于线性 CMA 均衡器对 QAM 信号进行预均衡。无预均衡的 CMA 均衡器的有限脉冲响应抽头数系数用作对发射机的反馈,以进行预均衡。这种预均衡方案的细节在文献[36]中给出。之后,信号被上采样,RRC 滤波并使用与仿真中相同的参数进行上变频。四个信号被加载到两个 DAC,DAC 的采样速率为 80GSa/s,具有 20GHz 带宽和 5 位 ENOB。DAC 的每个输出信号均由具有 5dB 噪声系数的级联电放大器增强,然后用于驱动 IQ 调制器。将 IQ 调制器偏置在零点上方,以生成 KK 接收机所需的光载波,并进一步手动调整偏置点以获得不同的 CSPR 值。四个信道由 25/50GHz 交织器复用,并具有 25GHz WDM 信道间隔。传输系统还有两个 EDFA 和 20km 的 SSMF。

在传输 20km SSMF 之后,接收到的信号被输到 25/50GHz 交织器中,将 WDM 信号分为两个分支。随后,应用 50/100GHz 和 50/200GHz 交织器来将两组两分支信号滤出四个单独的信号。50/200GHz 交织器有四个输出端口,但是只有两个用于获取信道 2 和信道 4 信号。四个带宽为 50GHz 的光电检测器用于检测信号。

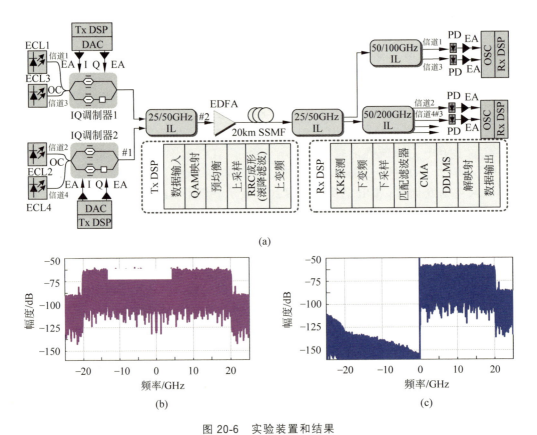

图 20-6 实验装置和结果

(a) 用 KK 接收机进行 WDM 高阶 QAM 传输的实验装置;
(b) 在 KK 接收机之后检测到的 DSB 信号和(c)重建的 SSB 信号的频谱

注意,由于平方律检测,检测到的信号是实值和双边带,如图 20-6 插图(i)所示。信号由 EA 放大后,由带宽为 33GHz 的 80GSa/s 数字实时示波器采样。在 Rx DSP 中,光信息由 KK 接收机恢复,因此如图 20-6(b)所示,重建了 SSB 信号。此后,通过下变频、下采样、滤波、CMA、DD-LMS 和解映射进一步处理信号以获得 BER。

20.4.2 实验结果与讨论

1. 单信道传输

首先进行单信道传输以测试系统性能。检测到的 DSB 信号和重建的 SSB 信号的频谱如图 20-6(b)和(c)所示,这清楚地证明了可以通过 KK 检测来重建复值 SSB 信号。仅应用一个 25/50GHz 交织器来模拟 25GHz WDM 信道间隔。首先研究在背靠背传输情况下,使用 KK 接收机在单信道 128QAM 系统中不同接收光功率的 BER 性能,如图 20-7 所示。当接收的光从 $-2\mathrm{dBm}$ 增加到 $1\mathrm{dBm}$ 时,整个系统的性能将得到改善。但是,当接收的光功率从 $1\mathrm{dBm}$ 进一步增加到 $2\mathrm{dBm}$ 时,由于 PD 的饱和效应,系统性能会受到限制。因此,为了进一步实验演示,将接收到的光功率设置为 $1\mathrm{dBm}$。

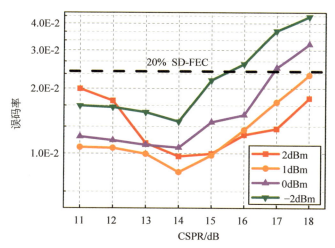

图 20-7 使用 KK 且不同的接收光功率情况下的 BER 与 CSPR 的关系

然后,使用 19dBm 接收光功率和 128QAM 格式,在有无 KK 检测的情况下测试 25/50GHz 交织器的影响(图 20-8)。有无交织器的 SSB 光信号的频谱如图 20-9 所示。通过更改 IQ 调制器的偏置点并固定信号功率,然后将其加载到 IQ 调制器中,可以控制从 11dB 到 18dB 的 CSPR 值。由于交织器造成的带宽有限,系统性能会变差。

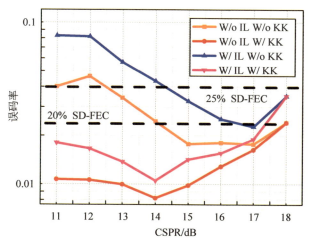

图 20-8 BER 与 CSPR 的关系:有无 KK 检测,有无交织器

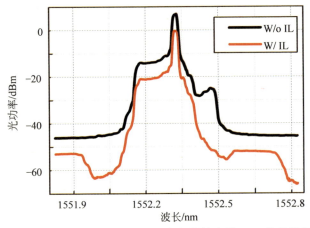

图 20-9 不使用和使用 25/50GHz 交织器的光学 SSB 信号的频谱

图 20-10 和图 20-11 分别显示了单信道 128QAM 和 256QAM KK 系统的 BER 性能与 CSPR 的关系。请注意,此处未提供 512QAM 传输的结果,因为获得的最低 BER 仍然高于 25%SD-FEC 阈值 0.04。使用 KK 接收机的最佳 CSPR 为 14dB,这比不使用 KK 接收机的 128QAM 的最佳 CSPR 低 3dB。在以最佳 CSPR 传输 20km 的 SSMF 后,在 20%SD-FEC 阈值下,BER 从 0.057 降至 0.011。因此,成功实现了在 20GHz 的 SSMF 上以 25GHz 的信道间隔进行的单信道 140Gbit/s(净数据速率 117Gbit/s)128QAM 信号的传输。然后评估 256QAM 的系统性能。在以 14dB CSPR 传输 20km 的 SSMF 后,在 25%SD-FEC 阈值以下,BER 从 0.090 降低至 0.037。因此,还可以在 20GHz 的 SSMF 上以 25GHz 的信道间隔实现单信道 160Gbit/s(净数据速率 128Gbit/s)256QAM 信号的传输。

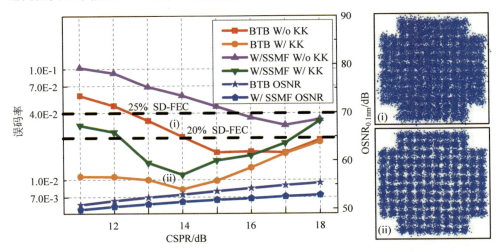

图 20-10 单信道 128QAM 系统的 BER 和 OSNR 与 CSPR 的关系
(i)不使用和(ii)使用 KK 接收机接收的星座图

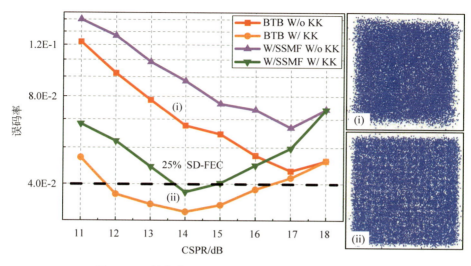

图 20-11　单信道 256QAM 系统的 BER 与 CSPR 关系图
(i)不使用和(ii)使用 KK 接收机接收的星座图

2. WDM 波分复用传输

图 20-12(a)显示了图 20-6 中标记的位置♯1 处的信道 2 和信道 4 的组合光谱,图 20-12(b)显示了图 20-6 标记的位置♯2 处的信道 2 和信道 4 的光谱(关闭 IQ 调制器 1 时 25/50GHz IL 后)。由于使用了 IL,信道 2 和信道 4 在 25GHz 带宽限制内。图 20-12(c)显示了两个 IQ 调制器都打开时在位置♯2 处组合的四信道 WDM 信号。由于使用了预均衡,因此没有高频衰减。在 25/50GHz 和 50/200GHz IL 之后,可以分离得到四信道信号的四个分支。由于四个信道的高度相似性,在图 20-12(d)中仅显示了信道 4 的分离光谱。

图 20-13 显示了在信道 4 WDM 128QAM 系统在背靠背和 20km 的 SSMF 传输情况下,有无使用 KK 接收机的 BER 性能与 CSPR 的关系。已经验证了信道 1、信道 2、信道 3 和信道 4 具有相同的性能,因此未提供其他三个信道的结果,以避免重复。使用 KK 接收机,最佳 CSPR 为 11dB 的条件下,在背靠背和光纤传输情况下,误码率分别从 0.051 降至 0.013 以及从 0.069 降至 0.018,低于 20%SD-FEC 阈值。因此,在 20km 的 SSMF 上实现了 25GHz 间隔的 $4×140$Gbit/s(净数据速率 $4×117$Gbit/s)WDM 128QAM SSB KK 传输。应用 KK 接收机可以以较小的 CSPR 来提供更高的性能改进,当最优值后继续增加 CSPR 时,KK 接收机的提升会降低,这与仿真和单信道传输结果中总结的结论是一致的。没有 KK 接收机的最佳 CSPR 值比带有 KK 接收机的 CSPR 高约 2dB。

然后如图 20-14 所示,研究使用 256QAM 的 WDM 系统性能。对于背靠背情况,在无 KK 接收机的情况下,BER 为 0.101,高于 25%SD-FEC 阈值。但是使用

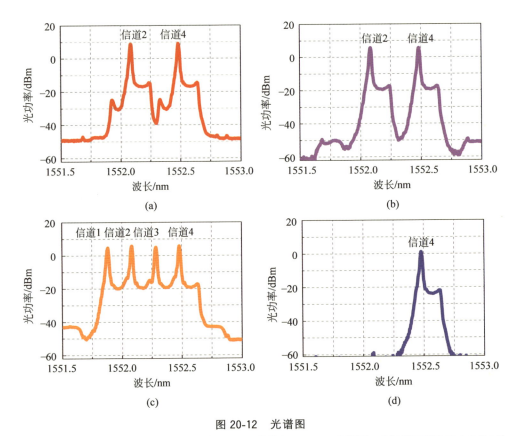

图 20-12 光谱图

(a) 图 20-6 中 #1 处信道 2 和信道 4 的光谱(0.01nm 分辨率);(b) IQ 调制器 1 关闭情况下图 20-6 中 #2 处信道 2 和信道 4 的光谱;(c) 在 #2 处合并四信道的光谱;(d) 在 #3 处信道 4 的光谱

KK 接收机,在 25%SD-FEC 阈值下,BER 降至 0.034,最佳 CSPR 为 9dB。经过 20km 的 SSMF 传输后,利用 KK 接收机,BER 从 0.099 降至 0.039,最佳 CSPR 为 11dB。因此,在 20km 的 SSMF 上实现了 25GHz 间隔的 4×160Gbit/s(净数据速率 4×128Gbit/s)WDM 128QAM SSB KK 传输。当 OSNR 降低时,KK 接收机可以以较低的 CSPR 带来更高的系统性能改进。但是,对于 KK 接收机,传输 20km SSMF 的情况下最佳 CSPR 值比背靠背情况高 2dB。尽管使用 KK 接收机可以在较低的 OSNR 条件下以较低的 CSPR 来提供更高的性能改善,但系统还需要较高的光载波功率以提高有效 SNR。因此,对于 CSPR 值,KK 接收机的改进和有效 SNR 之间需要权衡,并且光纤传输情况下的最佳 CSPR 值可能高于背靠背情况。

再使用 512QAM 信号研究性能,如图 20-15 所示。512QAM 达到的 BER 远远超过了 25%SD-FEC 阈值,但是仍然提供这部分结果以验证从仿真得出的结论。对于背靠背情况和光纤传输情况,采用 KK 接收机的最佳 CSPR 分别为 10dB 时,

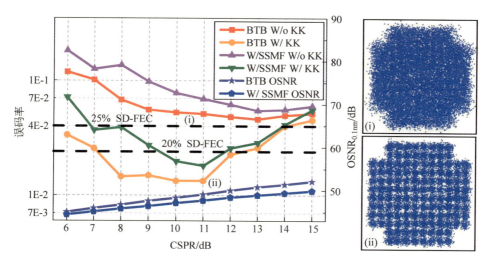

图 20-13 WDM 128QAM 系统的 BER 和 OSNR 与 CSPR 的关系
(i)不使用和(ii)使用 KK 接收机接收的星座图

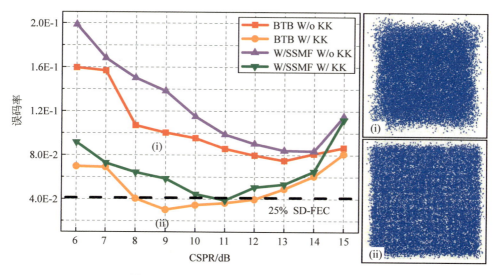

图 20-14 WDM 256QAM 系统的 BER 与 CSPR
(i)不使用和(ii)使用 KK 接收机接收的星座图

BER 从 0.167 降低到 0.080,从 0.173 降低到 0.085。很明显,将 KK 接收机与 512QAM 配合使用也可以提高性能。请注意,根据模拟结果,实验演示中使用的 DAC 和 ADC 的有限 5 位 ENOB 可能会限制 512QAM 的演示。值得一提的是,与单信道传输相比,WDM 传输的最佳 CSPR 值变得更小。由于使用了 OC 和 IL,传输的光功率变得更低,因此总体 OSNR 变得更低,这意味着 ASE 噪声对系统性能的影响更大。因此,较低的 CSPR 会以较低的 OSNR 更好地提高有效 SNR。为了追求最佳的系统性能并实现基于 KK 接收机的 WDM 256QAM 传输,OSNR 不能保持恒定值。未来应使用性能更好的实验设备,基于恒定的 OSNR 进行进一步的研究。

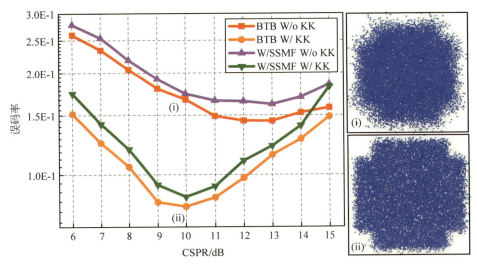

图 20-15　WDM 512QAM 系统的 BER 与 CSPR 关系图
(i)不使用和(ii)使用 KK 接收机接收的星座图

图 20-16 显示了有无 KK 接收机的 BER 性能改进相对于 CSPR 的变化。基本变化趋势与仿真结果一致。对于 128QAM 和 256QAM,使用 11dB 的 CSPR 可获得最低的 BER,这被称为 KK 接收机的最佳 CSPR,而性能改善最高的 CSPR 为 10dB。对于 512QAM,这两个 CSPR 值分别为 10dB 和 9dB。有时,这两个 CSPR 值可能不相同,因为 SSBI 并不是影响系统性能的唯一原因。系统性能还受到其他因素的限制,例如 ASE 噪声、非线性和 ENOB。一旦满足最小相位条件,在一定的 CSPR 范围内,KK 接收机带来的改进就非常接近。对于 128/256/512QAM,传输的光功率和 OSNR 保持不变,这表明所有三种调制格式的最佳 CSPR 应该非常接近。512QAM 的最佳 CSPR 值略低于 128QAM 和 256QAM 的 CSPR 值,但是所有三种调制格式都具有相同的近似最佳 CSPR 范围,即 10~11dB。对于仿真结果,最佳 CSPR 几乎等于可以实现最大性能提升的 CSPR,因为与实验相比,考虑到相对理想的仿真设备和环境,SSBI 是仿真系统中的主要影响因素。

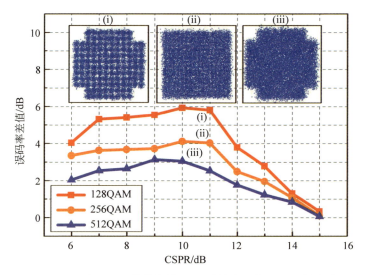

图 20-16　有无 KK 接收机的 BER 差值变化与 CSPR 的关系
使用 KK 接收机以及相应的最佳 CSPR 的(i)128QAM,(ii)256QAM 和(iii)512QAM 的星座图

20.5　结论

本章介绍了 DD 系统中 KK 接收机的研究结果,实验了在 20km 的 SSMF 距离上具有 25GHz 信道间隔的 4×140Gbit/s(净数据速率 4×117Gbit/s)WDM 128QAM 和 4×160Gbit/s(净数据速率 4×128Gbit/s)WDM 256QAM SSB KK 传输。在使用 KK 接收机的 WDM 系统中,实验证明了可以传输最高阶 256QAM,净 SE 为 5.12bit/(s·Hz)。

此外,还给出了在 128QAM、256QAM 和 512QAM 系统中应用 KK 接收机的详细系统性能评估,包括仿真和实验结果。研究了不同 CSPR 对 128QAM、256QAM 和 512QAM 系统性能的影响。一旦满足最小相位条件,在一定的 CSPR 范围内,KK 接收机带来的改进就非常接近。在此范围之后,由于过大的光载波功率已成为系统的主要限制,因此改进迅速降低。有时候,达到系统最低 BER 时最优的 CSPR 与使用 KK 接收机时达到最大系统性能提升的 CSPR 并不一致,因为 SSBI 不是唯一影响系统性能的因素。根据仿真结果,可能是由于 DAC 和 ADC 的 ENOB 有限,未能成功演示基于 KK 接收机的 WDM 512QAM 系统。将来,如果 DAC 和 ADC 的 ENOB 足够高且具有合适的 CSPR 和 OSNR,则有可能演示基于 KK 接收器的 512QAM 信号传输。

参考文献

[1] SHU L, LI J, WAN Z, et al. Single-photodiode 112-Gbit/s 16-QAM transmission over 960km SSMF enabled by Kramers-Kronig detection and sparse I/Q Volterra filter[J]. Opt. Express,2018,26(19):24564-24576.

[2] ANTONELLI C, MECOZZI A, SHTAIF M, et al. Polarization multiplexing with the Kramers-Kronig receiver[J]. J. Light. Technol. ,2017,35(24):5418-5424.

[3] LE S T, SCHUH K, BUCHALI F, et al. 1.6Tbps WDM direct detection transmission with virtual-carrier over 1200km[C]. Proc. Opt. Fiber Commun. Conf. ,2018.

[4] SHI J, ZHANG J, ZHOU Y, et al. Transmission performance comparison for 100Gb/s PAM-4, CAP-16, and DFT-S OFDM with direct detection[J]. J. Light. Technol. ,2017,35(23):5127-5133.

[5] SHI J, ZHOU Y, ZHANG J, et al. Enhanced performance utilizing joint processing algorithm for CAP signals[J]. J. Light. Technol. ,2018,36(16):3169-3175.

[6] LI D, DENG L, YE Y, et al. Amplifier-free 4×96Gb/s PAM8 transmission enabled by modified Volterra equalizer for short-reach applications using directly modulated lasers[J]. Opt. Express,2019,27(13):17927-17939.

[7] ZHONG K, ZHOU X, HUO J, et al. Digital signal processing for short-reach optical communications: a review of current technologies and future trends[J]. J. Light. Technol. ,2018,36(2):377-400.

[8] IEEE P802.3bs 400 Gb/s Ethernet Task Force, accessed on Oct. 1, 2018. [Online]. Available: http://www.ieee802.org/3/bs/.

[9] SUHR L F, OLMOS J J V, MAO B, et al. 112-Gbit/s $\times$ 4-lane duobinary-4-PAM for 400GBase[C]. Eur. Conf. Opt. Commnu. ,2014.

[10] CHAN T, LU I, CHEN J, et al. 400-Gb/s transmission over 10km SSMF using discrete multitone and 1.3μm EMLs[J]. IEEE Photon. Technol. Lett. ,2013,26(16):1657-1660.

[11] MIGUEL I O, ZUO T, JESPER B J, et al. Towards 400GBASE 4-lane solution using direct detection of multiCAP signal in 14 GHz bandwidth per lane[C]. Opt. Fiber Commun. Conf,2013.

[12] DONG P, LEE J, CHEN Y, et al. Four-channel 100Gb/s per channel discrete multi-tone modulation using silicon photonic integrated circuits[C]. Opt. Fiber Commun. Conf. ,2015.

[13] TANAKA T, NISHIHARA M, TAKAHARA T, et al. Experimental demonstration of 448Gbps+ DMT transmission over 30km SMF[C]. Opt. Fiber Commun. Conf. ,2014.

[14] MECOZZI A, ANTONELLI C, SHTAIF M. Kramers-Kronig coherent receiver[J]. Optica,2016,3(11):1220-1227.

[15] RASMUSSEN J C, TAKAHARA T, TANAKA T, et al. Digital signal processing for short reach optical links[C]. Eur. Conf. Opt. Commnu. ,2014.

[16] ZHU M, ZHANG J, YING H, et al. 56Gb/s optical SSB PAM-4 transmission over

800km SSMF using DDMZM transmitter and simplified direct detection Kramers-Kronig receiver[C]. Opt. Fiber Commun. Conf. , 2018.

[17] GUI T, YI L, GUO C, et al. Single-photodiode 112Gbit/s 16-QAM transmission over 960km SSMF enabled by Kramers-Kronig detection and sparse I/Q Volterra filter[J]. Opt. Express, 2018, 26(20): 25934-25943.

[18] RUAN X, LI K, THOMSON D J, et al. Experimental comparison of direct detection Nyquist SSB transmission based on silicon dual-drive and IQ Mach-Zehnder modulators with electrical packaging[J]. Opt. Express, 2017, 25(16): 19332-19342.

[19] CHEN H, KANEDA N, LEE J, et al. Experimental comparison of direct detection Nyquist SSB transmission based on silicon dual-drive and IQ Mach-Zehnder modulators with electrical packaging[J]. Opt. Express, 2017, 25(6): 5852-5860.

[20] LI Z, ERKILINÇ M S, SHI K, et al. Spectrally efficient 168Gb/s/λ WDM 64-QAM single-sideband Nyquist-subcarrier modulation with Kramers-Kronig direct-detection receivers[J]. J. Light. Technol. , 2018, 36(6): 1340-1346.

[21] PENG W R, WU X, FENG K M, et al. Spectrally efficient direct-detected OFDM transmission employing an iterative estimation and cancellation technique[J]. Opt. Express, 2009, 17(11): 9099-9111.

[22] RANDEL S, PILORI D, CHANDRASEKHAR S, et al. 100Gb/s discrete-multitone transmission over 80km SSMF using single-sideband modulation with novel interference-cancellation scheme[C]. Eur. Conf. Opt. Commnu. , 2018.

[23] LI Z, SEZER M, MAHER R, et al. Two-stage linearization filter for direct-detection subcarrier modulation[J]. IEEE Photon. Technol. Lett. , 2016, 28(24): 2838-2841.

[24] ZOU K, ZHU Y, ZHANG F, et al. Spectrally efficient terabit optical transmission with Nyquist 64-QAM half-cycle subcarrier modulation and direct-detection[J]. Opt. Lett. , 2016, 41(12): 2767-2770.

[25] LI X, ZHOU S, JI H, et al. Transmission of 4×28-Gb/s PAM-4 over 160-km single mode fiber using 10G-class DML and photodiode[C]. Opt. Fiber Commun. Conf. , 2016.

[26] ZHU M, ZHANG J, YI X, et al. Hilbert superposition and modified signal-to-signal beating interference cancellation for single side-band optical NPAM-4 direct-detection system[J]. Opt. Express, 2017, 25(11): 12622-12631.

[27] SHU L, LI J, WAN Z, et al. Single-lane 112-Gbit/s SSB-PAM4 transmission with dual-drive MZM and Kramers-Kronig detection over 80-km SSMF[J]. IEEE Photon. J. , 2017, 9(6): 1-9.

[28] LI Z, ERKILINÇ M S, SHI K, et al. SSBI mitigation and the Kramers-Kronig scheme in single-sideband direct-detection transmission with receiver-based electronic dispersion compensation[J]. J. Light. Technol. , 2017, 35(10): 1887-1893.

[29] SCHUH K, LE S T. 180Gb/s 64QAM transmission over 480km using a DFB laser and a Kramers-Kronig receiver[C]. Eur. Conf. Opt. Commnu. , 2018.

[30] CHEN X, CHO J, CHANDRASEKHAR S, et al. Single-wavelength, single-polarization, single-photodiode Kramers-Kronig detection of 440-Gb/s entropy-loaded

discrete multitone modulation transmitter over 100-km SSMF[C]. IEEE Photon. Conf.，2017.

[31] ZHU M，ZHANG J，YI X，et al. Optical single side-band Nyquist PAM-4 transmission using dual-drive MZM modulation and direct detection[J]. Opt. Express，2018，26(6)：6629-6638.

[32] HOANG T M，ZHUGE Q，XING Z，et al. Single wavelength 480 Gb/s direct detection transmission over 80km SSMF enabled by Stokes vector receiver and reduced-complexity SSBI cancellation[C]. Opt. Fiber Commun. Conf.，2018.

[33] ZHOU Y，YU J，WEI Y，et al. 160Gb/s 256QAM transmission in a 25 GHz grid using Kramers-Kronig detection[C]. Opt. Fiber Commun. Conf.，2019.

[34] ZHU Y，ZOU K，ZHANG F. C-band 112Gb/s Nyquist single sideband direct detection transmission over 960km SSMF[J]. IEEE Photon. Technol. Lett.，2017，29(8)：651-654.

[35] BO T，KIM H. Kramers-Kronig receiver operable without digital upsampling[J]. Opt. Express，2018，26(11)：13810-13818.

[36] ZHANG J，YU J，CHI N，et al. Time-domain digital pre-equalization for band-limited signals based on receiver-side adaptive equalizers[J]. Opt. Express，2014，22(17)：20515-20529.

索　引

BCH 编码　125
BP 神经网络　183
BP 神经元　184
FFT 尺寸　44
IQ 调制器　90
ISFA　38
ISFA 窗口　43
KK 接收机　211
K-means　178
MAP 译码　133
RS 码　128
Turbo 迭代均衡　135
Turbo 均衡技术　135
Turbo 码　121,131
半导体激光器　1
半符号周期　31
保护间隔　34
贝塞尔低通滤波器　71
背靠背　77
本地激光器　12
本地振荡信号　5
并串转换　4
波分复用技术　70
布里渊散射　112
采样速率　42
残留边带调制技术　70
掺铒光纤放大器　108
超奈奎斯特滤波器　71
超平面　180
城域网　195

传输容量　5
存储　38
带宽　7
单边带　70
单级线性化滤波器　196
单模光纤　100
单偏振态　9
单载波频域均衡技术　69
单载波系统　18
导频　14
低密度校验　121
低通滤波　4
低通滤波器　12
低通滤波器滤　36
电光调制　36
迭代线性化滤波器　196
定义快速傅里叶逆变换　34
对称性　34
对偶问题　181
对数运算　198
多载波　73
二进制八面体群码　163
二进制二十面体群码　163
二进制相移键控　32
二维　154
仿真　200
放大器　32
放大自发辐射　38
非线性补偿　10,82
非线性补偿算法　70

非线性项阶数	84	核方法	178
非线性效应	V	核函数	181
分辨率	42	互补累积分布函数	48
分组码	121	混频器	19
峰均比	32	机器学习技术	178
符号	10	基带信号	7
符号带宽	71	基向量	161
符号间干扰	4	级联编码	148
符号同步	11	极限学习算法	178
幅度	5	集合分割	164
幅度调制	7	集合划分	164
负频率	58	检测	7
复杂映射	178	渐近功率效率	157
概率分布	77,178	交流耦合	197
概率密度分布函数	17	接入网	195
高阶光调制技术	5	接收机灵敏度	41
高阶统计均衡器	178	解调	42
高灵敏度	5	镜像效应	103
高频衰减	29	纠错码	121
公共相位噪声	18	矩阵	121
功率	10	聚类算法	178,186
功率代价	32	卷积	121
功率放大器	69	均衡算法	11
光电二极管	10	开普勒问题	166
光电检测	6	可变贝叶斯期望最大化算法	178
光电器件	82	克拉默斯-克勒尼希（Kramers-Kronig,KK）接收机	195
光电转换	4		
光混频器	9	快速傅里叶逆变换	4,11
光滤波	59	离线处理	38
光滤波器	32	立方体结构	161
光强度	6	量子效率	6
光纤通信	V	零差相干检测	6
光信噪比	94	脉冲幅度调制	31
光学场	197	模/数转换器	4
光正交频分复用	1	模拟信号	52
滚降系数	71	奈奎斯特滤波器	71
过采样	41	内积	182
毫米波	7	牛顿数	168

索引

欧几里得距离	81	数字信号处理	5
偶数子载波	35	数字信号处理	V
偏振分集接收	9	双环群码	162
偏振分束器	9	四维多阶调制	157
偏振复用	11	随机噪声	17
偏振解复用	11	弹性光网络	177
偏振模色散	10	调制	1
偏振损耗	18	调制格式	22
频率同步	11	调制格式识别	178
频偏	14	调制格式透明	22
频谱效率	5	调制阶数	19
频域	4	调制信号	7
平方根	198	同相	10
平方检测	29	椭圆极化	173
平方律探测	82	外差相干检测	6
平衡检测	5	外调制	1
平衡接收机	12	外调制方式	1
普朗克常量	6	外腔激光器	36
期望最大化算法	178	微波	7
奇偶校验矩阵	121	伪随机二进制序列	4
奇偶校验码	129	沃尔泰拉级数	82
奇数子载波	35	沃尔泰拉滤波器	196
前向纠错码	32	无载波幅度相位调制	31,69
琼斯矩阵	21	物联网	195
球体填充	168	误码计算	22
人工神经网络	178	误码率	32
人工智能	195	希尔伯特变换	197
任意波形	36	下变频	7
三维恒模调制	154	线性	V
色散效应	10	线性分组码	121,122
上变频	197	线性损伤	107
上采样速率	198	相干光通信	V
射频导频	19	相干检测	5,11
深度神经网络	178	相位	5
时域滤波	19	相位调制	2
时钟提取	10	相位模糊	18
矢量调制	5	相位噪声	11,18,178
数据中心互联	195	相位噪声估计	11

217

响应度　6
校验矩阵　142
校验码　121
信道编码　121
信道估计　4,11
信道间干扰　4
信道均衡　4,10,22
星座图　63,81
循环码　123
循环前缀　4,36
循环群码　162
训练序列　21,52,114
移动前传网络　195
译码　142
硬判决　32
有效面积　42,46
预补偿技术　66
预增强　58
预增强技术　32
原始数据流　200

云计算　195
载波相位　10
增强和虚拟现实　195
窄带干扰　66
啁啾　2
整形　10
正交分量　10
正交偏振态　9
正交相移键控　5,32
支持向量机　178
直接调制　1,70
直接检测　2
置换码　158
主成分分析　178
子载波互拍噪声　29,34
自适应盲均衡　114
自相关函数　14
自由空间　73
最大似然估计　17
最小值　17